HZJY
华职教育

中等职业教育规划新教材
中等职业教育规划新教材审定委员会审定

电机与变压器

中等职业教育规划教材编委会 编

西北工業大學出版社

【内容简介】 本书是依据《国家中长期教育改革和发展规划纲要(2010—2020年)》的指导精神,并结合教育部最新颁布的教学指导要求及中等职业学校教学特点编写而成的。内容全面,结构合理,通俗易懂。全书共分10个模块,主要内容包括变压器的结构和原理、变压器的连接与并联运行、专用变压器、三相异步电动机、单相异步电动机、异步电动机绕组、同步电机、直流电机、特种电机、变压器的日常运行与维护。

本书既可作为中等职业技术学校电工电子技术类专业教材,也可作为职工培训教材和职业技能鉴定指导教材。

图书在版编目(CIP)数据

电机与变压器/中等职业教育规划教材编委会编. —西安:西北工业大学出版社,2011.1(2017.1重印)

ISBN 978-7-5612-3000-8

Ⅰ.①电… Ⅱ.①中… Ⅲ.①电机—专业学校—教材 ②变压器—专业学校—教材 Ⅳ.①TM

中国版本图书馆CIP数据核字(2011)第015872号

出版发行:西北工业大学出版社
通信地址:西安市友谊西路127号 邮编:710072
电　　话:(029) 88493844 88491757
网　　址:www.nwpup.com
印 刷 者:陕西宝石兰印务有限责任公司
开　　本:787 mm×1 092 mm 1/16
印　　张:16
字　　数:344千字
版　　次:2011年1月第1版 2017年1月第2次印刷
定　　价:32.00元

本书编委会

主　编：郑立冬

副主编：李小卓　赵海全

前　言

本书是依据《国家中长期教育改革和发展规划纲要(2010—2020年)》的指导精神以及教育部最新颁布的教学指导要求,并结合中等职业学校教学特点编写而成的。本书既可作为职业技术学校电工电子技术类专业教材,也可作为职工培训教材和职业技能鉴定指导教材。

本书在内容组织上紧扣职业学校学生的实际情况,具有深入浅出、通俗易懂、操作性强等特点。另外,本书尽可能多地在教材中充实新知识、新技术、新设备和新材料等方面的内容,力求教材具有较鲜明的时代特征。在教材的编写模式方面,则是尽可能使用图片、实物照片或表格形式将各知识点生动地展示出来,力求给学生营造一个更加直观的认知环境。通过对本书的学习,能培养学生理论联系实际、严谨求实、团结协作的精神,能有效地提高学生独立分析和解决问题的能力。

本书坚持"以就业为导向,以能力为本位","必须"、"够用"的原则,力求体现职业教育的特色。全书共分为10个模块,主要内容包括变压器的结构和原理、变压器的连接与并联运行、专用变压器、三相异步电动机、单相异步电动机、异步电动机绕组、同步电机、直流电机、特种电机、变压器的日常运行与维护。

本书的课时分配建议如下:

模　块	学　时
模块一　变压器的结构和原理	6
模块二　变压器的连接与并联运行	6
模块三　专用变压器	4
模块四　三相异步电动机	12
模块五　单相异步电动机	6
模块六　异步电动机绕组	6
模块七　同步电机	6
模块八　直流电机	14
模块九　特种电机	6
模块十　变压器的日常运行与维护	4
合计	70

在本书的编写过程中，编者参阅了大量相关专业书籍和资料，在此向原著作者表示衷心的感谢。

由于水平有限，书中疏漏和不足之处在所难免，欢迎广大读者批评指正。

编　者

2010 年 9 月

目　录

模块一

变压器的结构和原理

项目一

变压器的结构和分类

简单电力系统示意图如图 1-1 所示。为了减小电力系统中输电导线的截面积和输电线路的功率损耗，世界各国在电能的输送与分配方面都朝着建立高电压、大功率的电力网系统方向发展。发电机本身由于其结构及所用绝缘材料的限制，不可能直接产生这样高的电压，因此在向电网输电时必须首先利用变压器将电压升高；高压电能输送到用电地区后，为了保证用电安全和符合用电设备的电压等级要求，还必须利用变压器将电压降低。

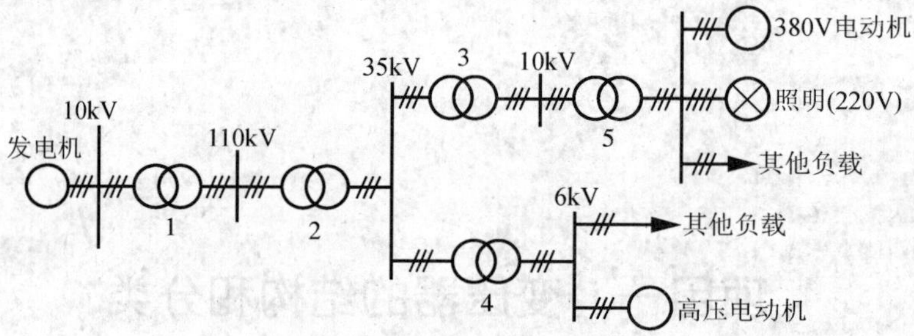

图 1-1 电力系统示意图

1—升压变压器；2,3—降压变压器；4,5— 配电变压器

电力系统中使用的升压变压器、降压变压器和配电变压器统称为电力变压器，其特点是运行电压高、容量大。

电力变压器的主要组成部分是铁芯和绕组。为了解决散热、绝缘、密封和安全等问题，还需要油箱、绝缘套管、储油柜、冷却装置、压力释放阀、安全气道、温度计、气体继电器等附件。常用三相变压器的外形如图 1-2 所示。

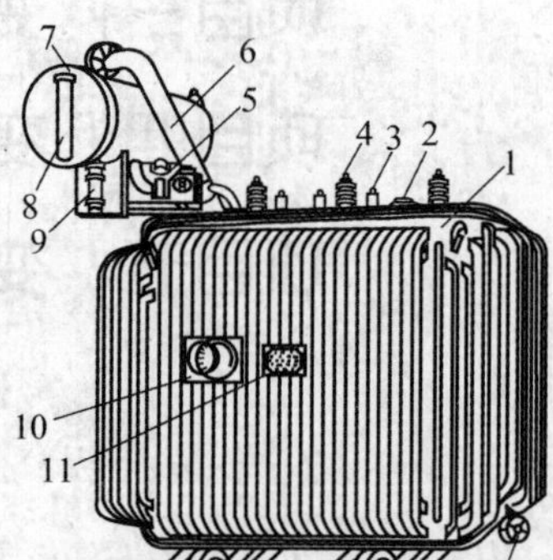

图 1-2 三相变压器外形

1—油箱；2—分接开关；3—低压套管；4—高压套管；5—气体继电器；6—防爆管；7—油枕；8—油标；9—吸湿器；10—温度计；11—铭牌；12—小车；13—放油阀

活动一 变压器的基本结构

1. 变压器的铁芯

变压器铁芯的作用是构成变压器的磁路和支撑变压器的绕组。

(1) 铁芯。

1) 铁芯的材料。变压器铁芯由硅钢片组成。为提高铁芯导磁性能，减少铁芯内的磁滞损耗和涡流损耗，铁芯通常采用含硅量比较高、厚度为 0.35～0.5 mm、两面均涂以绝缘漆的硅钢片叠装而成。目前，我国生产的电力变压器普遍使用冷轧钢片。

2) 铁芯的结构。铁芯由铁芯柱和铁轭两部分组成，绕组装在铁芯柱上，由铁轭形成闭合磁路。铁芯可分为心式结构和壳式结构两种。

① 心式铁芯。心式铁芯变压器也叫内铁式变压器(见图 1－3)，其特点是铁芯柱被绕组包围。心式铁芯变压器绕组和铁芯之间的绝缘处理较方便，硅钢片的装配容易，硅钢片用量少，适用于容量大、电压高的电力变压器。

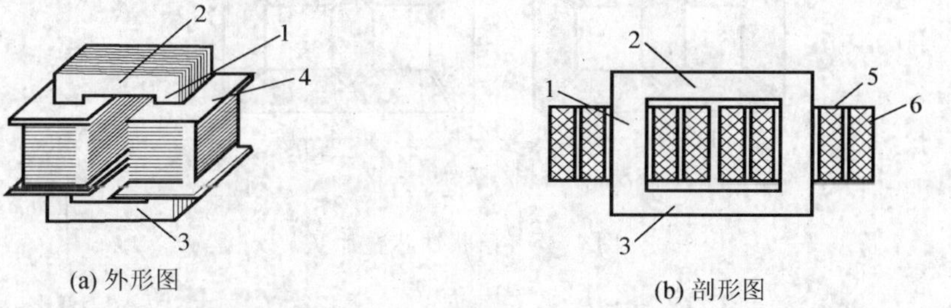

(a) 外形图　　(b) 剖形图

图 1－3　心式变压器铁芯

1—铁芯柱；2—上铁轭；3—下铁轭；4—绕组；5—低压绕组；6—高压绕组

② 壳式铁芯。壳式铁芯变压器也叫外铁式变压器(见图 1－4)，其特点是铁芯作为壳体用来包围绕组。外铁式变压器的机械强度较好，铁芯容易散热，但硅钢片的用量较多，制造较为复杂。小型干式变压器多采用这种形式。

3) 铁芯叠片的形成。

① 条状铁芯叠片。大、中型变压器的铁芯，一般都将硅钢片裁成条状，采用交错叠片的方式叠装而成。叠装时使各层硅钢片的接缝互相错开，这样可以减少气隙和磁阻，如图 1－5(a)、(b)所示。近年来，在大型电力变压器中多采用高磁导率、低损耗的冷轧硅钢片，由于冷轧硅钢片顺着碾压方向才有磁导率高、损耗小的性能，因此采用斜切法下料，叠片方法如图 1－5(c)所示。

小型变压器为了简化装配工艺和减小气隙，常采用 E 字形、F 字形、C 字形和日字形冲片交替叠装而成，冲片的形状如图 1－6 所示。

(a) 外形图　　(b) 剖形图

图 1-4　壳式变压器铁芯

1—铁芯柱；2—分支铁芯柱；3—绕组；4—铁轭

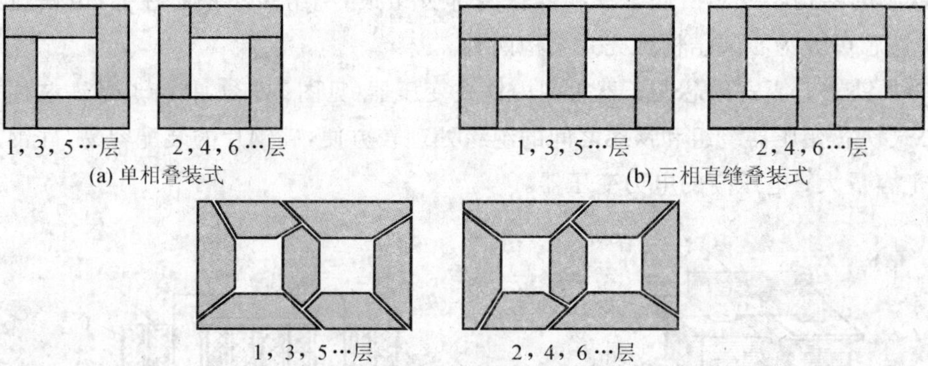

(a) 单相叠装式　　(b) 三相直缝叠装式

(c) 三相斜接缝叠装式

图 1-5　条状铁芯叠片

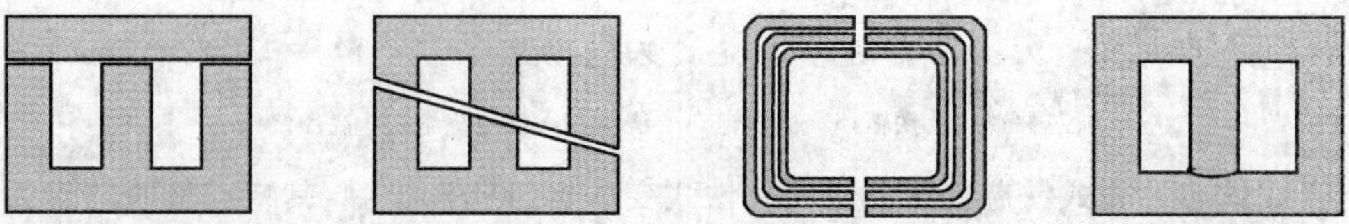

(a) E字形　　(b) F字形　　(c) C字形　　(d) 日字形

图 1-6　小型变压器的铁芯冲片

② 渐开线式铁芯。从 20 世纪 60 年代开始出现渐开线铁芯结构。它的铁芯柱用预先成型的渐开线形状的冷轧硅钢片插装压合而成，铁轭用成卷的带状冷轧硅钢片连续卷绕而成，再用长螺杆等夹紧附件把铁轭和铁芯柱对接紧固，如图 1-7 所示。这种渐开线式铁芯叠片，各片形状相同，很适合机械化流水线生产，而且具有体积小、用料省、质量轻、铁损耗少等优点。

4）铁芯截面形式。小型变压器铁芯柱的截面是方形或长方形截面，如图 1-8(a)所示。大型变压器为了充分利用空间，铁芯柱的截面通常是梯形截面，如图 1-8(b)所示。为了改善铁芯内部的散热条件，当铁芯柱截面较大时，中间留有油道，如图 1-8(c)所示。

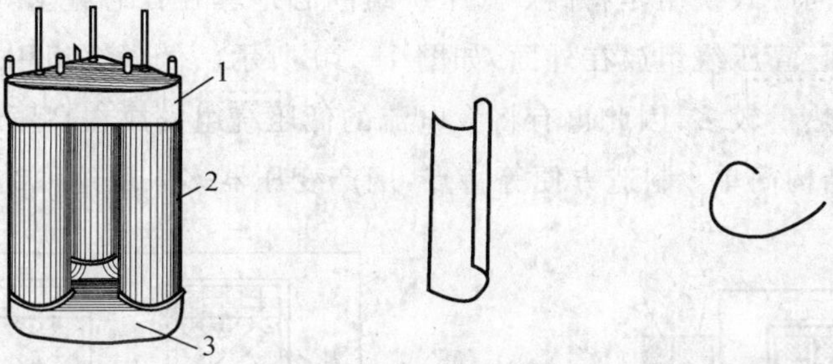

(a) 渐开线铁心结构　　(b) 铁心叠片　　(c) 渐开线形状

图 1－7　渐开线铁芯

1—上铁轭；2—铁芯柱；3—下铁轭

(a) 方形截面　　(b) 梯形截面　　(c) 带油道截面

图 1－8　铁芯柱截面

（2）磁路。在电机和变压器中，为了得到较强的磁场，通常利用磁导率很高的铁磁材料把电流所产生的磁通集中在限定的空间内。这种集中的磁通所经过的路径称为磁路。变压器的磁路如图 1－9 所示。

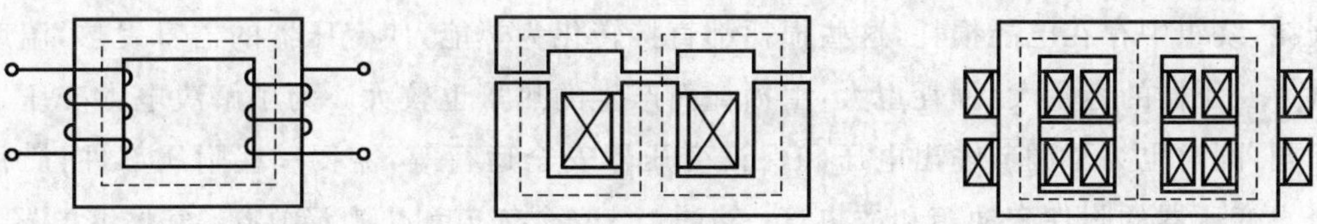

(a) 心式变压器的磁路　　(b) 壳式变压器的磁路　　(c) 三相变压器的磁路

图 1－9　变压器的磁路

2. 变压器的绕组

绕组是变压器的电路部分，绕组的作用是作为电流的载体，产生磁通和感应电动势。变压器中，接到高压电网的绕组称为高压绕组，接到低压电网的绕组称为低压绕组。按高、低压绕组在铁芯柱上放置方式的不同，绕组有同心式和交叠式两种。

(1)同心式绕组。同心式绕组是将高、低压绕组同心地套在铁芯柱上。为了便于绝缘，一般低压绕组放在里面，高压绕组放在外面，如图 1－10 所示。低压绕组引出线的制作工艺复杂，低压绕组产生的热量较多，因此也有将大电流的低压绕组安放在高压绕组外面的。

同心式绕组具有结构简单、制造方便等特点，国产变压器多采用这种结构。

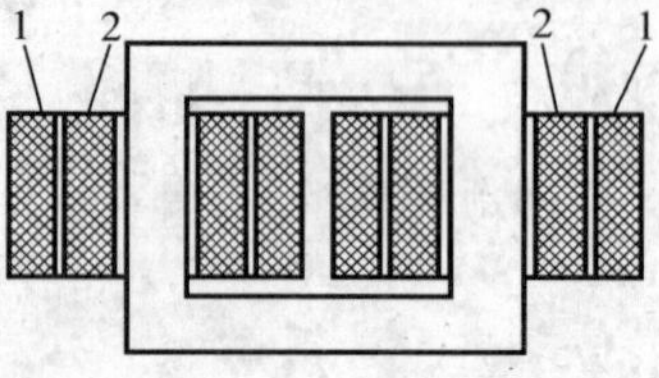

图 1－10　同心式绕组

1—高压绕组；2— 低压绕组

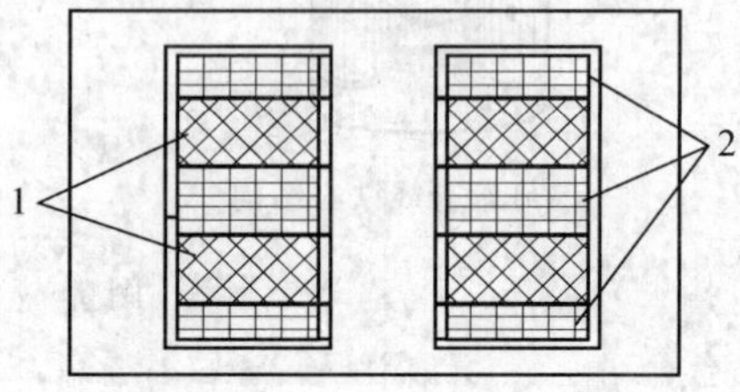

图 1－11　交叠式绕组

1—高压绕组；2—低压绕组

(2)交叠式绕组。交叠式绕组又称饼式绕组，高压绕组和低压绕组是互相交叠放置的，如图 1－11 所示。为了便于绝缘，一般在靠近上、下铁轭的位置安放低压绕组，中间安放高压绕组。交叠式绕组的主要优点是漏抗小，机械强度高，引线方便。由于高、低压绕组之间的绝缘处理工艺比较复杂，交叠式绕组一般用于电炉变压器、电焊变压器等低电压、大电流的变压器。

活动二　变压器的附件

变压器的主要部件是由铁芯和绕组构成的器身，变压器在工作时铁芯中存在磁滞损耗、涡流损耗，绕组中存在电能损耗，这些损耗都直接转化为热能，使变压器的器身发热，温度升高。电力变压器的容量大，损耗也大，由损耗而产生的热量也较大。为了解决电力变压器的散热问题，同时也为了调节输出电压和保证变压器安全运行等，需要一些附属部件，简称附件。电力变压器的附件有油箱和散热管、储油柜、安全气道和压力释放阀、气体继电器、测温装置、绝缘套管、分接头调压开关等。

1. 油箱和散热管

油箱的作用是容纳变压器油。油箱里装满了变压器油，变压器的器身浸在变压器油中。变压器油的作用有：绝缘；保护铁芯和绕组不受潮气的侵入；通过变压器油的对流，将器身产生的热量传给油箱和散热管。

为了把器身传给变压器油的热量散发出去，变压器油箱的外壁上焊有许多散热管。散热管的作用，一是增大变压器油对周围空气的散热面积，二是为变压器油提供循环路径。

变压器油的循环路径如图 1－12 所示，器身发热使变压器油变热、密度减小；热油在箱内上升，进入散热管与空气进行热交换；油流经散热管散热后，温度下降、密度增加，它

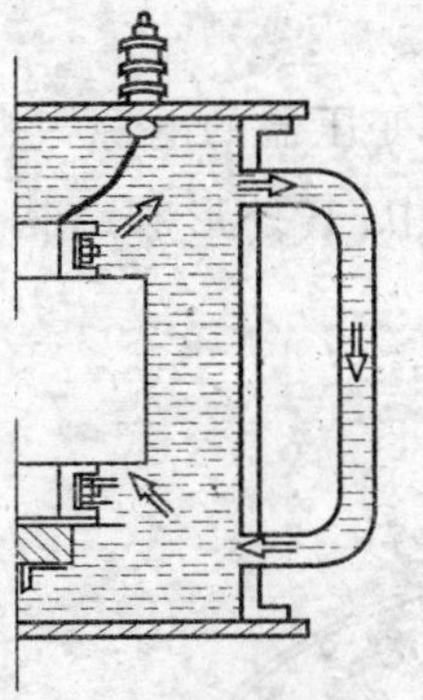

图 1-12 变压器油自然循环路径

沿散热管下降，重新进入油箱，再次去冷却器身。以上循环过程是靠变压器油受热后密度变化而自然完成的，因此这种冷却方式称为变压器油自然循环冷却。

2. 储油柜

储油柜也称为油枕，其作用是根据温度的变化，适应变压器油的热胀冷缩，随时将油充满整个油箱，防止器身与空气接触和潮气侵入。油枕与油箱连通，当变压器油因温度升高、体积增大时，变压器油排入油枕，使油箱不致因变压器油热膨胀时压力增大而被损坏；当变压器油因温度下降、体积减小时，油枕中的变压器油就补充到油箱中，保证油箱中充满变压器油，避免因温度降低使空气进入油箱。

为了使油枕中的空气保持干燥，在油枕进气管的端部装了一个呼吸器（吸湿器），空气在进入油枕之前先经呼吸器吸潮处理，去除空气中的水分。呼吸器中放有变色硅胶（浸过氯化钠或氯化钴），发现硅胶受潮变色（由蓝变红）时要及时更换。储油柜的侧面装有油标，可观察油面的高低。

3. 安全气道和压力释放阀

安全气道又称防爆管，其作用是：当变压器内部发生故障而产生大量气体、内部压力超过 50 kPa 时，油和气体会冲破防爆膜喷出，从而避免油箱爆炸引起更大的危害。如图 1-13 所示，安全气道装在油箱顶盖上，它是一个长钢筒，出口处有一块厚度约 2 mm 的密封玻璃板（防爆膜），玻璃上划有几道缝。

现在生产的电力变压器已将安全气道改用压力释放阀，其结构如图 1-14 所示。压力释放阀的动作压力为 53.9 kPa，关闭压力为 29.4 kPa，动作时间不大于 2 ms。动作时膜盘被顶开释放压力，平时膜盘靠弹簧拉力紧贴阀座（密封圈），起密封作用。

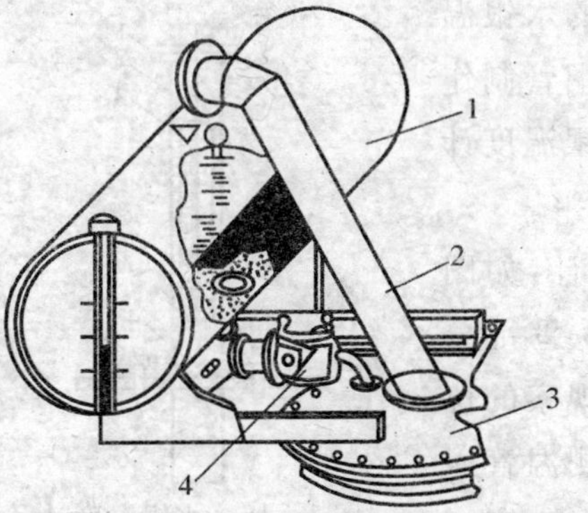

图 1-13 油枕、安全气道和气体继电器

1—油枕；2—安全气道；3—油箱；4—气体继电器

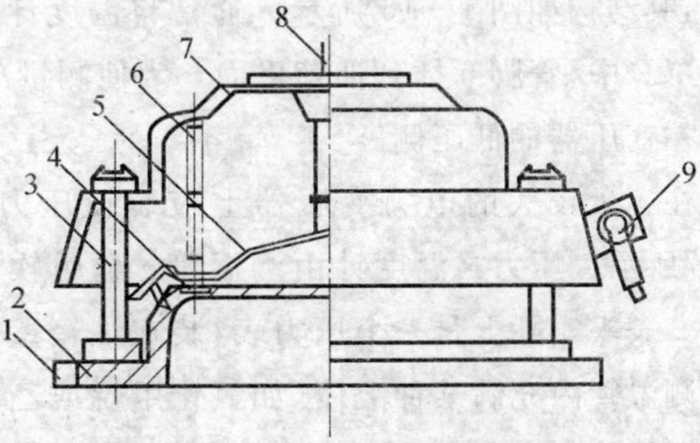

图 1-14 压力释放阀结构

1—安装孔；2—阀座；3—螺杆；4—密封垫；5—膜盘；6—弹簧；7—护罩；8—标志杆；9—接线盒

4. 气体继电器

气体继电器的作用是：当变压器内部发生故障时，发出信号或切断变压器的电源，它是变压器的主要保护装置。气体继电器装在油箱与储油柜之间的管道中，其外形和结构如图1－15所示。

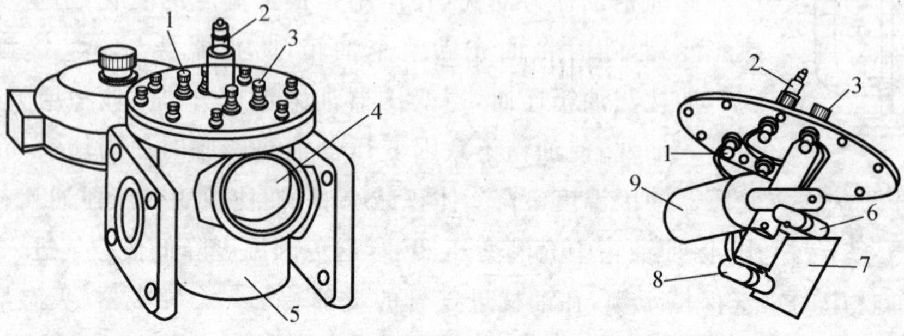

图1－15　气体继电器的外形和结构

1—跳闸回路接线柱；2—放气孔；3—信号回路接线柱；4—观察窗；5—外壳；
6—轻微故障水银开关；7—挡板；8—严重故障水银开关；9—浮筒

当变压器发生轻微故障使器身过热时，变压器油分解产生气体，气体进入继电器内，浮筒动作使其中的轻微故障水银开关接通，发出报警信号。此时应立即将继电器中的气体放出检查，若是无色、不可燃的气体，变压器可继续运行；若是有色、有焦味、可燃的气体，则应立即停电检查。当变压器发生短路等严重故障时，变压器油膨胀并产生大量气体，油流冲破挡板，挡板偏转使严重故障水银开关接通，切断变压器电源并发出报警信号。

5. 测温装置

测温装置的作用是测量变压器油面的温度，它是变压器的热保护装置。变压器的使用寿命取决于变压器的运行温度，因此对油温和绕组的温度进行监测是很重要的。

小容量的油浸式变压器可安装刻度为0～120℃的水银温度计，其结构如图1－16所示。通常将温度计放在薄钢管制作的外罩2中，管脚6插到油箱里面。为使测量准确，水银温度计安设在变压器的低压侧。

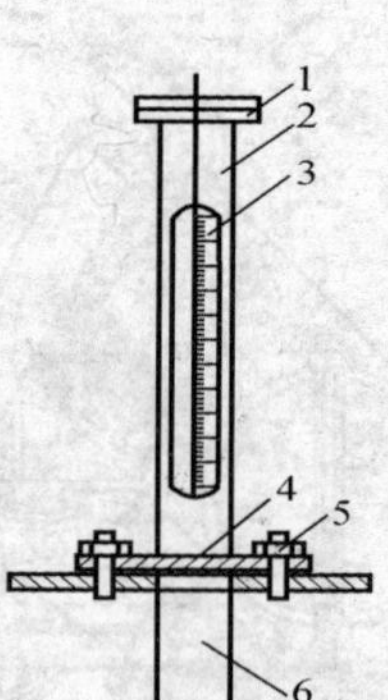

图1－16　水银温度计

1—上盖；2—外罩；3—温度计刻度；4—法兰；5—螺杆；6—管脚

在容量较大的电力变压器上应装设压力式温度计，如图1－17所示。压力式温度计由测温管、金属软管和表头3部分组成。表头实际上是一个压力表，装在油箱壁上便于观察的位置。测温管内充满某种液体（如氯化甲烷或乙醚等），测温管通过金属软管与表头连接。测温管固定在油箱顶盖上的一个开口套筒内，套筒内注满变压器油，如图1－17(b)所示。当变压器的油温变化时，测温管内液体的压力也跟着变化，表头的指针（黑针）偏转，指示出相应的温度值。指针的转轴还可带动两对接点，调节装在表头上的最高温度指针(黄针、红针)的位置就可以改变接点闭合时的温度。当油温达到指定值时,接点闭合而接通电路,发出信号或开动冷却系统的启动装置。

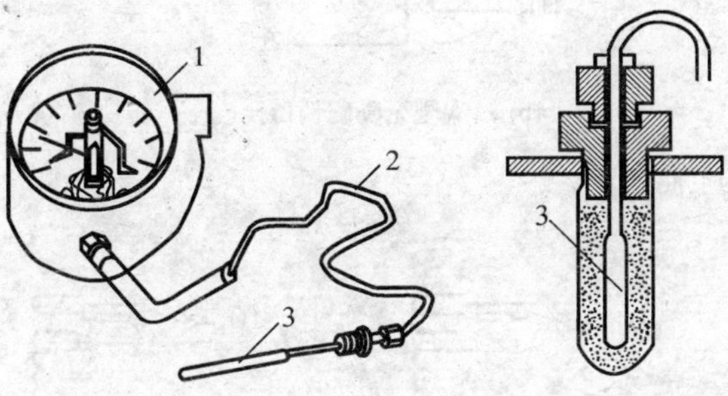

(a) 外形　　(b) 测温管的安装

图 1-17　压力式温度计

1—表头;2—金属软管;3—测温管

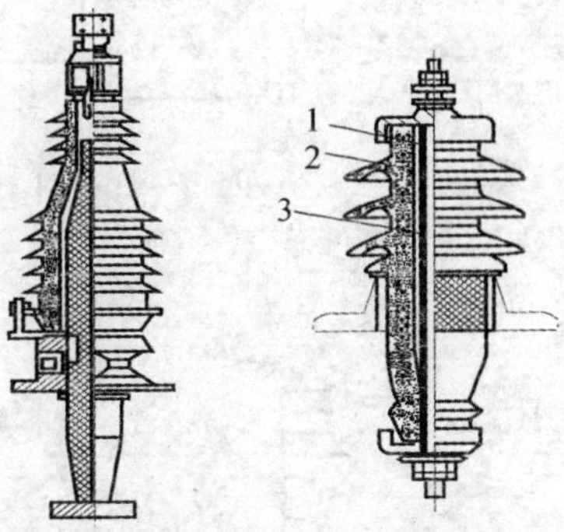

(a) 110kV胶纸电容式　(b) 35kV充油式

图 1-18　绝缘套管

1—变压器油;2—绝缘管;3—导电杆

6. 绝缘套管

绝缘套管的作用是使高、低压绕组的引出线与变压器箱体绝缘。绝缘套管由外部的瓷套和其中的导电杆组成。它的结构主要取决于电压等级和使用条件:电压不超过1kV时,采用实心瓷套管;电压在10～35 kV时,采用充气式或充油式套管;电压为110kV及110 kV以上时,采用电容式套管。为了增加表面放电距离,套管外形做成多级伞形,如图1-18所示。

7. 分接头调压开关

分接头调压开关的作用是根据电网电压或负载的变化,调节变压器的输出电压,控制变压器二次绕组输出电压的变化幅度。电力变压器的绕组一般都有抽头,叫做分接头,通过更换分接头来改变一、二次绕组的匝数比,便可达到调节二次绕组输出电压的目的。分接头调压开关有无励磁调压开关和有载调压开关两种。

无励磁调压是在变压器脱离电源后,改变分接头而进行的调压。如图1-19所示,分接头在高压绕组,为一次侧无励磁调压;分接头在低压绕组,为二次侧无励磁调压。

有载调压是指在变压器运行(变压器不断开电源,负载与变压器连接)时而进行的调压。有载调压开关在换挡调压时,因切换电流会引起电弧,为减小换挡调压产生的电弧,有载调压开关的动触点由主触点和辅助触点两部分组成,辅助触点上有限流电阻。换挡时,主触点未脱开,辅助触点已与下一挡静触点接触,然后主触点才脱离原来的静触点并与下一挡静触点接触,完成换挡调压。有载调压开关换挡调压的过程如图1-20所示。

(a) 一次侧无励磁调压　　(b) 二次侧无励磁调压

图 1－19　分接头调压开关

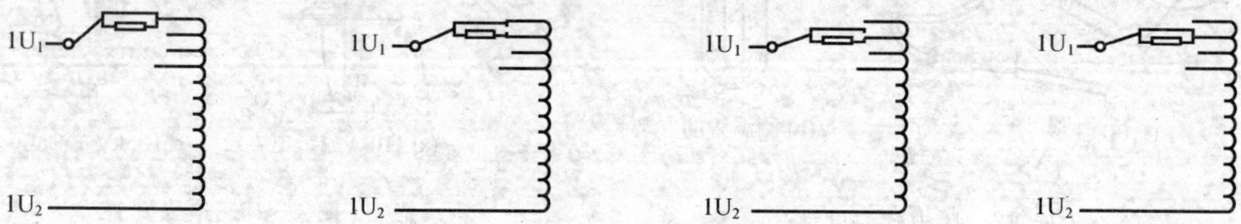

(a) 主、辅触头在未动作时的情形　　(b) 动作时，主触头未脱离静触头，辅助触头与下一挡静触头接触　　(c) 主触头脱离原静触头，辅助触头的限流电阻可限制电流　　(d) 主、辅助触头完成换挡

图 1－20　有载调压开关换挡调压的过程

活动三　变压器的分类

为了达到不同的使用目的，并适应不同的工作条件，变压器有很多类型，可按其用途、绕组数目、铁芯形式、相数、冷却方式进行分类。

1. 按用途分类

(1) 电力变压器。电力变压器主要用于电力系统升高或降低电压。电力变压器按容量可分为 4 种：小型电力变压器，容量在 630 kVA 及以下；中型电力变压器，容量为 800～6 300 kVA；大型电力变压器，容量为 8 000～63 000 kVA；特大型电力变压器，容量在 900 000 kVA 及以上。

(2) 调压变压器。调压变压器用来调节电压。实验室多使用小容量的调压变压器。

(3) 控制变压器。控制变压器容量较小，用于自动控制系统，如电源变压器、输入变压器、输出变压器和脉冲变压器等。

(4) 仪用变压器。仪用变压器一般指电流互感器和电压互感器。因为线路中的大电流、高电压不宜直接测量，需要通过互感器连接测量仪表进行测量。

(5) 试验高压变压器。试验高压变压器用于高压试验，如可产生高达 750 kV 电压的试验变压器。

(6) 特殊用变压器。特殊用变压器有电炉变压器、整流变压器、电焊变压器等。

2. 按绕组数目分类

(1) 双绕组变压器。高、低压各用一个绕组的变压器,为双绕组变压器,如电炉变压器、整流变压器、电焊变压器等。

(2) 自耦变压器。自耦变压器是高、低压共用一个绕组的变压器,在高、低压绕组之间既有磁的耦合,又有电的联系,如实验室使用的调压变压器。

(3) 三绕组变压器。三绕组变压器有高压、中压、低压 3 个绕组,如需要两种输出电压的电源变压器等。

(4) 多绕组变压器。多绕组变压器是有 3 个以上绕组的变压器,如需要多种输出电压的电源变压器等。

3. 按铁芯形式分类

按铁芯形式分类,主要有心式变压器和壳式变压器。此外,还有辐射形铁芯、渐开线铁芯等形式。

4. 按相数分类

(1) 单相变压器。单相变压器是用于单相交流系统的变压器,如计算机、家用电器和影像设备中的电源变压器。

(2) 三相变压器。三相变压器是用于三相交流系统的变压器,如电力变压器、三相电压互感器等。

(3) 多相变压器。多相变压器有多相绕组,如用于整流的六相变压器。

5. 按冷却方式分类

(1) 油浸变压器。油浸变压器是指铁芯与绕组完全浸在变压器油里的变压器,又可分为油浸自冷、油浸风冷、强迫循环水冷等冷却方式。

(2) 干式变压器。干式变压器是指不用变压器油而以自然冷却散热的变压器。除此之外,还有充气式变压器,其铁芯和绕组放在密封的铁箱内,充以绝缘性能好、传热快、化学性能稳定的气体。

项目二

变压器的原理

活动一 变压器的基本工作原理

变压器的主要部件是铁芯及套在铁芯上的绕组，如图 1－21 所示。把与交流电源连接的绕组称为一次绕组，其匝数用 N_1 表示；把与负载 Z_{fz}（如灯泡）连接的绕组称为二次绕组，其匝数用 N_2 表示。当一次绕组接通交流电源，一次绕组有电流 i_1 通过时，将激发铁芯产生交变的磁通。由于一、二次绕组套在同一铁芯柱上，铁芯中的交变磁通同时交连一、二次绕组，于是在两绕组中产生频率相同的交变感应电动势 e_1，e_2。显然，对于负载来说，二次绕组中的感应电动势 e_2 相当于电源，在二次绕组接通的回路中，便有电流 i_2 通过，使负载工作。

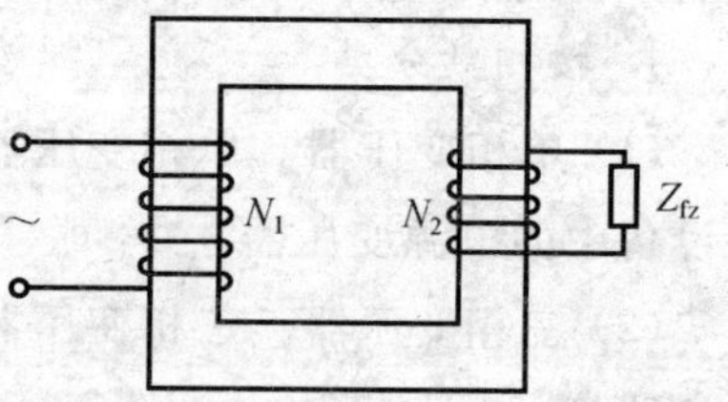

图 1－21　变压器的基本工作原理

上述过程说明，变压器一次绕组从交流电源吸收电能，通过铁芯中的磁通将其传递到二次绕组供给负载。事实证明，变压器能传递交流电能，而不能改变电能，即在传递过程中不改变电流与电压大小的乘积，$P=U_1I_1\approx U_2I_2$；变压器能改变交流电压或电流的大小，而不改变其频率。

由此可见，变压器的基本工作原理是当变压器一次绕组通以交流电流时，在其铁芯中产生交变磁通，根据电磁感应原理，一、二次绕组都产生感应电动势，二次绕组的感应电动势相当于负载的电源，变压器便将电能从一次绕组传递到负载。

活动二 变压器的空载运行

将变压器一次绕组接交流电源、二次绕组开路，这种运行方式称为变压器的空载运行，如图1－22 所示。

1. 变压器中各物理量正方向的确定

在变压器中，为了正确地表示电压、电流、磁通及感应电动势等各量之间的关系，必须首先规定它们的正方向。为了避免差错，通常按电工惯例来规定正方向，如图1－22 所示。

(1) 在一次绕组中，电压与电流的正方向。电压的正方向是由高电位指向低电位，电流

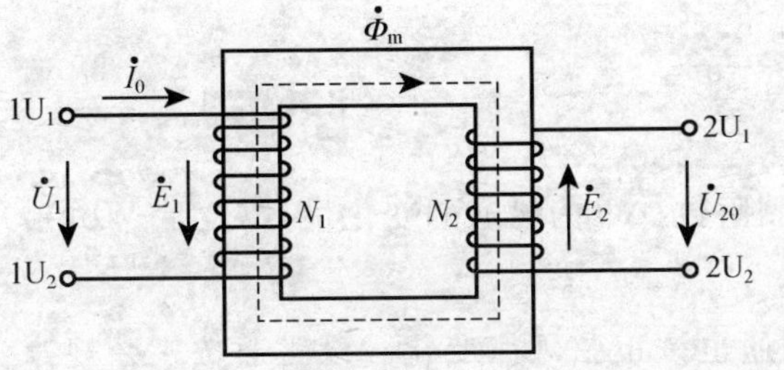

图 1-22　变压器空载运行原理图

的正方向也是由高电位流向低电位，这就是电压与电流正方向一致的原则。在一次绕组 N_1 中，先标定电源电压 $\dot{U}_1$ 的正方向为从 $1U_1$ 指向 $1U_2$，即 $1U_1$ 的电位高于 $1U_2$ 的电位；然后根据电压与电流正方向一致的原则，标定电流 $\dot{I}_0$ 从高电位点 $1U_1$ 流入变压器。

(2) 磁通的正方向。磁通的正方向与电流的正方向之间符合右手螺旋定则，称为磁通正方向与电流的正方向一致的原则。因此，用右手螺旋定则可确定磁通 $\dot{\Phi}_m$ 的正方向。

(3) 感应电动势的正方向。感应电动势的正方向与产生感应电动势的磁通的正方向之间符合右手螺旋定则，称为感应电动势的正方向与磁通的正方向一致的原则。已经确定 $\dot{\Phi}_m$ 的正方向，用右手螺旋定则，可确定一次绕组的感应电动势 $\dot{E}_1$ 及二次绕组的感应电动势 $\dot{E}_2$ 的正方向。

2. 理想变压器

绕组没有直流电阻，铁芯材料不会磁饱和，没有磁滞和涡流，磁路中没有漏磁通，这样的变压器称为理想变压器。

(1) 理想变压器的电压方程。理想变压器一次绕组的直流电阻 $r_1=0$，根据回路电压定律(基尔霍夫第二定律)，二次绕组的电压方程式为

$$\dot{U}_1=-\dot{E}_1 \tag{1-1}$$

$$\dot{U}_{20}=\dot{E}_2 \tag{1-2}$$

(2) 理想变压器的相量图。如图 1-23 所示，先选择主磁通相量 $\dot{\Phi}_m$ 作参考相量画在水平方向。因理想变压器的铁芯材料没有磁滞损耗和磁饱和，则电流相量 $\dot{I}_0$ 与相量 $\dot{\Phi}_m$ 同相位。

理想变压器一次绕组直流电阻不计，一次绕组可看成纯电感，电压相量 $\dot{U}_1$ 应超前电流相量 $\dot{I}_0$ 90°，故在 $\dot{I}_0$ 逆时针旋转 90°的方向上可作出电压相量 $\dot{U}_1$。

由式(1-1)可知，一次绕组感应电动势相量 $\dot{E}_1$ 与 $\dot{U}_1$ 的大小相等、相位相反，所以在 $\dot{U}_1$ 的反方向上可画出相量 $\dot{E}_1$。二次绕组的感应电动势 $\dot{E}_2$ 与一次绕组的感应电动势 $\dot{E}_1$ 相位相同，可在 $\dot{E}_1$ 的同方向上作出相量 $\dot{E}_2$。

由式(1-2)可知，$\dot{U}_{20}$ 与 $\dot{E}_2$ 的大小相等、相位相同，在相量图中，$\dot{U}_{20}$ 与 $\dot{E}_2$ 是同一相量。

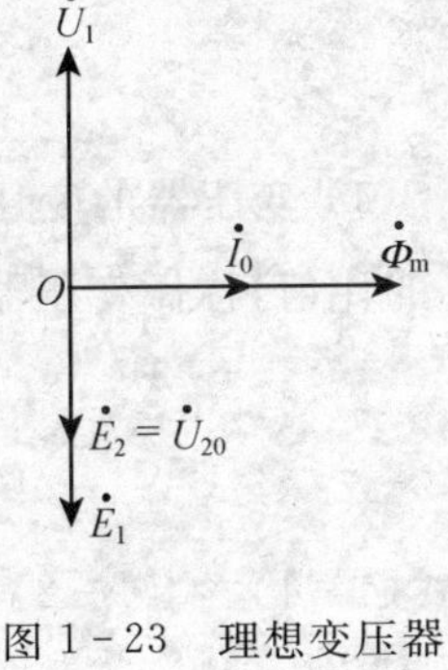

图 1-23　理想变压器空载相量图

(3) 感应电动势有效值(E)的计算。由法拉第电磁感应定律，对

于匝数为 N 的线圈，感应电动势的大小为

$$e = N\frac{\Delta\Phi}{\Delta t}$$

式中，e 为感应电动势，单位是 V（伏）；N 为线圈匝数；$\Delta\Phi$ 为磁通的变化量，单位是 Wb（韦）；Δt 为磁通变化 $\Delta\Phi$ 所用的时间，单位是 s（秒）。

按正弦规律变化的交流电流 $\dot{I}_0$ 产生的磁通也按正弦规律变化。设磁通按正弦规律变化的周期为 T，单位为 s（秒），或频率为 f，单位为 Hz（赫）。当磁通由"0"增加到最大值 Φ_m 或由最大值 Φ_m 减小到"0"时，磁通的变化量为 $\Delta\Phi=\Phi_m$，所用的时间为

$$\Delta t = \frac{T}{4} = \frac{1}{4f}$$

正弦交流量一个周期分为 4 个 $\frac{T}{4}$，一个周期内的平均感应电动势与 $\frac{T}{4}$ 内的平均感应电动势相同，故可得平均感应电动势 $\overline{E}$ 为

$$\overline{E} = N\frac{\Phi_m}{\frac{T}{4}} = N\frac{\Phi_m}{\frac{1}{4f}} = 4fN\Phi_m$$

正弦交流量的有效值是平均值的 1.11 倍，所以，感应电动势的有效值 E 为

$$E = 4.44fN\Phi_m = 4.44fNSB_m \tag{1-3}$$

式中，Φ_m 为主磁通幅值，单位为 Wb；f 为频率，单位为 Hz；E 为感应电动势的有效值，单位为 V；S 为铁芯的横截面积，单位为 m^2；B_m 为磁感应强度的最大值，单位为 T（特斯拉）；N 为线圈匝数。

由于理想变压器没有漏磁通，一、二次绕组中的磁通是相同的，这样就可以得到匝数为 N_1 的一次绕组与匝数为 N_2 的二次绕组感应电动势的有效值 E_1，E_2 分别为

$$E_1 = 4.44fN_1\Phi_m = 4.44fN_1SB_m \tag{1-4}$$

$$E_2 = 4.44fN_2\Phi_m = 4.44fN_2SB_m \tag{1-5}$$

（4）变压器的变压比（K）。变压器空载时，一次绕组的电压 U_1 与二次绕组的端电压 U_{20} 的比值，称做变压器的变压比，用符号 K 表示，则

$$K = \frac{U_1}{U_{20}}$$

由式（1－1）、式（1－2）、式（1－4）和式（1－5），可得

$$K = \frac{U_1}{U_{20}} = \frac{E_1}{E_2} = \frac{4.44fN_1\Phi_m}{4.44fN_2\Phi_m} = \frac{N_1}{N_2} \tag{1-6}$$

式(1-6)表明变压器的变压比等于一次绕组的匝数与二次绕组的匝数之比。当 $K>1$ 时，一次绕组的电压高于二次绕组的电压，变压器将电源电压降低供给负载，这样的变压器为降压变压器；当 $K<1$ 时，一次绕组的电压低于二次绕组的电压，变压器将电压升高供给负载，这样的变压器为升压变压器；当 $K=1$ 时，一次绕组的电压与二次绕组的电压相等，这样的变压器用于隔离电源，被称为隔离变压器。

【例 1.1】 有一单相变压器，一次绕组额定电压 $U_{1N}=35\ \text{kV}$，二次绕组额定电压 $U_{2N}=6.6\ \text{kV}$，电源频率 $f=50\ \text{Hz}$，铁芯截面积 $S=0.16\ \text{m}^2$，铁芯中磁感应强度最大值 $B_m=1.45\ \text{T}$。试计算：

(1) 高、低压绕组每一匝的感应电动势；

(2) 高、低压绕组的匝数。

解：(1) 根据式(1-3)，当 $N=1$ 时，有

$$E=4.44fNSB_m=4.44\times50\times0.16\times1\times1.45=51.6\ \text{V}$$

(2) 根据式(1-4)和式(1-5)，可得

$$N_1=\frac{U_{1N}}{4.44fSB_m}=\frac{35\times10^3}{4.44\times50\times0.16\times1.45}=678\ \text{匝}$$

$$N_2=\frac{U_{2N}}{4.44fSB_m}=\frac{6.6\times10^3}{4.44\times50\times0.16\times1.45}=128\ \text{匝}$$

3. 实际变压器的空载运行

(1) 漏磁通及其产生的电压降。实际变压器存在漏磁通。空载电流激励的磁通大部分通过铁芯，同时穿过一次绕组和二次绕组，在一、二次绕组产生感应电动势，这部分磁通称为主磁通。但也有一小部分磁通只通过一次绕组周围的空间形成闭合回路(见图1-24)，这部分磁通称为漏磁通，用 $\dot{\Phi}_{s1}$ 表示。它在一次绕组中产生的感应电动势称为漏抗电动势 $\dot{E}_{s1}$，对应的漏电抗用 X_{s1} 表示。由于漏磁通 $\dot{\Phi}_{s1}$ 很小，只占主磁通的千分之几，因而对应的漏抗电动势 $\dot{E}_{s1}$ 也是很小的，有时可以忽略不计。

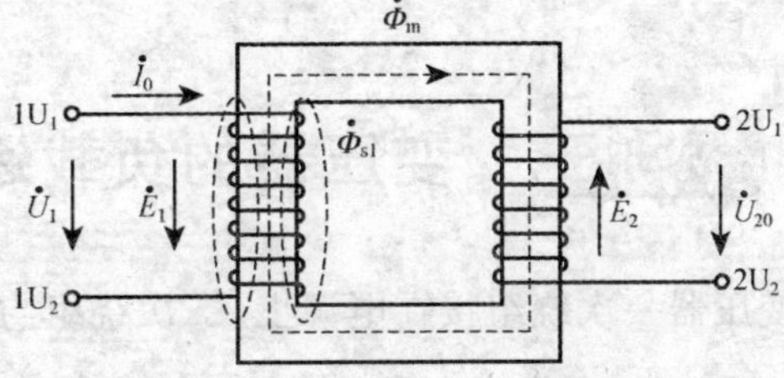

图 1-24 实际变压器空载运行原理图

实际变压器的绕组也有直流电阻 r_1，空载电流通过一次绕组产生电压降 $r_1\dot{I}_0$。根据基尔霍夫电压定律，一次绕组的电压平衡方程式为

$$\dot{U}_1=-\dot{E}_1-\dot{E}_{s1}+r_1\dot{I}_0=-\dot{U}_1+\text{j}X_{s1}\dot{I}_0+r_1\dot{I}_0=-\dot{E}_1+Z_{s1}\dot{I}_0 \qquad (1-7)$$

式中，$\text{j}X_{s1}\dot{I}_0$ 为一次绕组漏阻抗电压；$Z_{s1}=r_1+\text{j}X_{s1}$，为一次绕组的漏阻抗。

从式(1-7)中可看出，漏阻抗的存在会使 $\dot{E}_1$ 下降，当 $Z_{s1}\dot{I}_0$ 较小时，可以忽略。如果用有效

值表示(只计大小,不计相位),则为

$$U_1 \approx E_1$$

(2) 励磁电流 $\dot{I}_0$ 和空载损耗 P_0。实际变压器的铁芯中有磁滞,$\dot{I}_0$ 不与磁通 $\dot{\Phi}_m$ 的相位相同而应超前一定的角度 δ;实际变压器的一次绕组有直流电阻,不会是纯电感,所以 $\dot{I}_0$ 的相位就不会落后 $\dot{U}_0$ 90°,而是小于 90°;实际变压器的铁芯存在涡流,磁滞和涡流使铁芯发热而损耗电能,这部分损耗称为铁损耗。因此可以将 $\dot{I}_0$ 分解成两部分:一部分是有功分量 $\dot{I}_{0P}$,是对应铁损耗的,它与 $\dot{U}_1$ 同相位;另一部分是无功分量 $\dot{I}_{0Q}$,是励磁用的,它与 $\dot{\Phi}_m$ 同相位。$\dot{I}_0$ 超前 $\dot{\Phi}_m$ 的角度称为铁损耗角。

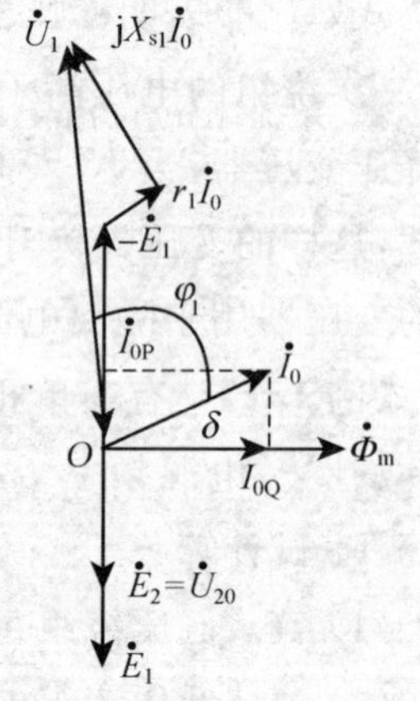

图 1-25 实际变压器空载相量图

实际变压器空载运行时,由于磁滞和涡流产生了铁损耗;而空载电流 $\dot{I}_0$ 通过存在直流电阻的一次绕组时,一次绕组也会发热而损耗电能,这部分损耗称为铜损耗。空载运行时的铁损耗和铜损耗,称为变压器的空载损耗 P_0。因为空载运行时,铁损耗角 δ 很小,空载电流 $\dot{I}_0$ 的有功分量 $\dot{I}_{0P}$ 的数值很小;在实际变压器中,空载电流 $\dot{I}_0$ 与额定电流 $\dot{I}_{1N}$ 相比,I_0 所占比例很小(中、小型变压器的 I_0 约为 I_{1N} 的 2%~10%,大型变压器的 I_0 小于 I_{1N} 的 1%),可见空载损耗 P_0 是较小的。

(3) 实际变压器的空载相量图。作图方法:先作参考相量 $\dot{\Phi}_m$→画 $\dot{I}_{0Q}$→画 $\dot{E}_1$,$\dot{E}_2$,$-\dot{E}_1$(以上同理想变压器),再由 δ 角画 $\dot{I}_0$,$\dot{I}_{0P}$,从 $-\dot{E}_1$ 顶端画 $r_1\dot{I}_0$(方向与 $\dot{I}_0$ 平行),画 $jX_{s1}\dot{I}_0$(方向与 $r_1\dot{I}_0$ 垂直),最后把 $jX_{s1}\dot{I}_0$ 的顶点和原点连接起来,该连线即为 $\dot{U}_1$,如图 1-25 所示。

活动三 变压器的负载运行

变压器一次绕组接在电源上,二次绕组与负载连接时的运行情况,称为变压器的负载运行,如图 1-26 所示。

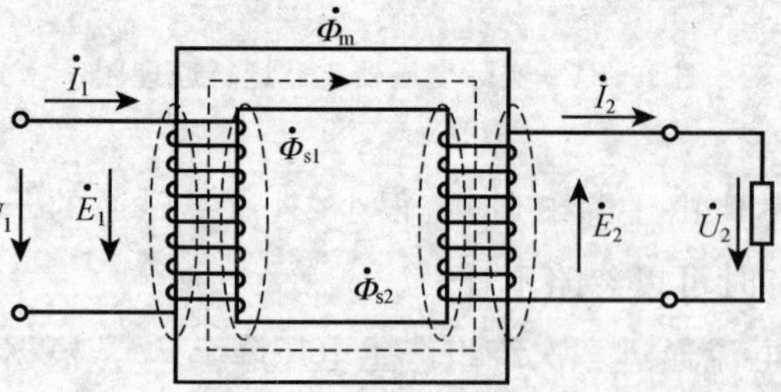

图 1-26 实际变压器的负载运行原理图

1. 一、二次绕组的电压平衡方程式

在二次绕组接通负载以后,在 $\dot{E}_2$ 的作用下,二次绕组流过负载电流 $\dot{I}_2$,并产生相应的磁动势 $\dot{F}_2=N_2\dot{I}_2$。该磁动势产生的磁通会影响一次绕组电流 $\dot{I}_0$ 产生的磁通 $\dot{\Phi}_m$,因此将会影响一次绕组的感应电动势 $\dot{E}_1$,使其有所变化。由《电工基础》中关于交流铁芯线圈电路的知识可知,当 $\dot{U}_1$ 不变时,$\dot{E}_1$ 的减小会导致一次绕组电流由 $\dot{I}_0$ 变化到 $\dot{I}_1$,最终使磁通保持原来的大小不变,这时一次绕组的电压平衡方程式变为

$$\dot{U}_1 = \dot{E}_1 + Z_{s1}\dot{I}_1 \tag{1-8}$$

二次绕组的直流电阻为 r_2，负载电流 $\dot{I}_2$ 通过二次绕组时产生电压降 $r_2\dot{I}_2$； $\dot{I}_2$ 在二次绕组形成的磁通，也有一部分未穿过一次绕组而成为漏磁通，漏磁通在二次绕组中产生的感应电动势 $\dot{E}_{s2}$ 可用 $jX_{s2}\dot{I}_2$ 代替。r_2，X_{s2} 分别是二次绕组的电阻和漏电抗，$Z_{s2} = r_2 + jX_{s2}$ 则为二次绕组的漏阻抗。这样，二次绕组的电压平衡方程式变为

$$\dot{U}_2 = \dot{E}_2 - r_2\dot{I}_2 - \dot{E}_{s2} = \dot{E}_2 - r_2\dot{I}_2 - jX_{s2}\dot{I}_2 = \dot{E}_2 - Z_{s2}\dot{I}_2 \tag{1-9}$$

2. *磁动势平衡方程式及电流比*

由式(1-8)可知，当 $I_1Z_{s1} \ll E_1$ 时，$U_1 \approx E_1 = 4.44fN_1\Phi_m$，即 $U_1 \propto \Phi_m$，只要输入电压的有效值 U_1 不变，主磁通的最大值 Φ_m 就不会变。空载时，Φ_m 是一次绕组励磁电流 I_0 产生的；有负载时，输入电压 U_1 不变，Φ_m 仍不会变，但它是一次绕组电流 I_1 和二次绕组电流 I_2 共同产生的。所以，磁动势平衡方程式为

$$N_1\dot{I}_1 + N_2\dot{I}_2 = N_1\dot{I}_0$$

由上式可得

$$\dot{I}_1 = \dot{I}_0 - \frac{N_2}{N_1}\dot{I}_2$$

如忽略空载励磁电流 $\dot{I}_0$，则上式变为

$$\dot{I}_1 = -\frac{N_2}{N_1}\dot{I}_2$$

这说明当 I_0 不大时，可以近似看成 $\dot{I}_1$ 与 $\dot{I}_2$ 的大小之比为$\frac{N_2}{N_1}$，相位上相差 180°。如果只考虑大小，不考虑方向，则有

$$\frac{I_1}{I_2} = \frac{N_2}{N_1} = \frac{1}{K} \tag{1-10}$$

式(1-10)说明，一、二次绕组电流的有效值与绕组的匝数成反比，它们的比值为变压器变压比的倒数。根据式(1-10)还可以看出，当变压器的变压比 $K > 1$ 时，变压器将电压降低的同时，也将电流变大；当 $K < 1$ 时，变压器将电压升高的同时，也将电流变小。

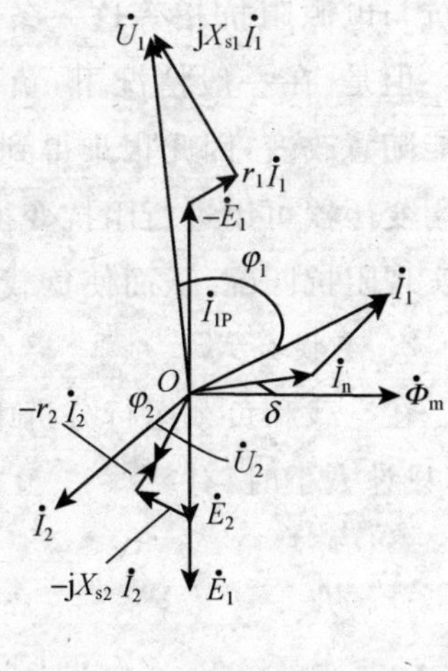

图 1-27　实际变压器的负载运行相量图

3. *负载运行相量图*

根据式(1-8)和式(1-9)，按空载运行相量图的作图方法，可得变压器负载运行的相量图，如图 1-27 所示。

【例 1.2】 某变压器的变压比 $K = 40$，接在 10 kV 的电源上，在二次绕组与负载连接

后，通过一次绕组的电流 $I_1=10\text{ A}$。求：

(1)二次绕组的电压 U_2；

(2) 通过负载的电流 I_2。

解：(1) 根据式(1-6)，可得

$$U_2=\frac{U_1}{K}=\frac{10\times10^3}{40}=250\text{ V}$$

(2) 根据式(1-10)，可得

$$I_2=KI_1=40\times10=400\text{ A}$$

活动四 变压器的阻抗变换

1. 变换阻抗的作用

变压器的一次绕组接交流电源，对电源来说它是负载，其阻抗为 $Z_1=\frac{U_1}{I_1}$；变压器的二次绕组与负载连接，对负载来说它又是电源，电压、电流和负载之间存在 $Z_2=\frac{U_2}{I_2}=Z_{fz}$ 的关系，如图 1-28 所示。在这里变压器起到了变换阻抗的作用。

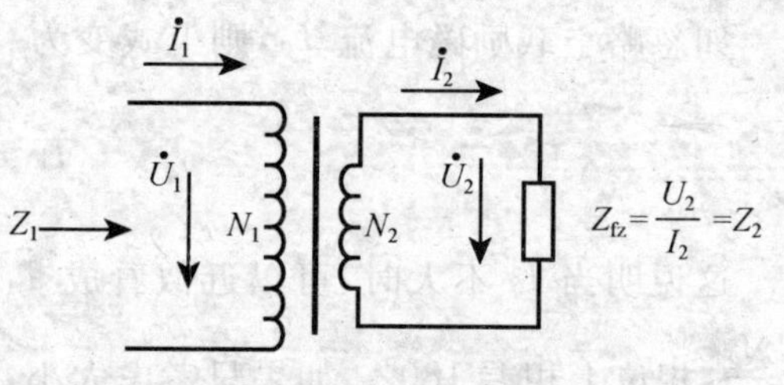

图 1-28 变压器的阻抗变换作用

在电子设备中，往往要求负载能获得最大功率。若要负载获得最大功率，必须满足负载阻抗与电源阻抗相等这一条件，这称为阻抗匹配。但是，在一般情况下，负载阻抗是一定的，不能随意改变，因此很难得到满意的阻抗匹配。利用变压器可以进行阻抗变换，适当选择变压器的匝数比，把它接在电源与负载之间，就可以实现阻抗匹配，从而使负载获得最大的功率。

2. 变换公式

在空载和负载运行分析中，已得到公式(1-6)和公式(1-10)，当忽略漏阻抗，不考虑相位，只计大小时，有

$$\frac{Z_1}{Z_2}=\frac{\frac{U_1}{I_1}}{\frac{U_2}{I_2}}=\frac{U_1}{I_1}\times\frac{I_2}{U_2}=K^2$$

即

$$Z_1=K^2Z_2 \tag{1-11}$$

如果已知负载阻抗 Z_2 的大小，要把它变成另一个一定大小的阻抗 Z_1，只需接一个变压

器，该变压器的变压比 $K=\sqrt{\frac{Z_1}{Z_2}}$。

【例 1.3】 在某晶体管收音机中，输出阻抗为 360 Ω。现有一阻抗为 8 Ω 的扬声器，若要使扬声器获得最大输出功率，需要在扬声器和收音机的输出端之间，接入变压比为多少的变压器？如果输出变压器的一次绕组为 230 匝，求阻抗匹配时变压器二次绕组的匝数。

解：由式(1-11)，可求出变压器的变压比为

$$K=\sqrt{\frac{Z_1}{Z_2}}=\sqrt{\frac{360}{8}}=6.7$$

所求二次绕组的匝数为

$$N_2=\frac{N_1}{K}=\frac{230}{6.7}=34\text{ 匝}$$

由此可见，变压器的阻抗变换作用，在电子技术中得到了广泛应用。

项目三

变压器的外特性及电压调整率

对负载来说，变压器相当于电源。对一个电源，我们关心的是它的输出电压随负载的变化而变化的情况：负载变化时，输出电压改变多少？变化程度有多大？电力系统的用电负载是经常发生变化的，负载变化所引起的变压器输出电压（二次绕组的端电压）的变化程度，既与负载的大小和性质（电阻性、电感性、电容性和功率因数的大小）有关，又与变压器本身的性质有关。只有了解变压器的输出电压随负载变化的规律，才能适应不同负载的需要，对变压器的输出电压进行必要的调整，保证供电质量。

活动一　变压器的外特性

当一次绕组电压 U_1 和负载的功率因数 $\cos\varphi_2$ 一定时，二次绕组输出的电压 U_2 与负载电流 I_2 的关系 $U_2 = f(I_2)$，称为变压器的外特性。

根据对变压器负载运行情况的分析，当一次绕组电压 U_1 不变时，如果负载电流 I_2 变化，则二次绕组内的阻抗压降也会变化，二次绕组输出的电压 U_2 随之变化。这种变化关系可以用实验的方法求得。图 1-29 所示为用实验方法得到的几条功率因数不同的外特性曲线。

当一次绕组加额定电压 U_{1N} 且 $I_2 = 0$ 时，变压器的输出电压 $U_{20} = U_{2N}$，即变压器二次绕组空载时的端电压 U_{20} 即为变压器的额定电压 U_{2N}。从图 1-29 所示的外特性曲线可以看出，负载的性质不同，输出电压的变化情况是不相同的。

（1）负载为纯电阻

当负载为纯电阻时，$\cos\varphi_2 = 1$，随着负载电流 I_2 的增大，变压器二次绕组的输出电压逐渐降低，即变压器输出电压具有下降的外特性，但下降得并不多。

（2）负载为电感性

当负载为电感性时，$0 < \cos\varphi_2 < 1$，随着负载电流 I_2 的增大，变压器二次绕组的输出电压下降较快。这是因为无功电流滞后，对变压器磁路中主磁通的去磁作用较强，使二次绕组的感应电动势 E_2 下降所致。

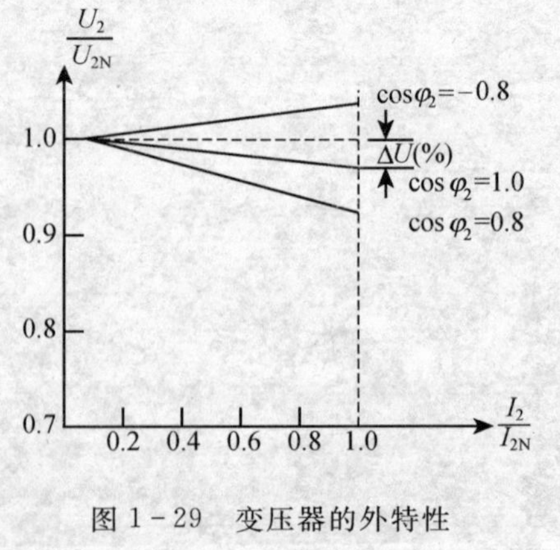

图 1-29　变压器的外特性

(3) 负载为电容性

当负载为电容性时，$-1 < \cos\varphi_2 < 0$，φ_2 为负值。超前的无功电流有助磁作用，主磁通会有所增加，二次绕组的感应电动势 E_2 也随之增加，使 U_2 随 I_2 的增加而增加。

以上说明，功率因数对变压器外特性的影响是很大的。负载的功率因数确定之后，变压器的外特性曲线也就随之确定了。

为了满足不同负载的工作要求，不同用途的变压器具有不同的外特性。例如，照明用变压器应当有较为平直的外特性；但是有些负载则要求变压器具有陡降(即电流 I_2 增加时，U_2 下降很大)的外特性，如电弧焊使用的电焊变压器。

活动二 变压器的电压调整率

一般情况下，当负载波动时，变压器的输出电压也是波动的，输出电压的波动情况可以用电压调整率来描述。变压器从空载 ($I_2=0$) 到额定负载 ($I_2=I_{2N}$) 时，输出电压的变化量 $\Delta U=U_{2N}-U_2$ 与额定电压 U_{2N} 的百分比，称为变压器的电压调整率，用 $\Delta U\%$ 表示为

$$\Delta U\% = \frac{U_{2N}-U_2}{U_{2N}} \times 100\% = \frac{\Delta U}{U_{2N}} \times 100\% \tag{1-12}$$

式中，U_{2N} 为变压器的额定电压，单位是 V(伏)；U_2 为变压器输出额定电流时的输出电压，单位是 V(伏)。

电压调整率表征变压器输出电压的稳定性，是变压器的主要性能指标之一，在一定程度上反映该变压器供电的质量。电压调整率与变压器参数及负载性质有关。对于一般电力变压器，当 $\cos\varphi_2 \approx 1$ 时，$\Delta U\% \approx 2\% \sim 3\%$；当 $\cos\varphi_2 \approx 0.8$ 时，$\Delta U\% \approx 4\% \sim 6\%$。可见，提高二次绕组负载功率因数，还能提高二次绕组电压的稳定性。一般情况下，照明电源电压波动不超过 $\pm 5\%$，动力电源电压波动不超过 $+10\% \sim -5\%$。

【例 1.4】 某台供电电力变压器将 $U_{1N}=10\,000$ V 的高压降压后对负载供电，要求该变压器在额定负载下的输出电压 $U_2=380$ V，该变压器的电压调整率 $\Delta U\%=5\%$，求该变压器的额定电压 U_{2N} 及变压比 K。

解：根据 $\Delta U\% = \frac{U_{2N}-U_2}{U_{2N}}$，得

$$U_{2N} = \frac{U_2}{1-\Delta U\%} = \frac{380}{1-5\%} = \frac{380}{95\%} = 400 \text{ V}$$

$$K = \frac{U_{1N}}{U_{2N}} = \frac{10\,000}{400} = 25$$

项目 四

变压器的损耗和效率及冷却方式

变压器是应用电磁感应原理，把输入的交流电压升高或降低为同频率的交流电压。在传递电能过程中，不可避免地要产生损耗，虽然很少，但有时还是不能忽略的。

活动一 变压器的损耗

变压器工作时是有损耗的，损耗的来源主要有两个部分，即导线发热产生的铜损耗，以及由于铁芯发热产生的铁损耗。

1. 铁损耗(P_{Fe})

当变压器铁芯中的磁通交变时，在铁芯中要产生磁滞损耗和涡流损耗，这两项统称为铁损耗。在铁芯材料和电源频率一定的情况下，只要电源电压 U_1 不变，铁芯中磁通 Φ_m 就不会变，变压器的磁滞损耗和涡流损耗也不会变，铁损耗与负载电流的大小和性质没有关系，是不变的损耗，即

$$P_{Fe} = P_0 = \text{常数}$$

在变压器空载试验中，由于空载电流 I_0 和一次绕组电阻 r_1 都比较小，绕组电阻上损耗的电能很小，变压器的空载损耗基本上等于变压器的铁损耗。所以，变压器的铁损耗可以由空载试验获得。

2. 铜损耗(P_{Cu})

变压器一、二次绕组都有一定的电阻，当电流流过绕组时，就要消耗电能，这就是铜损耗。由于电阻上的功率损耗与电流的二次方成正比，变压器的铜损耗取决于负载电流的大小和绕组的电阻值。在一定负载下，变压器的铜损耗为

$$P_{Cu} = I_1^2 r_1 + I_2^2 r_2 = \left(\frac{N_2}{N_1} I_2\right)^2 r_1 + I_2^2 r_2$$

$$= \left(\frac{I_2}{K}\right)^2 r_1 + I_2^2 r_2 = \left(\frac{r_1}{K^2} + r_2\right) I_2^2 \qquad (1-13)$$

式(1-13)是按二次绕组的电流及一次绕组的电阻、二次绕组的电阻来计算变压器铜损耗的。在实际中，常用变压器的负载系数计算变压器的铜损耗。所谓负载系数，就是二次绕组的电流 I_2 与变压器二次绕组的额定电流 I_{2N} 的比值，即

$$\beta = \frac{I_2}{I_{2N}} \tag{1-14}$$

当变压器中一、二次绕组都流过额定电流时的铜损耗就是变压器的额定铜损耗，由式(1-13)可得

$$P_{CuN} = r_1 I_{1N}^2 + r_2 I_{2N}^2 = \left(\frac{r_1}{K^2} + r_2\right) I_{2N}^2 \tag{1-15}$$

将式(1-13)和式(1-15)联立求解，可得

$$P_{Cu} = \left(\frac{I_2}{I_{2N}}\right) P_{CuN} = \beta^2 P_{CuN} \tag{1-16}$$

式(1-16)说明，在某一负载下变压器的铜损耗等于变压器负载系数的二次方与其额定铜损耗的乘积。因为铜损耗是随负载电流的变化而变化的，所以也称为可变损耗。

活动二 变压器的效率

1. 变压器的功率

变压器一次绕组的输入功率为

$$P_1 = U_1 I_1 \cos \varphi_1$$

式中，P_1 为电源输入变压器的功率，单位是 W(瓦)；U_1 为一次绕组两端的电压，单位是 V(伏)；I_1 为通过一次绕组的电流，单位是 A(安)；φ_1 为一次绕组电压与电流的相位差，单位是 rad(弧度)。

变压器二次绕组的输出功率(负载获得的功率)为

$$P_2 = U_2 I_2 \cos \varphi_2$$

式中，P_2 为变压器副的输出功率，即负载获得的功率，单位是 W(瓦)；U_2 为二次绕组两端的电压，单位是 V(伏)；I_2 为二次绕组中的电流，单位是 A(安)；φ_2 为二次绕组电压与电流的相位差，单位是 rad(弧度)。

变压器工作时的功率损耗 ΔP 为铜损耗 P_{Cu} 与铁损耗 P_{Fe} 之和，即

$$\Delta P = P_{Cu} + P_{Fe}$$

输入功率除去损耗功率，为变压器的输出功率，即

$$P_2 = P_1 - \Delta P$$

2. 变压器的效率及其实用公式

(1) 变压器的效率。变压器的效率是其输出的有功功率 P_2 与输入功率 P_1 的比值，一般记做百分数，用 η 表示，即

$$\eta=\frac{P_2}{P_1}\times 100\% \tag{1-17}$$

变压器的效率是运行性能的重要指标。由于变压器是一种静止的电气设备，在能量传输过程中没有机械损耗，它的效率很高。一般中、小型变压器的效率可达 95%～98%，大型变压器的效率可达 99%以上。

(2) 计算变压器效率的实用公式。因为变压器效率很高，用直接负载法测量输出功率 P_2 和输入功率 P_1 来确定效率很难得到准确的结果，一般用间接法计算变压器的效率。因为

$$\eta=\frac{P_2}{P_1}=\frac{P_1-\Delta P}{P_1}=1-\frac{\Delta P}{P_2+\Delta P} \tag{1-18}$$

对于单相变压器来说，有

$$P_2=U_2I_2\cos\varphi_2=U_{2N}I_{2N}\beta\cos\varphi_2=\beta S_N\cos\varphi_2 \tag{1-19}$$

式中，$S_N=U_{2N}I_{2N}$ 为变压器的额定容量(视在功率)，单位为 VA(伏・安)。将铜损耗、铁损耗以及式(1-19)代入式(1-18)，可得

$$\begin{aligned}\eta&=1-\frac{P_{Fe}+P_{Cu}}{P_2+P_{Fe}+P_{Cu}}=1-\frac{P_{Fe}+\beta^2P_{CuN}}{\beta S_N\cos\varphi_2+P_{Fe}+\beta^2P_{CuN}}\\&=\frac{\beta S_N\cos\varphi_2}{\beta S_N\cos\varphi_2+P_{Fe}+\beta^2P_{CuN}}\end{aligned} \tag{1-20}$$

这是一个很实用的变压器效率的计算公式。

3. 变压器的效率特性曲线

当负载功率因数 $\cos\varphi_2$ 为某一定值时，变压器的效率 η 与负载系数 β 的关系 $\eta=f(\beta)$，称为变压器的效率特性曲线。如图 1-30 所示，它表明了变压器的效率 η 与负载电流 I_2 大小的关系。

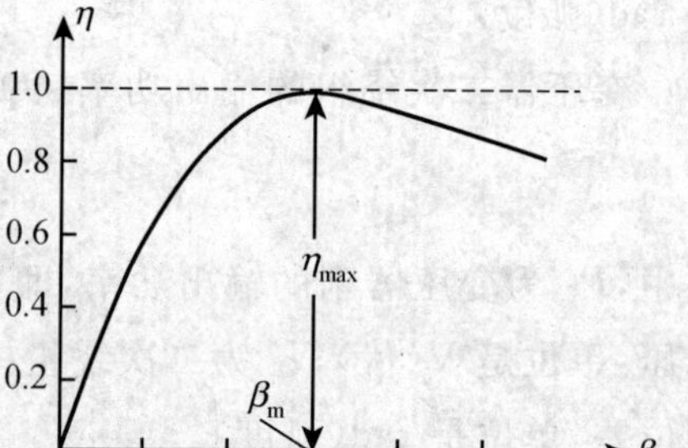

图 1-30 变压器的效率特性曲线

从变压器效率特性曲线可以看出，变压器的效率有一个最大值 η_{max}，用数学分析的方法可以证明：当变压器的铜损耗 P_{Cu} 等于铁损耗 P_{Fe} 时，变压器的效率最高。因此，可得到变压器效率最高时的条件为

$$P_{Cu}=P_{Fe}=\beta^2P_{CuN} \tag{1-21}$$

即

$$\beta=\sqrt{\frac{P_{Fe}}{P_{CuN}}} \tag{1-22}$$

将式(1-21)代入式(1-20)，便得到变压器最大效率表达式为

$$\eta_{max} = \left(1 - \frac{2P_{Fe}}{\beta_m S_N \cos\varphi_2 + 2P_{Fe}}\right) \times 100\% \qquad (1-23)$$

变压器效率最高时的负载系数 β_m 称为最佳负载系数。从变压器的效率特性曲线可以看出，当变压器的实际负载系数 $\beta < \beta_m$ 时，变压器的效率较低。这是因为变压器的铁损耗不随负载的大小而变化，负载电流 I_2 小，负载系数 β 也小，铁损耗占输入功率的比例较大而输出功率较小，效率自然较低。当变压器的实际负载系数 $\beta > \beta_m$ 时，变压器的效率也不高。这是因为铜损耗与 I_2^2 成正比，I_2 增加时变压器的铜损耗增加较快，铜损耗占输入功率的比例增大，使效率又降低了。所以，要提高变压器运行时的效率，注意不应使变压器在较低负载下运行，也不应使变压器超载运行。

【例 1.5】 一台容量为 50 kVA 的单相变压器，一、二次绕组的额定电压分别为 6 000 V，230 V，额定电流分别为 8.33 A，217.4 A，空载损耗 $P_0 = 400$ W，额定短路损耗 $P_{CuN} = 1\,100$ W。当二次绕组输出电流为 150 A 时，求：

(1) 二次绕组功率因数 $\cos\varphi_2 = 0.8$ 时的效率 η；

(2) 二次绕组功率因数 $\cos\varphi_2 = 0.9$ 时的最高效率 η_{max}。

解：(1) 首先求出变压器的负载系数 β，即

$$\beta = \frac{I_2}{I_{2N}} = \frac{150}{217.4} = 0.69$$

根据式(1-20)求效率，即

$$\begin{aligned}\eta &= 1 - \frac{P_{Fe} + \beta^2 P_{CuN}}{\beta S_N \cos\varphi_2 + P_{Fe} + \beta^2 P_{CuN}} \\ &= 1 - \frac{400 + 0.69^2 \times 1\,100}{0.69 \times 50\,000 \times 0.8 + 400 + 0.69^2 \times 1\,100} \\ &= 1 - 0.032\,4 \\ &= 0.968 \\ &= 96.8\%\end{aligned}$$

(2) 求最高效率时 β_m，即

$$\beta_m = \sqrt{\frac{P_{Fe}}{P_{CuN}}} = \sqrt{\frac{400}{1\,100}} = \sqrt{\frac{4}{11}} = 0.6$$

根据式(1-23)，最高效率为

$$\eta_{max} = 1 - \frac{2P_{Fe}}{\beta_m S_N \cos\varphi_2 + 2P_{Fe}} = 97.19\%$$

活动三 变压器的冷却方式

为了保证变压器散热良好，必须采用一定的冷却方式，将变压器中产生的热量带走。常

用的冷却介质有变压器油和空气两种，前者称为油浸式，后者称为干式。油浸式变压器又分为油浸自冷式、油浸风冷式及强迫油循环式等 3 种。油浸自冷式依靠油的自然对流带走热量，没有其他冷却设备；油浸风冷式是另加风扇给油箱、油管外表面吹风，以加强散热作用；强迫油循环式是用油泵将变压器中的热油抽到变压器外的冷却器中冷却后再送回变压器，冷却器可以用循环水冷却或强迫风冷却。20kVA 以下的变压器，常用平板式油箱。30～2 000 kVA 的变压器，一般在油箱四周加焊上冷却用的扁形油管，叫做管式油箱。2.5～6.3 MVA的变压器，把油管组合成若干个整体散热器，再把散热器装到油箱上，称为散热器式油箱。8～40MVA 的变压器，在散热器上另加风扇吹风，如图 1－31 所示是用风扇吹冷的散热器。50MVA 及以上的大容量变压器，采用强迫油循环冷却方式。

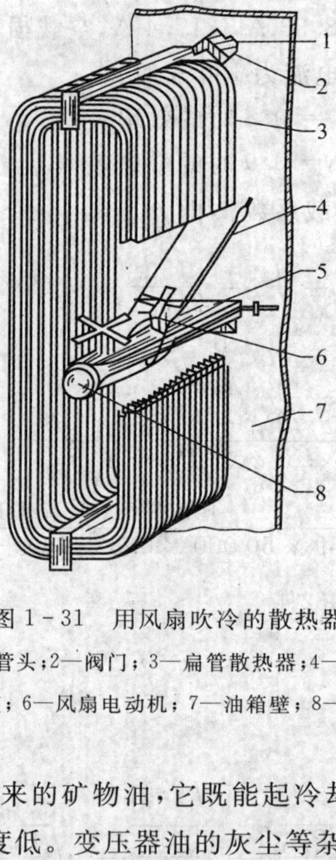

图 1－31　用风扇吹冷的散热器

1—联管头；2—阀门；3—扁管散热器；4—拉杆；
5—支座；6—风扇电动机；7—油箱壁；8—进线盒

变压器油是从石油中提炼出来的矿物油，它既能起冷却作用，又可加强绝缘，要求介电强度高、黏度低、着火点高、酸碱度低。变压器油的灰尘等杂物及水分少，因为很少量的水分也会使变压器油的绝缘强度大为降低，故要求油箱中的油最好与外界空气隔离。因此，油箱盖要封好。当变压器油受热膨胀时，将使油箱受到很大的压力，严重时可把油箱胀坏。为此在油箱顶上装有一个圆筒形的储油柜，如图 1－32 所示，储油柜和油箱连通，柜内油面高度随油的热胀冷缩而变动，储油柜下面还装有放置干燥剂的吸湿器，外面的空气必须经过吸湿器才能进入储油柜，这样油箱中的油不和外面空气直接接触，减少了油的氧化和水分的浸入。

在油箱和储油柜之间的连接管中还装有气体继电器，一旦变压器发生故障，内部绝缘物气化，产生气体，使气体继电器动作，发出信号，便于值班人员进行处理或使保护开关自动跳闸，将变压器切出。大容量变压器的油箱盖上还装有安全气道，其出口用薄玻璃板盖住，当变压器内部严重故障而气体继电器失灵时，油箱内部的气体便冲破玻璃板从安全气道喷出，避免变压器受到严重损害。

图 1-32　油浸式电力变压器

项目五

变压器的故障检修及一般试验

为了确保变压器的安全运行，对正在运行的变压器，要定期检查，以便及时发现和排除故障，避免故障扩大。

活动一 检查和清洁变压器

(1)检查瓷套管是否清洁、有无裂纹与放电痕迹，螺纹有无损坏以及其他异常现象。如若发现，应尽快停电调换。

(2)检查各密封处有无渗油和漏油现象，严重的应及时处理。

(3)检查储油柜的油位高度及油色是否正常，若发现油量过低应加油。

(4)注意变压器的声响与原来相比是否存在异常。

(5)检查箱顶温度计的温度与室温之差是否低于55℃。

(6)查看防爆管的玻璃膜是否完整。

(7)检查油箱的接地情况。

(8)查看高、低压侧电压及电流是否正常。

(9)定期进行油样化验及观察硅胶是否吸潮变色，需要时要进行调换。

活动二 变压器的拆装检修

(1)检修时应谨防工具、螺钉、螺母等异物掉落在变压器中，避免事故的发生。

(2)检修前预先将变压器油放掉一部分，盛油容器必须清洁干燥，容器盛满油后须加盖以防尘防潮，油要进行化验，对油的要求如表1-1所示。若油不够，须添补同型号的经化验合格的新油。

(3)吊铁芯时应尽量把吊钩装得高些，使吊铁芯的钢绳的夹角大于45°。否则将会使油箱盖板弯曲变形。油箱盖上若有4只吊环，应装4根钢丝绳以免发生事故。

(4)如果仅是将铁芯吊起一部分进行检修，必须在箱盖与箱壳间垫以牢固支撑物后才能进行检修，以防变压器铁芯突然落下，发生事故。

(5)变压器所有紧固螺栓均须紧固，否则在运行时将会发出不正常的响声或噪声。

表 1-1 变压器油在运行中的要求

试验项目	运行中要求
闪点/℃	与新油比较、不应低于于 5℃以上
酸价/(KOH 毫克/克油)	(1)不大于 0.4(KOH 毫克/克油)同时应该没有溶解于水的酸和碱; (2)对现场试验油样,溶解于水带酸性反应,但酸价不超过 0.2 时定为"尚可使用"
酸碱反应	无
水分	无
电气击穿强度/(kV·cm^{-1}) (1)用于 6kV 以下的电气设备 (2)用于 6~35 kV 的电气设备	 不低于 20 不低于 25

(6)对铁芯进行检查。

1)检查铁芯到夹件的接地连接铜皮是否已有效接地,如未装设或已损坏,则在运行时可能发生轻微"啪啪"放电声。

2)用 1 000 V 电阻表测量铁轭夹件穿心螺丝栓绝缘电阻是否合格,其数值应不小于 2 MΩ。

3)检查铁芯底部平衡垫铁绝缘衬垫是否完整,是否有松动现象。

4)检查铁芯硅钢片是否有过热现象。

5)如发现螺母松动,应加以紧固。

(7)对绕组进行绝缘老化程度的鉴定。用手按压绝缘物时,如有脱落现象、裂缝很深、绝缘物呈碳片下落,或当用手将绝缘物略弯曲就发生断裂,则需更换绕组。

(8)对分接头开关进行检查。检查开关旋转时是否灵活,零部件是否完整或松动,注意动、静触点吻合,与指示位置是否一致,检查接触点是否灼伤或因严重过热而变色,检查引线和开关连接处螺母是否松动等。

(9)器身在相对湿度为 75%以下的空气中贮留的时间不宜超过 24 h,如果在检修期间器身的温度比空气温度高出 3~5℃,则器身在空气中的贮留时间可适当延长。

活动三 变压器的故障检查与分析

变压器发生故障的原因比较复杂,为了顺利和正确地检查并分析其原因,事前应详细了解以下情况:

1)变压器的运行情况,如负载情况、过载情况等。

2)故障发生前与故障发生时的气候与环境情况,如是否经雷击与雨雪等。

3)变压器的温升与电压变化情况。

4)继电保护动作的性质,并在哪一相动作的。

5)如果变压器具有运行记录,则应加以检查。

6)检查变压器的历史资料,了解上一次检修的质量评价。

7)其他外界因素,如有无小动物活动的痕迹等。

故障检查、分析方法如下:

(1)直观法。变压器容量在 560kVA 以上的都装有保护装置,如气体继电器、差动保护继电器和过电流保护装置等。变压器发生故障时,会使相应的保护装置动作,其中能比较准确地反映变压器故障的是气体继电器。如果气体继电器的上浮筒动作产生信号,则表明变压器的事故比较轻;如果下浮筒动作,则表明变压器已发生严重事故;在特别严重的情况下,气体继电器动作的同时,防爆管中也将有气体和油冲出。事故发生以后有时也可以根据气体继电器中积存的气体的颜色与气味来判别故障情况。此外还可以根据油的颜色来加以判别,如果油的颜色未变,则表明故障并不严重;如果油色变黑或有焦味,则表明变压器绕组已烧坏或者铁轭螺杆绝缘损坏形成短路。

(2)试验法。许多故障不能完全靠外部直观法来判断,例如匝间短路、内部绕组放电或击穿、内部绕组和外部绕组之间的绝缘被击穿等等,其外表的征象均不显著,所以必须结合直观法进行试验测量,以正确地判断故障的性质和部位。变压器故障的试验方法检查分析如下:

1)测绝缘电阻。用 2 500V 的电阻表测量绕组之间和绕组对地的绝缘电阻,若其值为零,则绕组之间或绕组对地可能有击穿现象。

2)绕组的直流电阻试验。当分接开关置于不同分接位置时,测得的直流电阻若相差很大,则可能是分接开关接触不良或触点有污垢等现象造成。

3)测得的高低压侧的相电阻之差与三相电阻平均值之比超过 4%,或者线电阻之差与三线电阻平均值之比超过 2%,则可能是匝间短路或引线与套管的导管间的接触不良。

4)测得高压侧电阻极大,则高压绕组断路或分接开关损坏;低压侧三相绕组电阻误差很大,可能是引线铜皮与瓷瓶导管断开或接触不良。

活动四 变压器检修后的试验

变压器试验的目的,是验证变压器的性能是否符合有关标准和技术条件的规定,是否存在影响正常运行的各种缺陷,如短路、断路、过热等。变压器维修后试验的目的是检查修理部位的质量。对于一般工厂来说,变压器检修完成后所需进行的试验项目如下:

(1)绝缘电阻和吸收比的测量。加直流电压于电介质,经过一段时间极化过程结束后,流过电介质的泄漏电流对应的电阻称为绝缘电阻。标准规定吸收比为在同一次试验中 60 s 时绝缘电阻 R''_{60} 与 15s 时的绝缘电阻 R''_{15} 的比值。

测量时通常采用 2 500V 的电阻表，分别测量每个线圈对地及每对线圈之间的绝缘电阻。

吸收比 R''_{60}/R''_{15} 测量过程中，其他非被测部分和油箱一起接地。

绝缘电阻的值无统一的规定标准，一般要求 20～30 kV 的变压器不低于 300 MΩ，3～6 kV的变压器不低于 200 MΩ，0.4kV 以下的变压器不低于 90 MΩ。

对于 35 kV 及以下的产品，要求吸收比大于 1.3；对于 60 kV 及以上的产品，吸收比应大于 1.5。

(2)测量变压器绕组的直流电阻。测量时若阻值在 1Ω 以下，应该用双臂电桥；阻值大于 1Ω 时，可用单臂电桥。对于变压器的高压绕组应分别测量各分接位置时的阻值，以发现接触不良故障。要求三相变压器 3 个线圈的阻值偏差不超过平均值的 2%；相电阻的平均值应不超过三相平均值的 4%。

(3)测量各分接头上的变压比。要求各相在相同分接头上所测得的变压比进行比较以及与铭牌值相比较，其值相差不应超过 1%。试验方法如下：

在变压器的高压侧加上工频电压，其数值为额定电压的 1%～25%，这可根据变压器的变压比与仪表的量程来决定。如在低压侧加上工频电压，使用电压互感器由高压侧来测量变压比，则选用互感器的电压应是在额定电压的 80%～110%之间。必须注意，若不是采用电压互感器的二次电路测试变压比的，试验电源只能加在高压侧，否则会造成人身事故及烧坏仪表。

(4)测定三相变压器的连接组别。测得的结果应与变压器铭牌的标志相符。

(5)测定额定电压下的空载电流。要求空载电流一般在额定电流的 5%左右。

(6)耐压试验。耐压试验是检查绕组对地绝缘和对另一绕组之间的绝缘。如果绕组和引线对油箱壁或铁轭或与另一组绕组之间装置不适当或绝缘受潮损坏等，都可能在试验中产生局部放电或击穿。

试验电压按表 1－2 交接和预防性试验电压规定，试验电压持续时间为 1min。

表 1－2 油浸式变压器试验电压标准

电压级次/kV	0.3	3	6	10
制造厂出厂试验电压/kV	5	18	25	35
交接和预防性试验电压/kV	2	15	21	30

1)按图 1－33 接线试验高压绕组时，将高压的各相线端连在一起，接到试验变压器上，低压的各相线端也连在一起，并和油箱一起接地，试验电压即加在高压与地之间。当试验低压绕组时，接线方法互换。

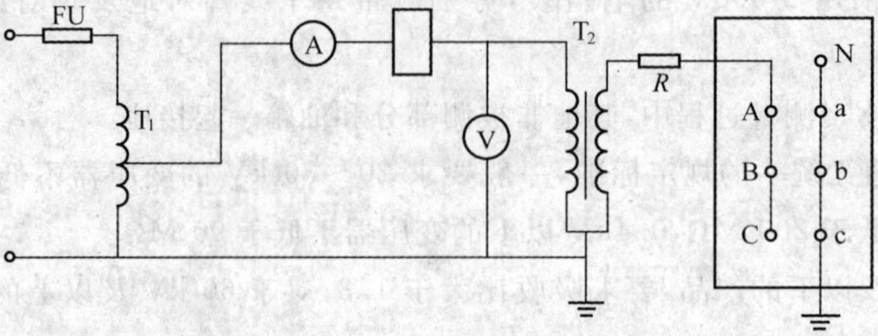

图 1-33　外加高压试验接线图

2）试验时，可以先以任意速度上升到额定试验电压的 40%，以后再以均匀缓慢的速度升压到额定试验电压，尤其对大容量的变压器，应该特别注意。在升压过程中，若电流急剧增大，视为击穿前兆，应立即降压到零，停止试验。

3）试验电压升到要求数值后，应保持 1 min，然后再将电压均匀降低，大约在 5 s 内降低到试验电压的 25%或更小，再切断电源，切不可不降低电压而直接切断电源，尤其是大容量变压器的耐压试验，一次侧电流较大，容易烧坏操作试验设备。高压侧经耐压试验后必须用放电棒放电后才可触及。

4）试验用的电源频率为 50 Hz，并应保持电源电压稳定。并注意被试变压器及仪表装置、操作设备，都应可靠接地。

模块二

变压器的连接与并联运行

项目一

变压器绕组的极性及其判定

变压器绕组的极性反映变压器一、二次绕组中的感应电动势之间的相位关系。当一台单相变压器单独运行时，它的极性对于运行情况没有任何影响。但一台三相变压器运行时，就要考虑变压器绕组的极性问题了，它对变压器的正常运行十分重要。

活动一　变压器同名端的概念

在同一交变磁通 Φ 的作用下，几个绕组中产生的感应电动势在任何瞬间都具有相同极性的端子，称为同极性端或同名端。如图 2－1 所示，铁芯上绕制的两个线圈 $1U_1-1U_2$ 和 $2U_1-2U_2$ 都被铁芯中交变的主磁通 Φ 所穿过，在 Φ 增大的某个瞬间，根据楞次定律，线圈 $1U_1-1U_2$ 的感应电动势 E_{1U} 的方向是由 $1U_2$ 指向 $1U_1$。$1U_1$ 端为正极性，即高电位端；$1U_2$ 端为负极性，即低电位端。线圈 $2U_1-2U_2$ 的感应电动势 E_{2U} 的方向是由 $2U_2$ 指向 $2U_1$。$2U_1$ 端为正极性，即高电位端；$2U_2$ 端为负极性，即低电位端。可见在 Φ 增大的某个瞬间，两个线圈产生的感应电动势方向相同，故 $1U_1$ 和 $2U_1$ 具有相同的极性，$1U_2$ 和 $2U_2$ 也具有相同的极性。用同样的方法可以判断，在磁通 Φ 减小的某个瞬间，$1U_1$ 和 $2U_1$ 具有相同的极性，$1U_2$ 和 $2U_2$ 也具有相同的极性。因此，$1U_1$ 和 $2U_1$ 是一对同名端，而 $1U_2$ 和 $2U_2$ 是另一对同名端。

如果在同一交变磁通 Φ 的作用下，几个绕组中产生的感应电动势在任何瞬间都具有不同极性的端子，称为异极性端或异名端。在图 2－1 中，$1U_1$ 和 $2U_2$ 是异名端，$1U_2$ 和 $2U_1$ 也是异名端。

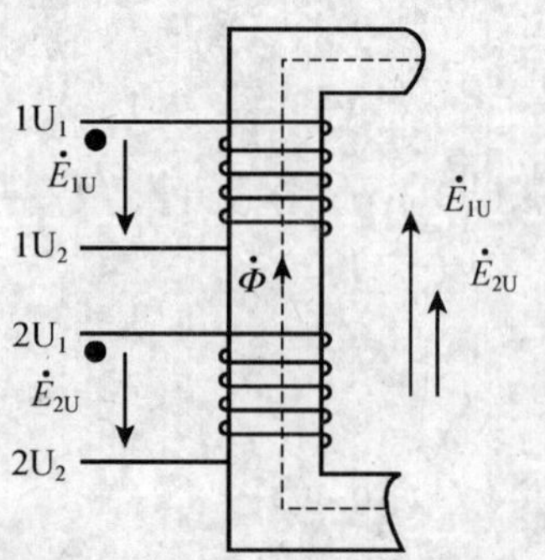

图 2－1　变压器绕组的极性

为了便于变压器绕组的连接，对变压器的同名端要有标记。一般在变压器的几个绕组对应的同名端加“＊”或“•”来标明。

国标规定了变压器绕组的端子标志方法：用 $1U_1$，$1V_1$，$1W_1$ 表示高压绕组的首端，用 $1U_2$，$1V_2$，$1W_2$ 表示高压绕组的尾端；用 $2U_1$，$2V_1$，$2W_1$ 表示低压绕组的首端，用 $2U_2$，$2V_2$，$2W_2$ 表示低压绕组的尾端。值得注意的是，高、低压绕组的首端如 $1U_1$ 和 $2U_1$，或高、低压绕组的尾端如 $1U_2$ 和 $2U_2$ 不一定是同名端。是否是同名端，要根据绕组的绕向用楞次定律或用实验的方法判断。

绕组之间进行连接时，极性是至关重要的。一旦极性接反，轻者不能正常工作，重者导致绕组和设备的严重损坏。绕组的连接有串联和并联两种方式。

绕组的串联如图 2-2 所示。把两个线圈的异名端相连（首、尾相连）的串联为正向串联或称为顺串，如图 2-2(a)所示。正向串联时，总电动势为两个电动势相加，即 $E=E_1+E_2$，电动势会因串联而增大。把两个绕组的同名端相连（尾、尾相连或首、首相连）的串联为反向串联或称为反串，如图 2-2(b)所示。反向串联时，总电动势为两个电动势之差，即 $E=E_1-E_2$，电动势会因串联而变小。因为正、反向串联的总电动势相差很大，所以常用此法来判别两个绕组的同名端。

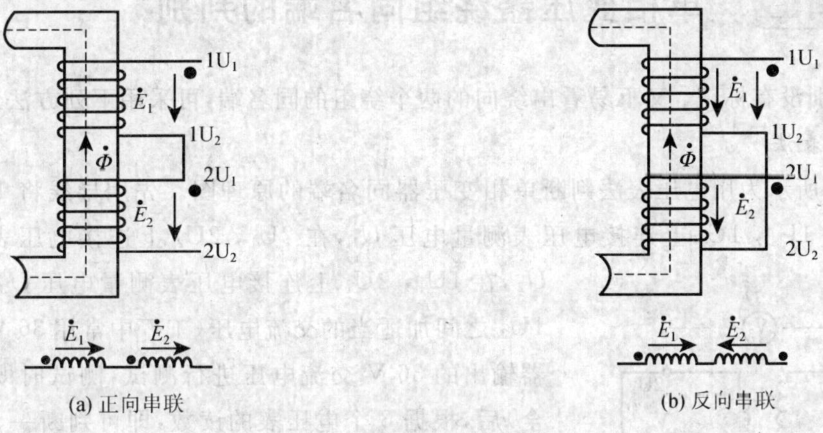

图 2-2 变压器绕组的串联

绕组的并联如图 2-3 所示。把两个线圈的同名端连接在一起的并联称为同极性并联。如图 2-3(a)所示。同极性并联时，如果两线圈的感应电动势 E_1 与 E_2 大小一样，则两个绕组回路内部的总电动势为“0”，不会产生内部环流 $I_{环}$，这是最理想的状态，变压器的并联，就应符合这种条件。如果两线圈的感应电动势 E_1 与 E_2 大小不等，则两个绕组回路内部的总电动势不为“0”，外部不接负载时，也会产生一定的环流。环流的大小为

$$I_{环}=\frac{E_1-E_2}{Z_1+Z_2}$$

环流对绕组的正常工作不利：环流会产生损耗和发热，使输出电压和电流都减少，严重时甚至导致烧坏绕组。

把两个线圈的异名端连接在一起的并联称为反极性并联，如图 2-3(b)所示。这时两个绕组内部的环流 $I_{环}=\frac{E_1+E_2}{Z_1+Z_2}$ 将很大，甚至烧坏线圈，这种接法是不允许的。以上说明绕组极性判别对变压器绕组的连接是十分重要的。

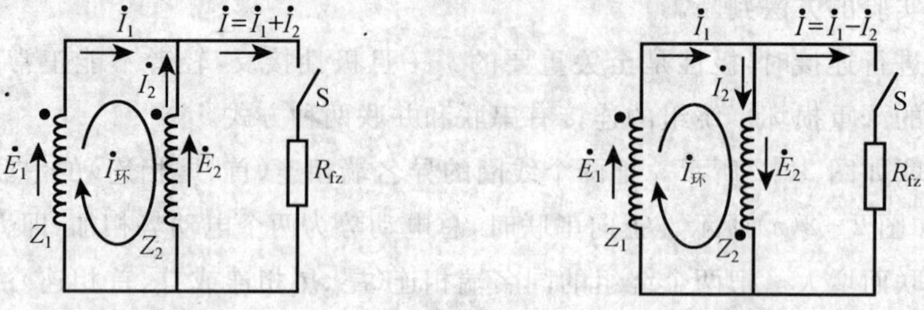

(a) 同极性并联　　(b) 反极性并联

图 2-3　绕组的并联

活动二　单相变压器绕组同名端的判别

为了鉴别没有标记、又不易看出绕向的两个绕组的同名端，可采用下列方法进行判断。

1. 电压表法

图 2-4 所示为用电压表法判断单相变压器同名端的原理图。先用导线将 $1U_2$ 和 $2U_2$ 连接起来；在 $1U_1$，$1U_2$ 上连接电压表测量电压 U_1，在 $2U_1$，$2U_2$ 上连接电压表测量电压 U_2，在 $1U_1$，$2U_1$ 上连接电压表测量电压 U_3。在 $1U_1$，$1U_2$ 之间加适当的交流电压(工厂中常用 36 V 照明变压器输出的 36 V 交流电压进行测试，测试时既方便又安全)后，根据 3 个电压表的读数，即可判断一、二次绕组的同名端。因为用导线连接 $1U_2$ 和 $2U_2$，就是将一、二次绕组串联。若 $U_3 = U_1 + U_2$，说明两绕组是顺串，则 $1U_1$ 和 $2U_2$ 是同名端；若 $U_3 = U_1 - U_2$，说明两绕组是反串，则 $1U_1$ 和 $2U_1$ 是同名端。

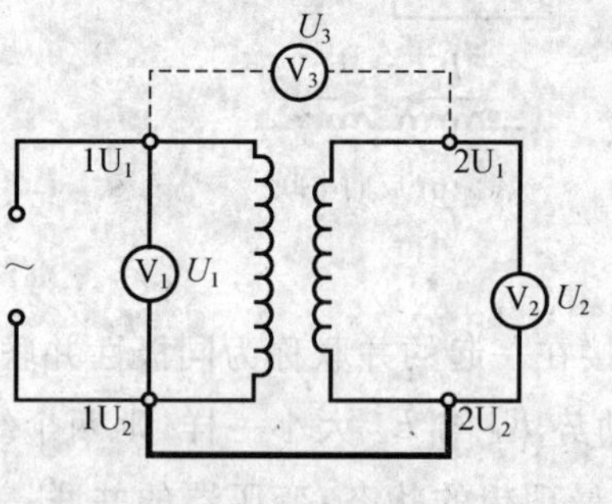

图 2-4　电压表法判断同名端

用万用表交流电压挡适当的量程也可判断一、二次绕组的同名端，方法同前所述。

2. 直流通断法

按图 2-5 所示接好检流计 PA、开关 S 和直流电源。当合上或断开开关 S 的瞬间，观察检流计 PA 的指针偏转方向，判断二次绕组感应电动势的极性。电流从检流计"＋"接线柱流入时，指针向右偏转，表示与检流计"＋"接线柱连接的 $2U_1$ 为感应电动势的正极性端；电流从检流计的"－"接线柱流入时，指针向左偏转，表示与检流计"－"接线柱连接的 $2U_2$ 为感应电动势的正极性端。

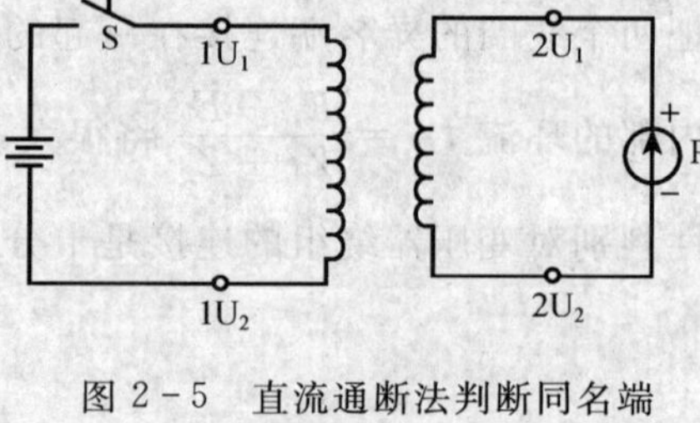

图 2-5　直流通断法判断同名端

直流电源的"＋"极通过开关与 $1U_1$ 连接，合上开关 S 的瞬间，用楞次定律可判断一次绕组感应电动势 $1U_1$ 为正极性端。如图 2-5 所示，若合上开关S的瞬间，检流计指针向右偏转，则 $1U_1$ 和 $2U_1$ 为同名端；若合上开关S的瞬间，检流计指针向左偏转，则 $1U_1$ 和 $2U_2$ 为同名端。

直流电源的“+”极通过开关与 $1U_1$ 连接，电路接通后，在断开开关S的瞬间，用楞次定律可判断一次绕组感应电动势 $1U_2$ 为正极性端。如图 2-5 所示，断开开关S的瞬间，若检流计指针向右偏转，则 $1U_2$ 和 $2U_1$ 为同名端；断开开关S的瞬间，若检流计指针向左偏转，则 $1U_2$ 和 $2U_2$ 为同名端。

图 2-5 中的检流计也可用万用表代替，与检流计不同的是万用表直流电流或直流电压挡的刻度“0”点不在中间而在最左边的位置，判断时需注意指针的偏转方向。

活动三 三相变压器绕组同名端的判别

三相变压器共有6个绕组，其中属于同一相的一、二次侧组的同名端可按前面单相变压器同名端的判断方法确定，并用“●”或“*”标明。同时，还要判别三相变压器3个一次绕组和3个二次绕组的同名端，如图 2-6 所示。只有在清楚三相变压器绕组的同名端的情况下，才能正确连接三相变压器的绕组，使变压器正常运行，因而三相变压器绕组同名端的判别非常重要。

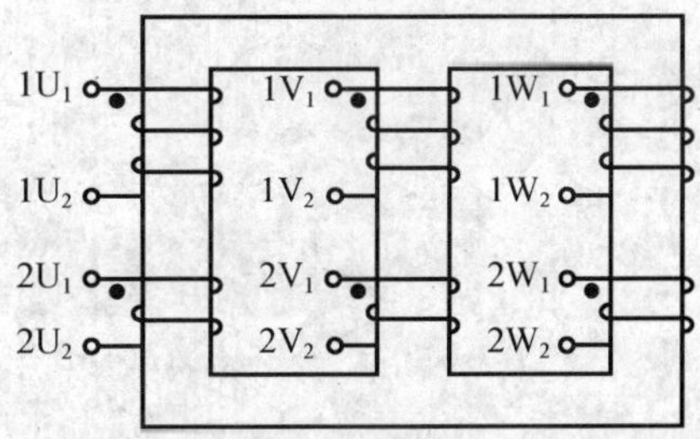

图 2-6 三相变压器绕组的同名端

确定三相绕组的同名端，即确定三相变压器绕组的首、尾端，通常也称为绕向测定。三相变压器绕组同名端的判别方法如图 2-7 所示。

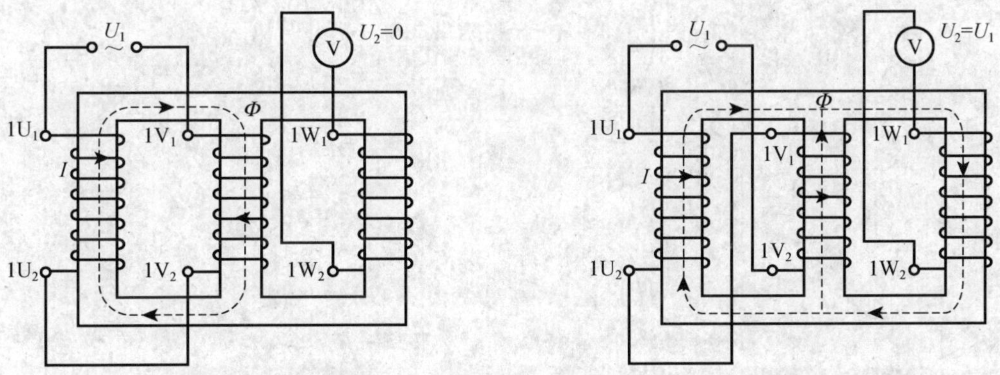

(a) 反串时电压表的读数 (b) 顺串时电压表的读数

图 2-7 三相变压器绕组同名端的判别

在图 2-7(a)中U，V两相绕组反串，两绕组中电流在W相绕组中产生的磁通 $\Phi=0$，W相绕组的感应电动势为“0”，所以电压 $U_2=0$；在图 2-7(b)中顺串，两绕组在W相绕组中产生的磁通 Φ 为U，V两相绕组中的磁通之和，W相绕组的感应电动势为U，V两相感应电动势之和，即 $U_2=U_1$。

假设 $1U_1$ 是首端，将 $1U_2$ 和 $1V_2$ 用导线连接起来，在 $1U_1$ 和 $1V_1$ 之间接电压为 U_1 的交流电源后，测量 $1W_1$ 和 $1W_2$ 之间的电压 U_2，根据电压 U_2 判断 V 相绕组的首端。若 $U_2=0$，则 $1U_1$ 与 $1V_1$ 都是首端，如图 2-7(a)所示；若 $U_2=U_1$，则说明 $1U_1$ 与 $1V_2$ 都是首端，如图 2-7(b)所示。

同理，把 W 相与 V 相交换，同样可测出 W 相的首、尾端。

项目二

三相变压器的连接组别

三相交流电无论在经济上、技术上都有极大的优越性，所以现代电力系统都采用三相交流电，因此在电网和供、配电系统中广泛使用三相变压器。三相变压器的一、二次绕组，可以采用星形连接方式、三角形连接方式，也可以采用V形连接方式。无论哪种连接方式，都必须遵循一定的规则，不可随意连接。

活动一 三相变压器一、二次绕组的连接方式

1. 星形(Y)连接

如图2-8(a)所示，将一次绕组的三相线圈的3个尾端$1U_2$，$1V_2$，$1W_2$连接在一起，构成中性点N_1；而将它的3个首端$1U_1$，$1V_1$，$1W_1$引出，接到三相电源上，这种连接方式为星形接法，用符号"Y"表示。

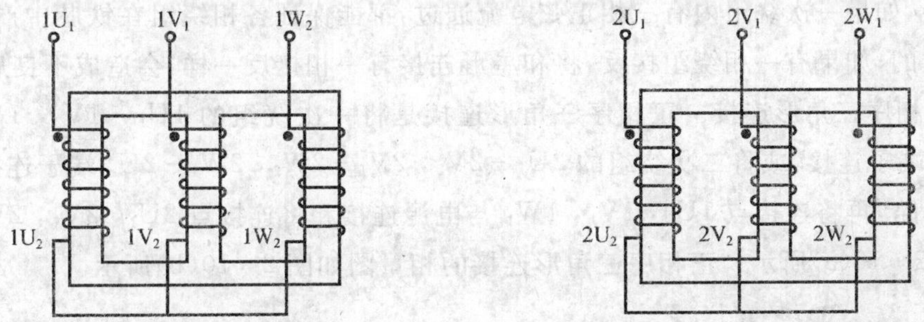

(a) 一次绕组的星形接法　　(b) 二次绕组的星形接法

图2-8　三相变压器绕组的星形连接

一次绕组采用星形连接并接入对称的三相交流电源时，三相绕组中的电流也是对称的。在任何时刻，电流总是从一相流入，从另外两相流出(或从两相流入，从另外一相流出；或当一相电流为"0"时，从一相流入，另一相流出)。各相电流在铁芯产生的磁通方向是对称的，感应电动势是对称的，变压器正常运行。但如果其中某一相的首、尾接反，磁路将严重不对称，则会导致空载电流I_0迅速上升，使变压器发热，以至烧毁。二次绕组的星形接法，是将3个绕组的末端$2U_2$，$2V_2$，$2W_2$连接在一起形成中性点N_2；3个绕组首端$2U_1$，$2V_1$，$2W_1$分别引出，与负载连接，以获得对称的三相电动势，如图2-8(b)所示。如果首、尾接反的话，这时就不能形成对称的三相电动势，对负载和变压器造成损害，甚至烧毁负载和变压器。

三相变压器绕组星形连接的原理及相量图如图 2-9 所示。在对称的三相系统中，当绕组为星形(Y)接法时，线电流与相电流相等，而线电压等于相电压的 $\sqrt{3}$ 倍，即

$$I_{Y线} = I_{Y相}, \qquad U_{Y线} = \sqrt{3}U_{Y相}$$

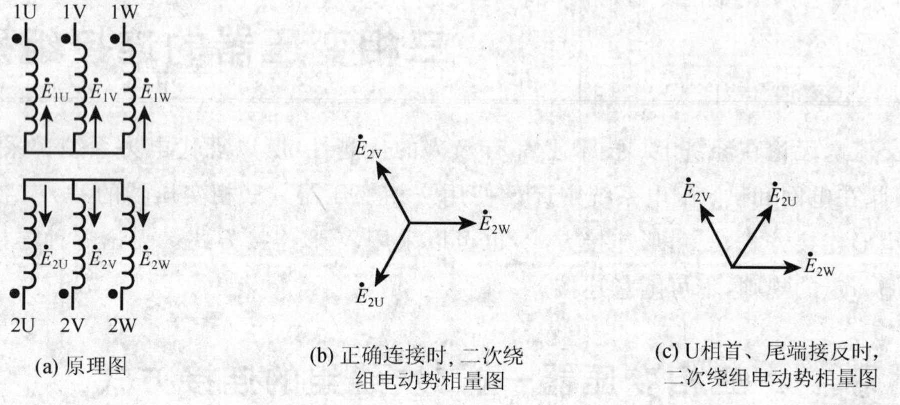

图 2-9　三相变压器一、二次绕组的星形连接原理及相量图

2. 三角形(△)连接

首先把三相绕组中各相绕组的首、尾相连构成一个闭合回路，把 3 个连接点与电源或负载连接，这种连接方式为三相变压器绕组的三角形连接，用符号“△”表示。由于首、尾连接的顺序不同，可分为正相序三角形连接和反相序三角形连接两种接法。无论哪一种相序的三角形连接，如果一次绕组内有三相正弦电流通过，都能保证各相绕组在铁芯中产生的磁通方向是一致的；如果有一相绕组接反，将和星形连接有一相接反一样，会造成不良后果。

(1) 正相序三角形连接。正相序三角形连接是将一次绕组的 $1U_1-1V_2$，$1V_1-1W_2$，$1W_1-1U_2$ 端子连接，或将二次绕组的 $2U_1-2V_2$，$2V_1-2W_2$，$2W_1-2U_2$ 端子连接，使其成为一闭合回路，再将连接点 $1U_1$，$1V_1$，$1W_1$ 与电源连接和将连接点 $2U_1$，$2V_1$，$2W_1$ 与负载连接，如图 2-10(a)所示。正相序三角形连接的相量图如图 2-10(b)所示。

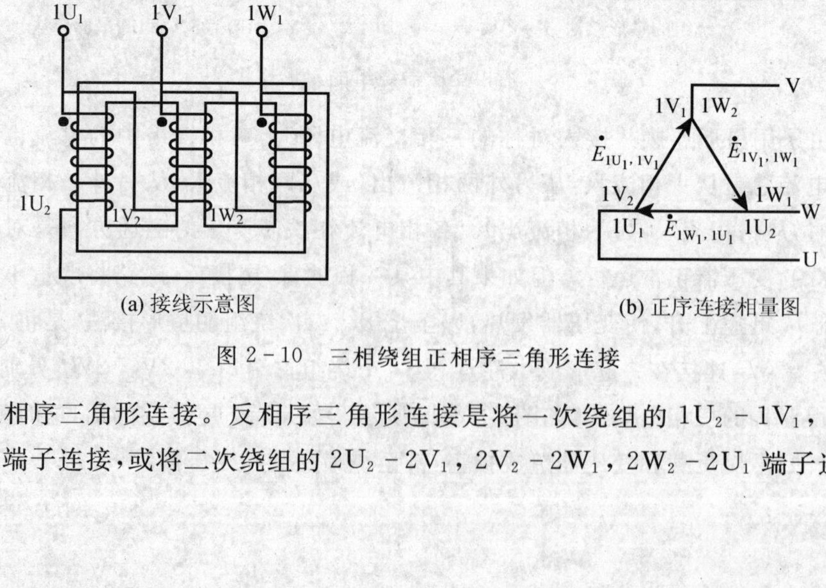

图 2-10　三相绕组正相序三角形连接

(2) 反相序三角形连接。反相序三角形连接是将一次绕组的 $1U_2-1V_1$，$1V_2-1W_1$，$1W_2-1U_1$ 端子连接，或将二次绕组的 $2U_2-2V_1$，$2V_2-2W_1$，$2W_2-2U_1$ 端子连接，使其成

为一闭合回路，再将连接点 $1U_1$，$1V_1$，$1W_1$ 与电源连接和将连接点 $2U_1$，$2V_1$，$2W_1$ 与负载连接，如图 2－11(a)所示。反相序三角形连接的相量图，如图 2－11(b)所示。

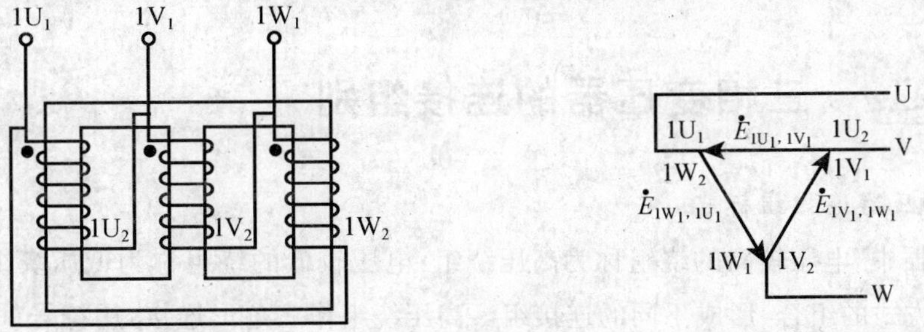

(a) 接线示意图　　(b) 反序连接相量图

图 2－11　三相绕组反相序三角形连接

在对称的三相系统中，不论是一次绕组接电源，还是二次绕组接负载，当绕组为三角形连接时，线电压都等于相电压，而线电流都为相电流的$\sqrt{3}$倍，即

$$U_{\triangle线} = U_{\triangle相}, \qquad I_{\triangle线} = \sqrt{3} I_{\triangle相}$$

3. 不完全星形(V)连接

将 3 台单相变压器的一、二次绕组按星形或三角形连接，可组成三相变压器组。但 3 台变压器中有一台发生故障或者有一台需要停止运行时，可以将两台变压器采用图 2－12 所示的方法进行连接。这种连接方式称为不完全星形连接，用符号“V”表示。

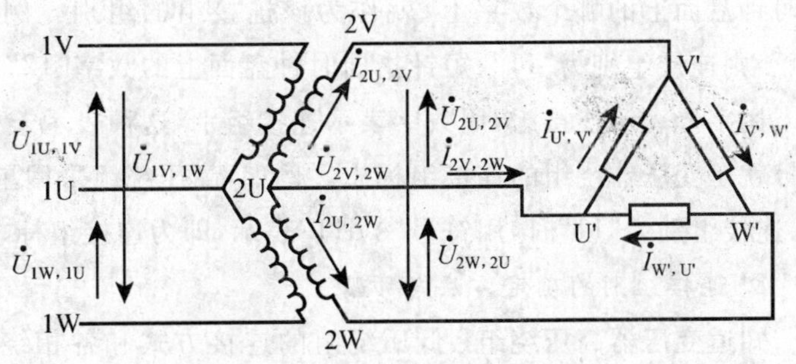

图 2－12　变压器的 V 形连接

由图 2－12 可见，虽然这时二次侧已缺一相绕组，但由于一次侧的三相电压是对称的，设一次侧的三相线电压为 $U_{1U,1V}$，$U_{1V,1W}$，$U_{1W,1U}$，并忽略内部阻抗压降（即不计漏阻抗），则二次侧线电压为

$$U_{2U,2V} = \frac{U_{1U,1V}}{K}, \quad U_{2W,2U} = \frac{U_{1W,1U}}{K}$$

$$U_{2V,2W} = -U_{2W,2U} = -\frac{1}{K}(U_{1W,1U} + U_{1U,1V}) = \frac{U_{1V,1W}}{K}$$

这说明二次侧的三相线电压是对称的，如果所接的三相负载是对称的，则电流也是对称的。因此两台单相变压器接成 V 形时，也能传递三相功率。当然，如果考虑到漏阻抗电压降，三相是不对称的（因缺一相绕组），但因漏阻抗很小，影响不大，一般仍可看成三相对称。

这种接法也有它的缺点，就是利用率不高。因为两台变压器的额定容量为 $2U_N I_N$，而三相对称负载的最大功率是$\sqrt{3}U_{\mathrm{N}}I_{\mathrm{N}}$，可见利用率只有$\frac{\sqrt{3}U_{\mathrm{N}}I_{\mathrm{N}}}{2U_{\mathrm{N}}I_{\mathrm{N}}}=0.866$。

当然，两台变压器可供三相电，这是它的优点，可做临时急用。

活动二　三相变压器的连接组别

1. 三相变压器连接组标志

三相变压器中，电压较高的绕组称为高压绕组，电压较低的绕组称为低压绕组。高、低压绕组不同连接方式的组合，形成不同的连接组。高压绕组作三角形连接，用符号“D”表示；作星形连接，用符号“Y”表示；作星形连接且有中性线引出，用符号“YN”表示。低压绕组作三角形连接，用符号“d”表示；作星形连接，用符号“y”表示；作星形连接且有中性线引出，用符号“yn”表示。三相变压器最常用的有“Yyn”，“Yy”，“Yd”和“YNd”等几种连接组。

为了区别高、低压绕组线电动势的相位关系，就要用绕组的连接组别来表示。我国采用时钟法表示变压器的连接组别，即把高压绕组线电动势的相量作为时钟的长针（分针），并始终指向时钟盘面上“12”的位置；低压绕组线电动势的相量作为时钟的短针（时针），短针指向时钟盘面上的哪个数字上，就作为该连接组的组别。例如，短针指向时钟盘面上的数字“11”，则连接组别为“11”；短针指向时钟盘面上的数字“12”，连接组别也可以写作“0”。

用字母表示连接组，用数字表示连接组别，这种表示连接方式和线电动势的相位关系的符号就是变压器绕组的连接组标志。例如，高压绕组采用星形连接、低压绕组采用三角形连接、连接组别为“11”时，用符号“Yd11”表示，即为连接组标志。

2. 连接组别的确定方法与步骤

知道变压器高压绕组、低压绕组的连接方式和各相绕组的同名端，可按下列步骤确定三相变压器的连接组别：

(1) 在接线图中画出各相电动势的相量，如图 2 - 13(a)所示，高、低压两个绕组的电动势均从末端指向首端。

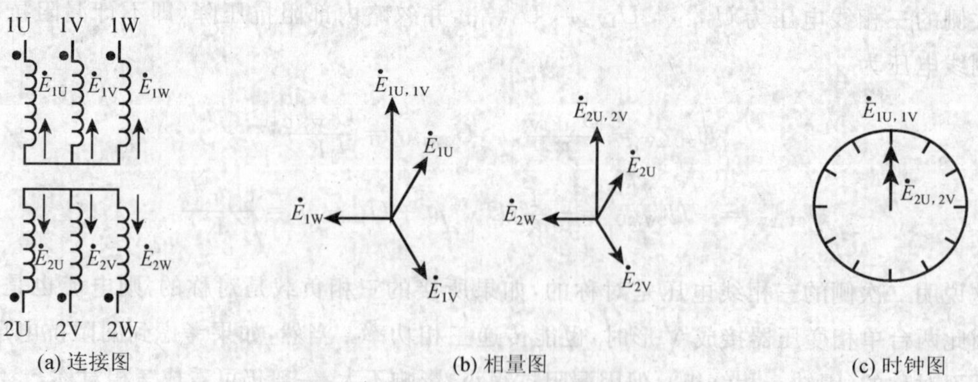

(a) 连接图　　(b) 相量图　　(c) 时钟图

图 2 - 13　变压器连接组标志的确定

(2) 根据三相对称电动势“相位互差 120°”的规律，先画出高压绕组各相电动势的相量 $\dot{E}_{1U}$，$\dot{E}_{1V}$，$\dot{E}_{1W}$；再根据《电工基础》中“星形连接时，线电动势超前对应相电动势 30°”的结论，画出高压绕组线电动势的相量 $\dot{E}_{1U,1V}$，如图 2－13(b)左图所示。

(3) 用步骤(2)同样的规律和结论，画出低压绕组各相电动势的相量 $\dot{E}_{2U}$，$\dot{E}_{2V}$，$\dot{E}_{2W}$和线电动势的相量 $\dot{E}_{2U,2V}$，如图 2－13(b)右图所示。

(4) 先将线电动势 $\dot{E}_{1U,1V}$移入时钟盘面，并指向“12”；在分析 $\dot{E}_{2U,2V}$与 $\dot{E}_{1U,1V}$的相位关系后，再将 $\dot{E}_{2U,2V}$移入时钟盘面，按 $\dot{E}_{2U,2V}$所指的数字，即可确定连接组别，如图 2－13(c)所示。

3. 三相变压器连接组分析示例

(1) Yy6 连接。如图 2－14 所示，变压器高、低压绕组的首端不是同名端。各相电动势的相位正好相反，$\dot{E}_{2U,2V}$与 $\dot{E}_{1U,1V}$在一条直线上但方向相反。$\dot{E}_{1U,1V}$指向时钟的“12”，则 $\dot{E}_{2U,2V}$指向时钟的“6”。所以，这种连接组别为 Yy6。

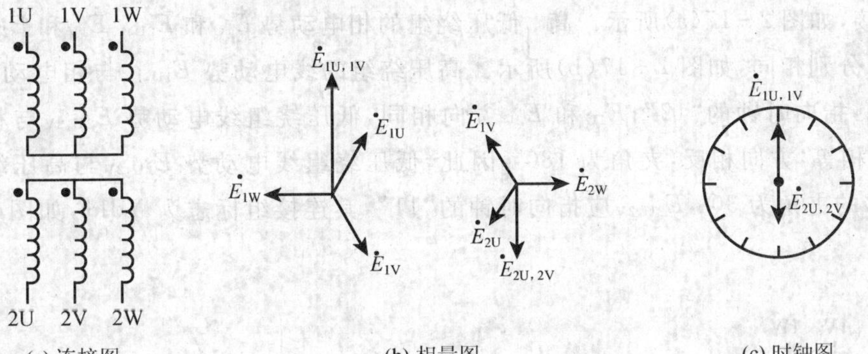

图 2－14 三相变压器的 Yy6 连接

(2) 三相变压器的 Yd 连接组别。高压绕组作星形连接，低压绕组作三角形连接，为 Yd 连接组，如图 2－15 所示。变压器高、低压绕组的首端不是同名端，高压绕组采用星形连接，低压绕组采用反相序三角形连接，如图 2－16(a)所示。高、低压绕组的相电动势 $\dot{E}_{1U}$和 $\dot{E}_{2U}$，$\dot{E}_{1V}$和 $\dot{E}_{2V}$，$\dot{E}_{1W}$和 $\dot{E}_{2W}$的方向分别相反，如图 2－16(b)所示。高压绕组的线电动势 $\dot{E}_{1U,1V}$与相电动势 $\dot{E}_{1U}$的夹角为 30°，指向时钟的“12”；$\dot{E}_{1U}$和 $\dot{E}_{2U}$方向相反，夹角为 180°；低压绕组线电动势 $\dot{E}_{2U,1V}$与相电动势 $\dot{E}_{2U}$的夹角为 0°，因此，低压绕组线电动势 $\dot{E}_{2U,2V}$与高压绕组线电动势 $\dot{E}_{1U,1V}$的夹角为 150°，$\dot{E}_{2U,2V}$应指向时钟的“7”，其连接组标志为 Yd7，如图 2－16(c)所示。

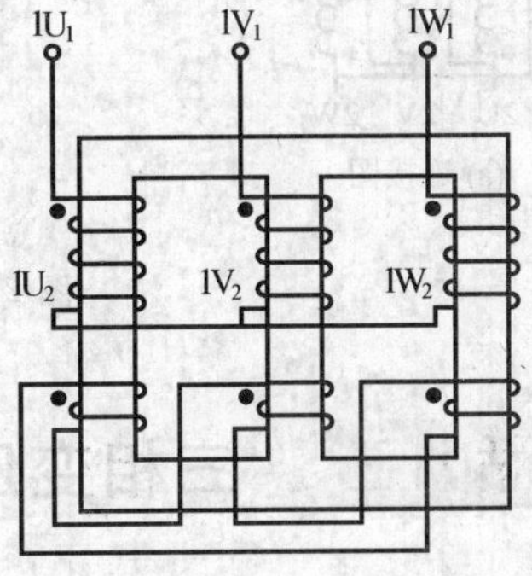

图 2－15 三相变压器的 Yd 连接

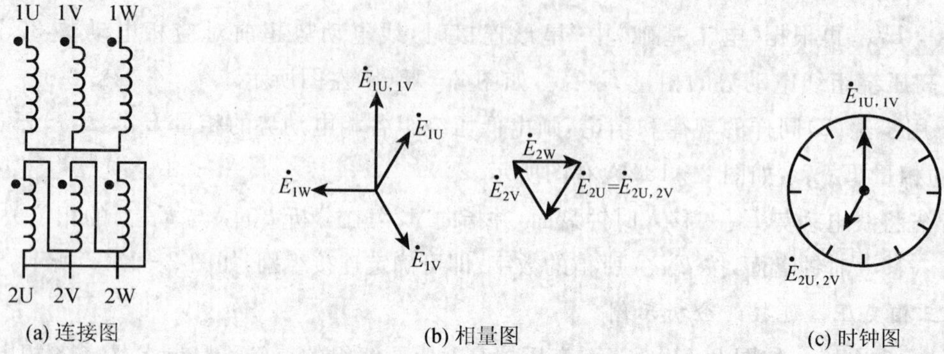

图 2-16　三相变压器的 Yd7 连接

变压器高、低压绕组的首端是同名端，高压绕组采用星形连接，低压绕组采用正相序三角形连接，如图 2-17(a)所示。高、低压绕组的相电动势 $\dot{E}_{1U}$ 和 $\dot{E}_{2U}$，$\dot{E}_{1V}$ 和 $\dot{E}_{2V}$，$\dot{E}_{1W}$ 和 $\dot{E}_{2W}$ 的方向分别相同，如图 2-17(b)所示。高压绕组的线电动势 $\dot{E}_{1U,1V}$ 与相电动势 $\dot{E}_{1U}$ 的夹角为 30°，指向时钟的“12”；$\dot{E}_{1U}$ 和 $\dot{E}_{2U}$ 方向相同，低压绕组线电动势 $\dot{E}_{2U,2V}$ 与相电动势 $\dot{E}_{2V}$ 的大小相等，方向相反，夹角为 180°，因此，低压绕组线电动势 $\dot{E}_{2U,2V}$ 与高压绕组线电动势 $\dot{E}_{1U,1V}$ 的夹角为 30°，$\dot{E}_{2U,2V}$ 应指向时钟的“11”，其连接组标志为 Yd11，如图 2-17(c)所示。

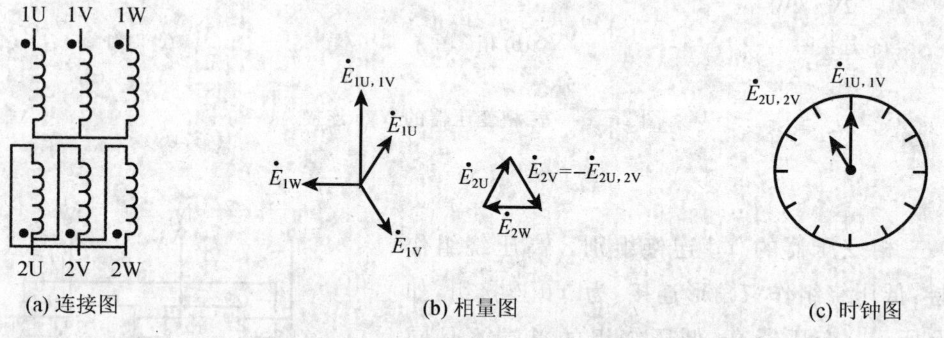

图 2-17　三相变压器的 Yd11 连接

活动三　三相变压器的标准连接组别

三相变压器高、低压绕组不同连接法的组合形成不同的连接组。三相变压器高、低压绕组线电动势相位移总是 30°的倍数，所以有 0,1,2,…,11 共 12 种组别。虽然连接组别有许多，但为了便于制造和使用，国家标准规定了 5 种常用的连接组，称为标准连接组，如表 2-1所示。

表 2-1 国家规定的三相变压器绕组的连接组

连接图		相量图		标志
高压	低压	高压	低压	
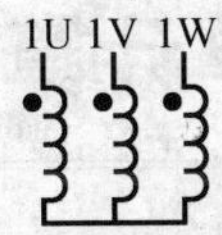	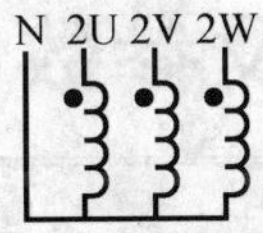	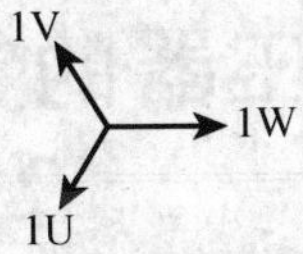	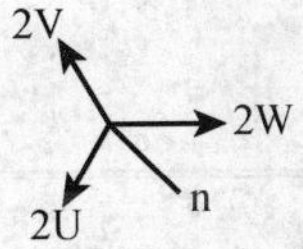	Yyn0
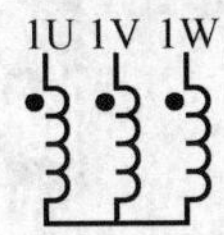	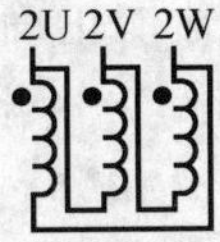	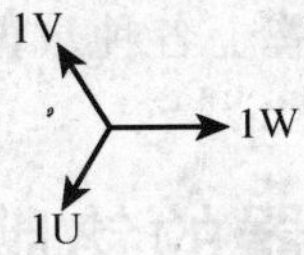	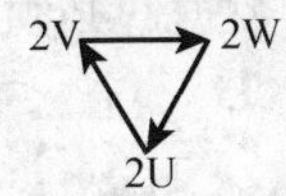	Yy11
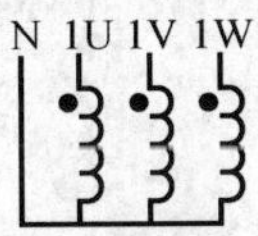	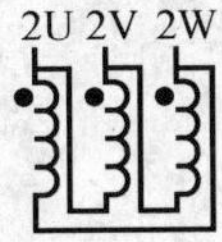	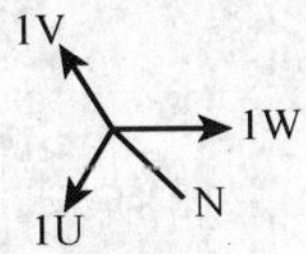	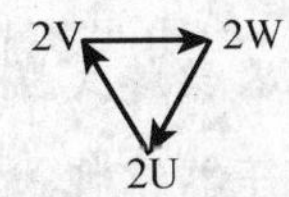	YNd11
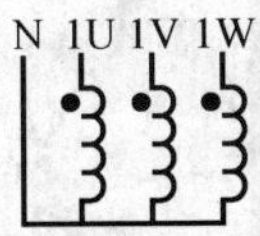	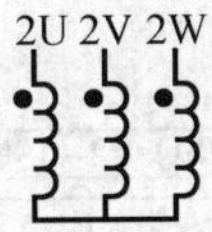	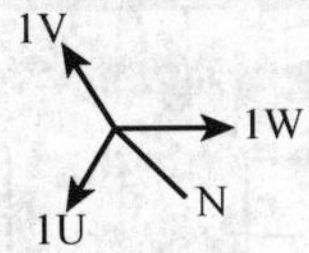	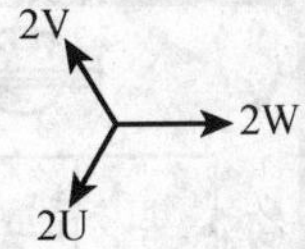	YNy0
	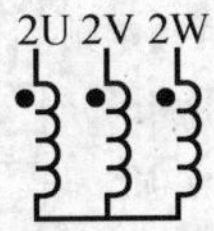	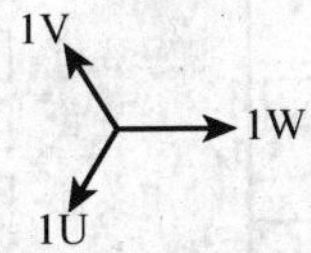	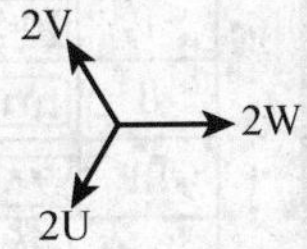	Yy0

在国家规定的 5 种标准连接组中，三相变压器的 Yyn0 连接组在低压供电系统是经常遇到的，可供三相动力和单相照明用电，容量不大，一般不超过 1 800 kVA，高压侧电压等级不超过 35 kV。此外，Yyn0 连接组不能用于三相组式变压器，只能用于三相心式变压器，因为前者二次绕组会感应出较高的三次谐波电压，对电网不利。三相变压器的 YNd11 连接组用于高压 110 kV 及其以上的输电系统中。

在一般情况下，5 种标准连接组已可满足多种需要，只有少数场合才需要非标准连接组，如晶闸管整流电路中有时要求使用 DYn5 连接组。

项目三

变压器的铭牌及参数的简单计算

为了使用户对变压器的性能有所了解，每一台变压器都有一块铭牌，上面标示了变压器型号及各种额定数据。必须理解铭牌上各种数据的意义，才能正确使用变压器。

活动一 电力变压器的铭牌

1. 电力变压器铭牌式样

三相电力变压器铭牌式样如图 2－18 所示。

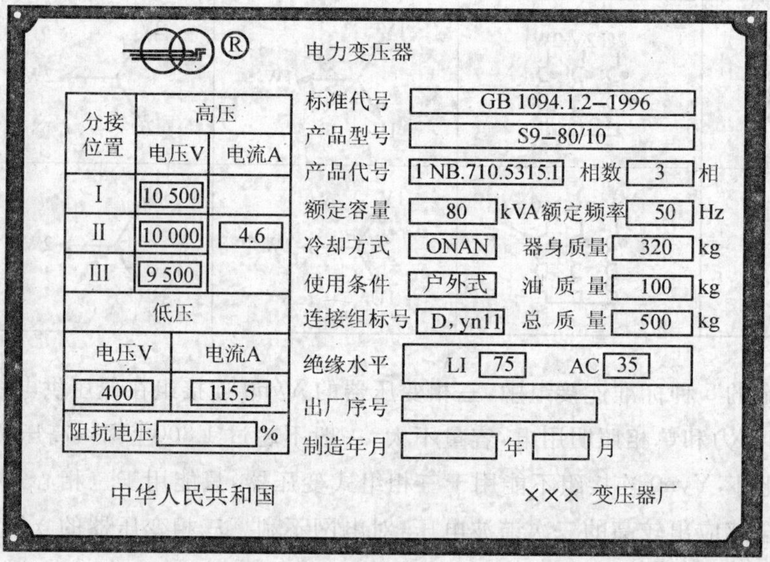

图 2－18 变压器铭牌式样

2. 三相电力变压器铭牌内型号、数据的意义

(1)型号及系列。

1) 型号。型号表示变压器的结构特点、额定容量和高压绕组的电压等级。型号的表示方法如下：

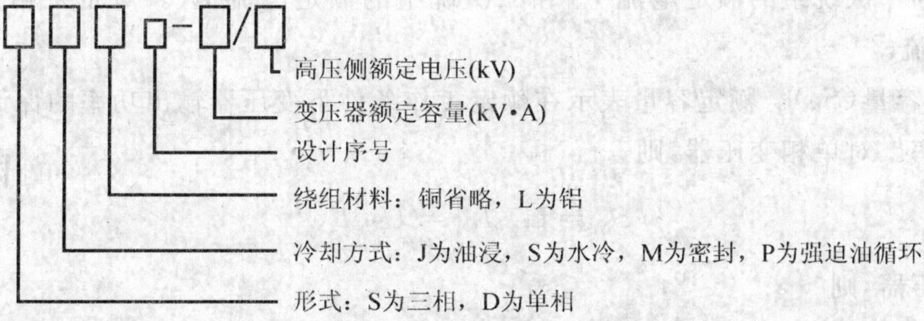

如 S7—500/10 表示：三相电力变压器，额定容量 $S_N=500$ kVA，高压绕组额定电压 $U_{1N}=10$ kV，设计序号为 7，绕组材料为铜线。

要了解更多的内容，可查《电工手册》或《变压器修理手册》。

2）电力变压器系列简介。我国已生产多种系列电力变压器，冷却方式多数采用油浸自冷式。除普通三相双线圈变压器外，还生产三相三线圈变压器和三相自耦变压器。它们主要有以下几种：

① SJ_6 系列。SJ_6 系列变压器的铁芯采用 0.35 mm 的 Z_{11} 冷轧硅钢片，高压侧带无励磁调压开关，绕组温升为 65℃，油顶层的温升为 55℃，容量为 180～5 600 kVA。

② SJI 系列。采用铝导线绕制的三相油浸式变压器，铁芯采用 D_{43} 热轧硅钢片，容量为 20～5 600 kVA，其他与 SJ_6 系列差不多。

③ SJI_1 系列。该系列是在 SJL 系列基础上改进的，铁芯采用 D_{330} 冷轧硅钢片，空载损耗下降了 30%～50%，质量也轻了，容量为 20～6 300 kVA。

④ S_7 与 SL_7 系列。该系列是 20 世纪 80 年代推广的低损耗电力变压器，铁芯采用优质冷轧硅钢片，铁芯结构采用先进的全斜缝无冲孔黏带绑扎，采用片式散热器，可有载或无载调压，性能较前期产品先进。该系列绕组采用铝线绕制，但由于铝价的上升，目前几乎不生产 SL_7 系列变压器了。而 S_7 系列变压器早已停止生产和不准新装入电网，这是为了推广更先进的 S_9 系列。S_7 与 SL_7 系列变压器的容量为 20～6 300 kVA。

⑤ S_9 系列。20 世纪 90 年代中后期就开始投产，变压器的铁芯材料更好，接缝工艺也有改进，绕组结构更合理，性能大大提高，铁耗下降 20%以上，铜耗也有所下降，体积也减少了。它虽比 S_7 系列价格高 20%，但运行成本低 20%，3 年就可收回这部分投资，具有明显的优点，是 S_7 的替代产品。

(2)额定电压(U_{1N}，U_{2N})。变压器在正常运行情况下，根据变压器绝缘等级和允许温升所规定的一次绕组的电压值，称为一次绕组的额定电压 U_{1N}。在一次绕组加上额定电压后，二次绕组空载时的电压值，称为二次绕组的额定电压 U_{2N}。对于三相变压器，U_{1N}，U_{2N} 均指线电压。

(3)额定电流(I_{1N}，I_{2N})。变压器在额定运行情况下，一、二次绕组长时间工作允许的电流值分别称为一次绕组的额定电流 I_{1N} 和二次绕组的额定电流 I_{2N}。对于三相变压器，I_{1N}，I_{2N} 均指线电流。

(4)额定容量(S_N)。额定容量表示在额定工作条件下变压器输出功率的保证值，指变压器的视在功率。对单相变压器，则

$$S_N = U_{1N}I_{1N} = U_{2N}I_{2N} \tag{2-1}$$

对于三相变压器，则

$$S_N = \sqrt{3}U_{1N}I_{1N} = \sqrt{3}U_{2N}I_{2N} \tag{2-2}$$

(5)额定频率(f_N)。国标规定标准交流电频率为 50 Hz，世界上有些国家规定为 60 Hz。

(6)阻抗电压(U_D)。阻抗电压 U_D 也称短路电压，与输出电压的稳定性有关，也与承受短路电流的能力有关，要综合考虑。

(7)额定温升。额定温升指变压器内绕组或上层油温与变压器周围大气温度之差的允许值。变压器额定温升分为绕组温升和油面温升。如绕组的额定温升为 65℃，油面温升为 55℃，则当变压器周围空气温度为 40℃时，绕组表面温度不能超过 105℃，油面温度不能超过 95℃。额定温升取决于变压器绝缘等级和散热条件。

活动二 变压器参数的简单计算

1. 变压比、电压、电流和功率的简单计算

在计算三相变压器变压比 K 时，若一次绕组、二次绕组都是 Y 接法，或都是△接法，则 K 可以和单相变压器中一样求解，即 $K=\dfrac{U_{1N}}{U_{2N}}$；若一次绕组、二次绕组接法不一样，一个是 Y 接法，一个是△接法，则应把 Y 接法的相电压与△接法的相电压相比较。计算电压、电流时，要注意绕组和负载的连接方式。采用 Y 接法时，线电压是相电压的 $\sqrt{3}$ 倍，线电流与相电流相等；采用△接法时，线电压与相电压相等，线电流是相电流的 $\sqrt{3}$ 倍。

【例 2.1】 已知三相变压器的容量 $S_N = 500\ \text{kVA}$，采用 Yd11 连接组，一次绕组、二次绕组的额定电压分别为 $U_{1N} = 10\,000\ \text{V}$，$U_{2N} = 400\ \text{V}$，采用星形接法的三相负载的每相阻抗为 $Z=(0.8+\text{j}0.6)\ \Omega$。求：

(1) 额定运行时，一、二次侧的额定电流 I_{1N}，I_{2N} 及绕组中的电流 I_1 和 I_2；

(2)变压器的变压比 K；

(3)负载时，变压器输出的电流 I_2、有功功率 P_2、无功功率 Q_2 及视在功率 S_2。

解：(1) $I_{1N} = \dfrac{S_N}{\sqrt{3}U_{1N}} = \dfrac{500\times10^3}{\sqrt{3}\times10^4} = 28.87\ \text{A}$

$$I_{2N} = \frac{S_N}{\sqrt{3}U_{2N}} = \frac{500\times10^3}{\sqrt{3}\times400} = 721.71\ \text{A}$$

因为一次侧为 Y 接法,相电流与线电流相等,所以一次绕组中的电流为

$$I_1 = I_{1N} = 28.87\ \text{A}$$

因为二次侧为△接法,线电流为相电流的 $\sqrt{3}$ 倍,所以二次绕组中的电流为

$$I_2 = \frac{I_{2N}}{\sqrt{3}} = \frac{721.71}{\sqrt{3}} = 417.17\ \text{A}$$

(2) 因为一次侧为 Y 接法,相电压 $U_{相} = \dfrac{U_{1N}}{\sqrt{3}}$,所以

$$K = \frac{U_{相}}{U_{2N}} = \frac{10\,000}{\sqrt{3} \times 400} = 14.43$$

(3) 采用星形接法时,负载的相电压为 $U_2 = 220\ \text{V}$,则有

$$I_2 = \frac{U_2}{Z} = \frac{220}{\sqrt{0.8^2 + 0.6^2}} = 220\ \text{A}$$

$$\cos\varphi_2 = \frac{R}{Z} = \frac{0.8}{\sqrt{0.8^2 + 0.6^2}} = 0.8$$

有功功率、无功功率、视在功率分别为

$$P_2 = \sqrt{3}U_2 I_2 \cos\varphi_2 = \sqrt{3} \times 380 \times 220 \times 0.8 = 115.84\ \text{kW}$$

$$Q_2 = \sqrt{3}U_2 I_2 \sin\varphi_2 = \sqrt{3} \times 380 \times 220 \times 0.6 = 86.88\ \text{kvar}$$

$$S_2 = \sqrt{P_2^2 + Q_2^2} = \sqrt{115.84^2 + 86.88^2} = 144.8\ \text{kVA}$$

2. 损耗、输出功率和效率的计算

变压器的铁损耗是不变损耗,它是由变压器的空载试验确定的;变压器的铜损耗是随负载系数 β 的变化而变化的,额定运行时的铜损耗可由变压器的短路试验确定。

变压器的效率与负载系数、负载的功率因数有关。

【例 2.2】 已知某三相变压器的容量为 $S_N = 7\,500\ \text{kVA}$,一次绕组、二次绕组的额定电压 $U_{1N} = 35\ \text{kV}$,$U_{2N} = 6.3\ \text{kV}$,Yd11 连接组。若空载损耗为 $P_0 = 15\ \text{kW}$,短路损耗为 $P_K = 73.7\ \text{kW}$,求:

(1) 满载且负载功率因数 $\cos\varphi_2 = 0.8$ 时的效率;

(2) 变压器的最大效率为多大?这时的输入功率 P_1 和输出功率 P_2 为多大?

解:(1) 满载时,负载系数 $\beta = 1$,所以

$$\eta = 1 - \frac{P_0 + \beta^2 P_K}{\beta S_N \cos\varphi_2 + P_0 + \beta^2 P_K} = 1 - \frac{15 + 73.7}{7\,500 \times 0.8 + 15 + 73.7} = 98.54\%$$

(2) 变压器的铁损耗与铜损耗相等时,变压器的效率最高,所以

$$\beta_{m}=\sqrt{\frac{P_{Fe}}{P_{CuN}}}=\sqrt{\frac{15}{73.7}}=0.45$$

根据 $\eta=\dfrac{P_0+\beta^2 P_K}{\beta S_N\cos\varphi_2+P_0+\beta^2 P_K}$，得

$$\eta_{max}=1-\frac{15+0.45^2\times 73.7}{0.45\times 7\,500\times 0.8+15+0.45^2\times 73.7}=98.9\%$$

$$P_2=\beta_m S_N\cos\varphi_2=0.45\times 7\,500\times 0.8=270\text{ kW}$$

根据 $\eta=\dfrac{P_2}{P_1}$，得

$$P_1=\frac{P_2}{\eta}=\frac{2\,700}{0.989}=2\,730\text{ kW}$$

项目 四

三相变压器的并联运行

将两台或两台以上的变压器的一次绕组接在同一电源上，二次绕组接在同一低压母线上，一起向负载供电，这种运行方式称为变压器的并联运行，如图 2-19 所示。

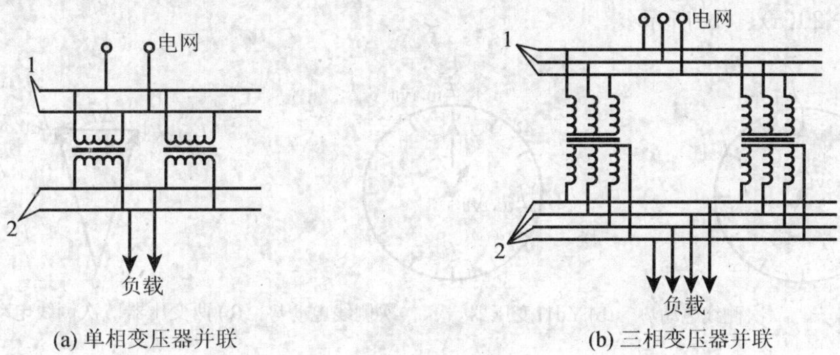

图 2-19 变压器的并联运行

1—高压母线；2—低压母线

活动一 变压器并联运行的意义

变压器并联运行的意义主要有以下两点。

1. 提高变压器运行的经济性

根据负载变化的情况，调整运行变压器的台数。在用电的高峰时段，将所有的变压器投入运行（通常将变压器并联在电网上运行的做法称为并列）；在用电的低谷时段，将部分变压器从并联电网中撤出（通常将变压器从电网中撤出的做法称为解列），使投入运行的变压器有较高的负载系数和效率。

一个地区或一个企业，随着经济的发展和规模的扩大，用电设备不断增加，需要增加并联运行的变压器数量。如果在初期就运行大容量的变压器，负载小、效率低，而且投资大，不符合经济效益的原则。

2. 保证供电的可靠性

当并联运行的变压器中有一台损坏或需要检修时，只要将其解列并切除不重要的负载，使其他变压器正常供电。这样，可减少因故障和检修时的停电范围，保证了供电的可靠性。

活动二 变压器并联运行的条件

变压器在并联运行时,理想的状态是:在空载时,各变压器内部没有环流;当负载运行时,各变压器能够合理分担负载,即各自分担的负载与各自的容量成正比。要得到这样的运行状态,并联运行的变压器应同时满足下列条件。

1. 连接组别必须相同

并联变压器的连接组别必须相同,否则将会产生环流。例如,连接组别为 Yyn0 的变压器与连接组别为 Yd11 的变压器并联时,在两台变压器二次侧的对应线电动势之间就有 30°的相位差,如图 2-20(a)、(b)所示。

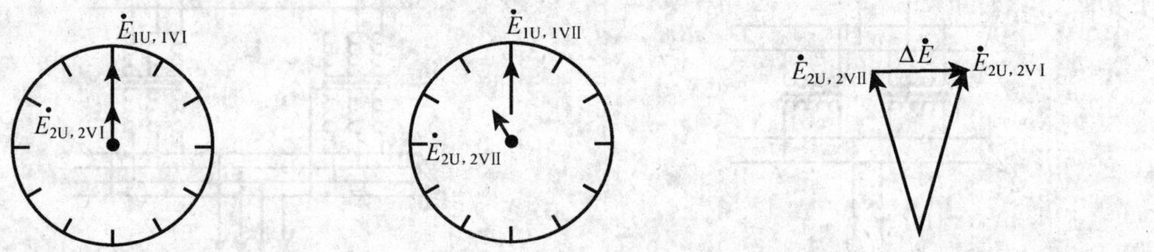

(a) Yy0变压器一、二次侧线电动势 (b) Yd11变压器一、二次侧线电动势 (c) 两变压器二次侧线电动势相量图

图 2-20 Yy0 与 Yd11 两变压器并联时的 ΔE

虽然图中两台变压器的二次侧线电动势大小相等,但两台变压器二次侧合成电动势是两个对应线电动势的相量差,即 $\Delta\dot{E}=\dot{E}_{2U,2V\,I}-\dot{E}_{2U,2V\,II}$。由图 2-20(c)中的相量图可以看出合成电动势的大小 $\Delta E=0.52U_{2U,2V\,I}$,在它的作用下,在变压器内部将出现环流。由于变压器绕组的电阻和电抗较小,电路会出现几倍于额定电流的环流,这个环流可能达到烧毁变压器的程度。

2. 一、二次绕组的额定电压分别相等,变压比 K 必须相等

并联运行的变压器,变压比必须相等。由于两台变压器的一次侧接在同一电源上,因此它们的一次侧电压相等,即 $U_{1U\,I}=U_{1U\,II}$;如果两台变压器的变压比不等,设 $K_1>K_2$,则二次侧电压就不相等,即 $U_{2U\,I}<U_{2U\,II}$。由于两台变压器的二次侧也并联在同一母线上,因而在二次侧两个绕组之间出现了电压差 $\Delta U=U_{2U\,I}-U_{2U\,II}$,在电压差 ΔU 的作用下,二次侧绕组中就产生环流 $I_环$,如图 2-21 所示。环流的大小决定于变压比相差的大小,变压比相差愈大,环流就愈大。为了减小变压器并联运行时的环流,国标规定:并联变压器的变压比差值不应超过±0.5%。

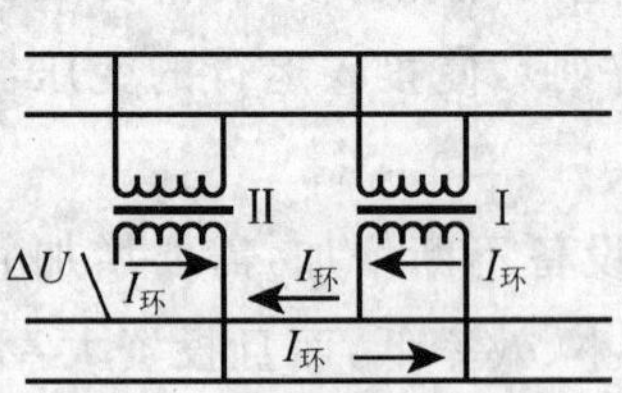

图 2-21 变压比不相等的变压器并联

3. 短路电压相等

并联运行的变压器，它们的短路电压要相等。变压器在带负载运行时，由于并联的两台变压器的组别与变压比相同，它们的二次侧分别具有相等的端电压，其内部电压降也应相等，即 $U_{\text{I}}=U_{\text{II}}$。图 2-22 所示的等效电路中，$Z_{fz}$ 为负载阻抗，R_{DI} 和 X_{DI} 分别为变压器Ⅰ的电阻和电抗，R_{DII} 和 X_{DII} 分别为变压器Ⅱ的电阻和电抗。

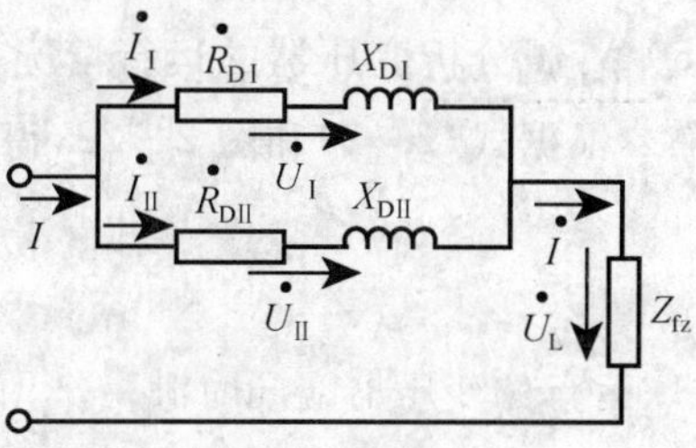

图 2-22 变压器并联

假定变压器Ⅰ的负载电流为 I_{I}，变压器Ⅱ的负载电流为 I_{II}。从图 2-22 中的等效电路可以得到

$$U_{\text{I}}=\sqrt{(I_{\text{I}}R_{\text{DI}})^2+(I_{\text{I}}X_{\text{DI}})^2}=I_{\text{I}}\sqrt{R_{\text{DI}}^2+X_{\text{DI}}^2}=I_{\text{I}}Z_{\text{DI}}$$

$$U_{\text{II}}=\sqrt{(I_{\text{II}}R_{\text{DII}})^2+(I_{\text{II}}X_{\text{DII}})^2}=I_{\text{II}}\sqrt{R_{\text{DII}}^2+X_{\text{DII}}^2}=I_{\text{II}}Z_{\text{DII}}$$

式中，$Z_{\text{DI}}=\sqrt{R_{\text{DI}}^2+X_{\text{DI}}^2}$，$Z_{\text{DII}}=\sqrt{R_{\text{DII}}^2+X_{\text{DII}}^2}$，分别为变压器Ⅰ和Ⅱ的短路阻抗。

由 $U_{\text{I}}=U_{\text{II}}$，可得

$$\frac{I_{\text{I}}}{I_{\text{II}}}=\frac{Z_{\text{DII}}}{Z_{\text{DI}}} \tag{2-3}$$

式(2-3)说明，变压器负载电流的分配和它们的短路阻抗成反比，即短路阻抗大的变压器输出的电流小，短路阻抗小的变压器输出的电流大。

由变压器的短路试验可知，短路阻抗为短路电压与额定电流的比值，即 $Z_{\text{D}}=\frac{U_{\text{K}}}{I_{1\text{N}}}$。代入式(2-3)，可得

$$\frac{I_{\text{I}}}{I_{\text{II}}}=\frac{U_{\text{KII}}}{U_{\text{KI}}}\times\frac{I_{1\text{NI}}}{I_{1\text{NII}}}\text{ 或 }\frac{\frac{I_{\text{I}}}{I_{1\text{NI}}}}{\frac{I_{\text{II}}}{I_{1\text{NII}}}}=\frac{U_{\text{KII}}}{U_{\text{KI}}}\text{ 或 }\frac{\beta_{\text{I}}}{\beta_{\text{II}}}=\frac{U_{\text{KII}}}{U_{\text{KI}}} \tag{2-4}$$

为了使变压器合理地分担负载，应使每台变压器的负载系数相等。式(2-4)说明，只有当并联运行的变压器短路电压相等时，每台变压器的负载系数才相等。式(2-4)还说明，并联运行变压器的负载系数与短路电压成反比，即短路电压较小的变压器负载系数较大。当两台短路电压不相等的变压器并联，短路电压小的变压器可能超载，这是不合理的。因此，国标规定：并联变压器的短路电压的差值不应超过±10%。

容量不同的变压器，一般具有不同的短路电压，大容量变压器的短路电压 U_{K} 比较大，而小容量变压器的短路电压 U_{K} 比较小。容量差别越大，短路电压的差别也越大。因此，国标规定：并联运行的变压器，最大容量与最小容量的比例不能超过 3∶1。

【例 2.3】 有Ⅰ、Ⅱ两台变压比相等、连接组别为 Yd11、短路阻抗均为 0.5 Ω 的变压器

并联运行，输出电流为 150 A。变压器Ⅰ的额定输出电流为 100 A，变压器Ⅱ的额定输出电流为 50 A，试分析变压器的运行情况。

解：根据式(2-3)和图 2-22，得

$$\frac{I_{\mathrm{I}}}{I_{\mathrm{II}}}=\frac{Z_{D\mathrm{I}}}{Z_{D\mathrm{II}}} \tag{2-5}$$

$$I=I_{\mathrm{I}}+I_{\mathrm{II}} \tag{2-6}$$

求解式(2-5)和式(2-6)组成的方程组，得

$$I_{\mathrm{I}}=75\ \mathrm{A},\ I_{\mathrm{II}}=75\ \mathrm{A}$$

变压器Ⅰ的负载系数为

$$\beta_{\mathrm{I}}=\frac{I_{\mathrm{I}}}{I_{\mathrm{NI}}}=\frac{75}{100}=0.75$$

变压器Ⅱ的负载系数为

$$\beta_{\mathrm{II}}=\frac{I_{\mathrm{II}}}{I_{\mathrm{NII}}}=\frac{75}{50}=1.5$$

从以上分析可知，变压器Ⅱ已经过载。

活动三　变压器并联运行的步骤

将变压比相等、短路电压相等、连接组别相同的三相变压器并联时，要特别注意连接相序。只有将几台变压器中相同的相连接在同一母线上，变压器才能正常运行。如果把两台变压器中不同的相连接在同一母线上，将造成短路的严重事故。

1. 两台 Yyn0 连接组的变压器并联

两台 Yyn0 连接组的变压器并联时，可先按相同相序接好一次绕组，二次绕组只接好中性点；然后分别测量两台变压器二次绕组出线端标号相同端子 2U-2U′，2V-2V′，2W-2W′之间的电压，如图 2-23 所示。若每次所得的读数均为“0”或极小，则说明出线端标号正确，可以将 2U，2U′接在同一母线上，将 2V，2V′接在另一母线上，将 2W，2W′接在剩下的一条母线上；若测得的电压值等于二次绕组的线电压值，说明两台变压器出线端虽然标号相同，但不是同一相，那就要重新测量，直到相同的相为止。

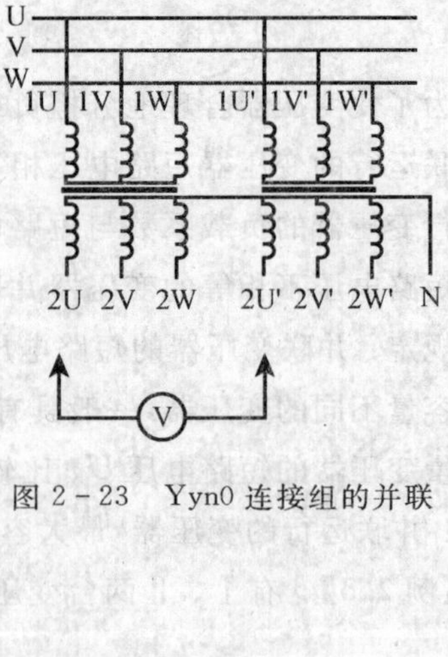

图 2-23　Yyn0 连接组的并联

2. 两台 Yd11 连接组的变压器并联

图 2－24 所示为两台 Yd11 连接组的变压器并联原理图。首先将一次绕组按相同相序接好，再将 2U 和 2U′用导线连接，然后用电压表测量其他两组端点之间的电压值，即 $U_{2V,2V'}$ 和 $U_{2W,2W'}$。若电压表的读数为“0”或极小，说明出线端标号也正确，可以将其并联。

对于维修后的变压器，特别要注意其连接组别。连接组别不同的变压器是不能并联运行的。

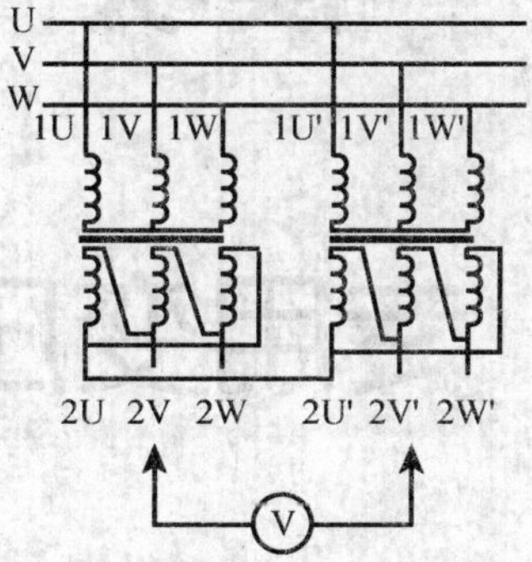

图 2－24 Yd11 连接组的并联

模块三

专用变压器

项目一　仪用变压器

项目二　电焊变压器

项目三　自耦变压器

项目一

仪用变压器

仪用变电器包括两种，即电流互感器和电压互感器。把大电流变成小电流的变压器，是电流互感器；把高电压变成低电压的变压器，是电压互感器。电流互感器和电压互感器，统称为互感器。在交流电路的测量，以及自动控制和继电保护中，互感器有着广泛的应用。

活动一 电流互感器

1. 工作原理

电流互感器结构上与普通双绕组变压器相似，也有铁芯和一、二次绕组。一次绕组通常叫做一次绕组或一次侧，匝数很少，只有一匝到几匝，导线很粗。一次绕组串联在一次电路中（在电力系统中，传输、分配、使用电能的电路为一次电路），流过一次电流，一次电流 I_1 的大小由一次电路的负载决定，如图 3－1 所示。电流互感器的二次绕组也叫做二次绕组或二次侧，它的匝数较多，二次绕组与电流表或功率表的电流线圈、继电器的线圈等串联成为闭合电路。由于这些线圈的阻抗都很小，二次侧近似于短路状态，因此电流互感器在工作时，近似于短路运行的升压变压器。由于一次侧绕组的阻抗小，又串联在一次电路中，一次绕组的电压几乎为“0”；又由于交流铁芯线圈电路的主磁通正比于电压，即 $\Phi_m \propto U_1$，因而$\Phi_m \approx 0$。根据磁动势平衡方程式，有

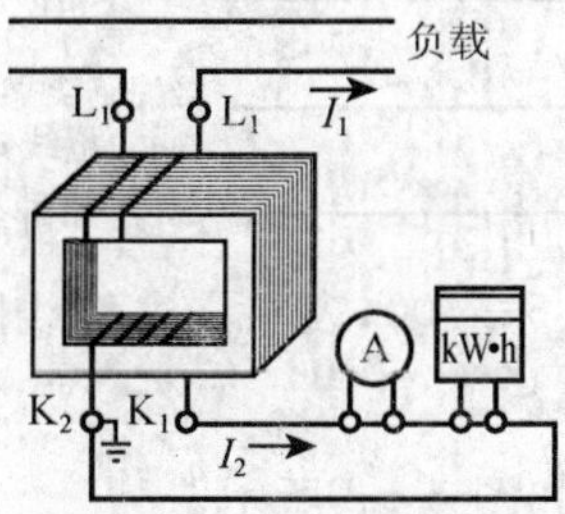

(a) 接线图

(b) 电流互感器的图形符号

图 3－1 电流互感器

$$I_1 N_1 + I_2 N_2 = 0$$

$$I_1 = -\frac{N_2}{N_1} I_2 = -K_i I_2$$

如不考虑相位关系，电流互感器的变流比 K_i 为

$$K_i = \frac{I_1}{I_2} \tag{3-1}$$

由上面分析，可以看出电流互感器的工作特点如下：

(1) 互感器一次绕组的输入和二次绕组的输出都是电流，而电压几乎为“0”。这与普通变压器有所不同，说明它传递和改变的是电流而不是电压。

(2) 互感器工作在短路状态，若二次绕组开路，因为一次侧电流 I_1 很大，磁动势平衡被打破，这样就在铁芯中产生很强的磁通，这个磁通使铁芯损耗增加，使铁芯过热，绝缘损坏；很强的磁通使二次侧产生几百伏甚至上千伏的高压，危及仪表和操作人员的安全。因此，电流互感器在运行时，二次绕组是绝对不允许开路的。

2. 电流互感器的型号和技术参数

电流互感器的型号表示方法如下：

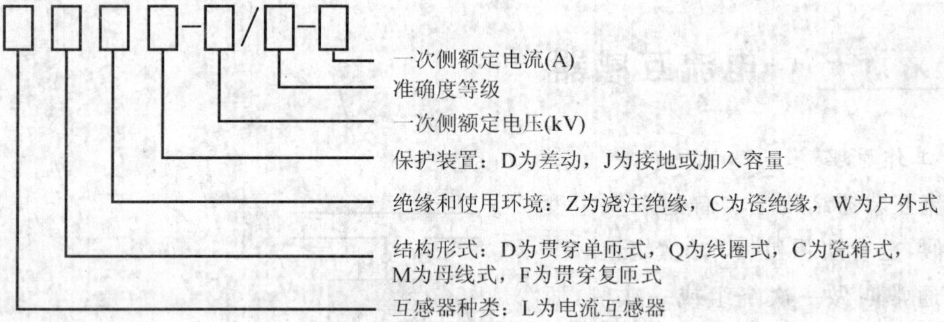

例如，LQZ—0.5/0.5—100，表示浇注型线圈式电流互感器，耐压等级为 500 V，一次侧额定电流为 100 A。

常用的电流互感器如图 3-2 所示。

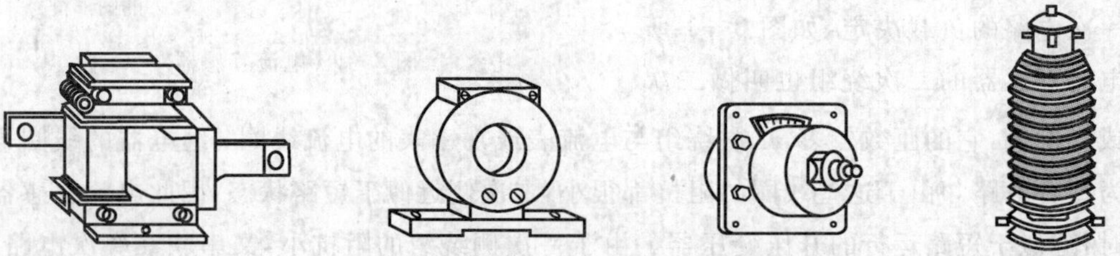

(a) LQC型　(b) LD型　(c) LDZJ型　(d) LCWD型

图 3-2　常用的电流互感器

电流互感器的主要技术参数有以下几项：

(1) 变流比。变流比为电流互感器一次侧额定电流与二次侧额定电流之比，用“□/□”的形式标注，读做“□过□”。例如，某电流互感器的变流比为 200 A/5 A，读做“200 过 5”。电流互感器一次侧的额定电流为 5～25 000 A，根据一次电路的工作电流进行选择；二次侧的额定电流一般为 5 A 或 1 A，应根据所接的仪表或继电器的工作电流选用。

(2) 准确度。当一次侧为额定电流时，二次侧电流与标称值误差的百分数，称做电流互感器的准确度。电流互感器的准确度有 0.2，0.5，1.0，3 和 10 五个等级。例如，0.5 级表示在一次侧为额定电流时，二次侧电流与标称值的误差最大不超过±0.5%。准确度等级数值越大，误差越大。

(3) 额定阻抗。为保证电流互感器的准确度，电流互感器都规定了二次侧负载的阻抗，这个规定的阻抗称做额定阻抗。所接仪表、继电器线圈的阻抗之和超过额定阻抗，电流互感器的准确度将降低。

3. 电流互感器的选择

在选择电流互感器时，必须注意以下几点：

(1) 额定参数。电流互感器的额定电压应不低于安装处电路的工作电压，电流互感器一次侧的额定电流应不小于连接线路的工作电流，电流互感器的额定阻抗应不小于二次侧所接仪表、继电器线圈的总阻抗。

(2) 准确度。互感器的准确度应比所接仪表的准确度高两个等级，才能保证测量结果的准确度。

(3) 与仪表应配套。若电流表按一次侧电流进行刻度，用这样的电流表测量电流时，电流互感器应与电流表配套，按电流表的量程选择互感器一次侧的额定电流。例如，电流表的量程为 500 A，则应选择一次侧额定电流为 500 A 的电流互感器。

在实际使用中，电流互感器的接线要注意：一次侧应串联在一次线路中，二次侧所接的仪表、继电器线圈也应串联，如图 3-3 所示。

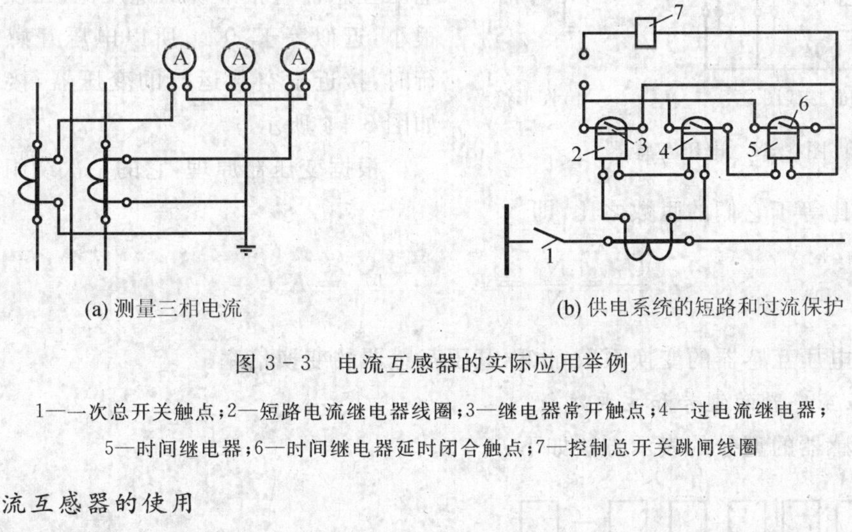

(a) 测量三相电流　　　(b) 供电系统的短路和过流保护

图 3-3　电流互感器的实际应用举例

1—一次总开关触点；2—短路电流继电器线圈；3—继电器常开触点；4—过电流继电器；5—时间继电器；6—时间继电器延时闭合触点；7—控制总开关跳闸线圈

4. 电流互感器的使用

使用电流互感器时，应注意以下几点：

(1) 电流互感器在运行中二次绕组绝对不能开路。运行中的电流互感器开路，二次绕组电流的去磁作用消失，一次绕组磁动势 I_1N_1 不变，使铁芯中磁通增加很多倍，铁芯的涡流损耗急剧增加，电流互感器温度迅速上升而损坏；同时在二次绕组中感应出很高的感应电动势，其峰值可达数千伏，造成互感器绝缘击穿，也可能造成人身伤害。

为防止运行中的电流互感器开路，在电流互感器二次侧电路中，绝对不允许装设熔断器；当二次侧不接负载时，要把二次侧短接；若要拆下运行中的电流表，必须先把互感器二次侧短接。

(2) 电流互感器的铁芯和二次绕组的一端要同时可靠接地。为避免高压侧绝缘击穿时损坏仪表或造成人身伤亡,电流互感器的铁芯和二次绕组的一端要同时可靠接地。

(3) 绝缘电阻应符合要求。电流互感器绕组之间、绕组对地、绕组与铁芯之间的绝缘电阻若低于 10～20 MΩ,应对电流互感器进行干燥处理。

(4) 接线时注意接线端子的极性。电流互感器的一次绕组的两个端子用“L_1”和“L_2”标示,二次绕组用“K_1”和“K_2”标示,其中“L_1”和“K_1”为同名端,用“+”或“*”标记。二次侧接功率表或电能表的电流线圈时,极性不能接错,否则仪表会反转。

活动二　电压互感器

1. 工作原理

电压互感器实质是一个降压变压器,其工作原理与普通变压器没有区别,也是由铁芯和一次侧(原绕组)、二次侧(副绕组)两个主要部分组成。它的主要特点在于:原绕组匝数较多,并联在被测电路中;二次绕组匝数较少,与高阻抗的测量仪表或继电器的线圈连接。电压互感器有很准确的电压比,二次绕组电流很小,近似等于“0”。所以电压互感器正常运行时,接近于空载运行的变压器,接线原理图如图 3-4 所示。

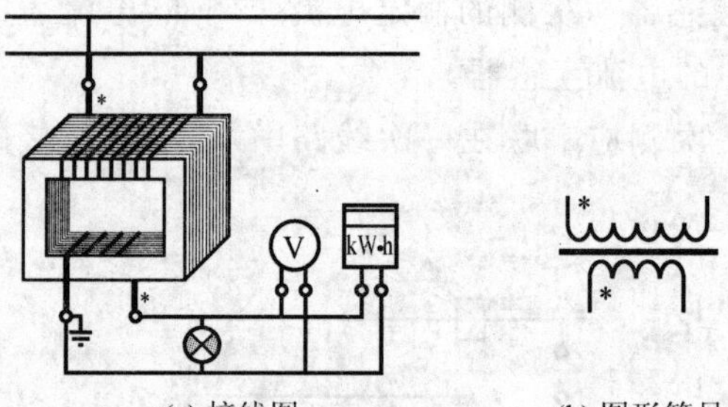

(a) 接线图　　(b) 图形符号

图 3-4　电压互感器

根据变压器原理,它的一次绕组与二次绕组的电压之比等于它们的匝数之比,即

$$\frac{U_1}{U_2} = \frac{N_1}{N_2} = K_u, \qquad U_1 = K_u U_2 \tag{3-2}$$

式中,K_u 是电压互感器的变换系数,也称电压互感器的变换倍率。

2. 电压互感器的型号和主要参数

电压互感器的型号的表示方法如下:

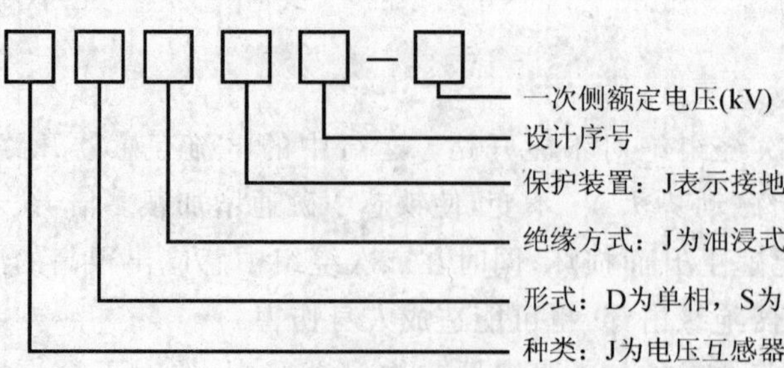

例如，JDG—0.5 型表示单相干式电压互感器，一次侧额定电压为 500 V。

电压互感器的种类和电流互感器相似，也分干式、浇注绝缘式和油浸式 3 种，如图 3-5 所示。

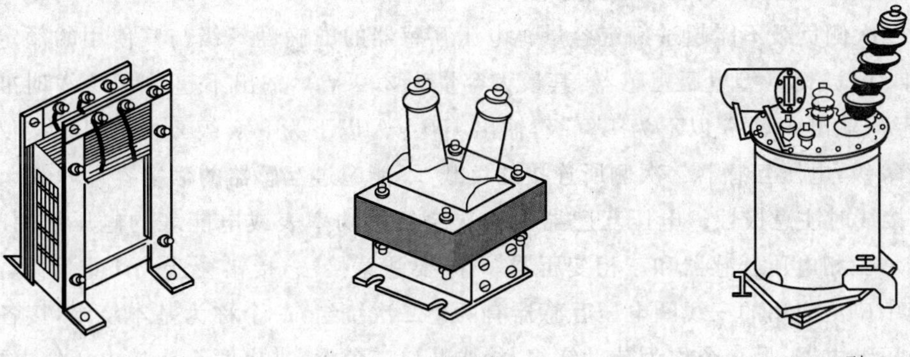

(a) JDC型　　(b) JDZJ型　　(c) JDJJ型

图 3-5　电压互感器的外形

电压互感器的主要技术参数有以下几项。：

(1) 一次侧、二次侧的额定电压。二次侧额定电压一般都规定为 100 V，一次侧额定电压为电力系统规定的电压等级。这样做的优点是二次绕组所接的仪表、线圈电压额定值都为 100 V，可统一标准化。和电流互感器一样，电压互感器二次绕组所接的仪表刻度实际上已经被放大了 K_u 倍，可以直接读出一次绕组的被测数值。

(2) 准确度。电压互感器的准确度，由变压比误差和相位误差来衡量，准确度可分为 0.1，0.2，0.5，1.0，3.0 五个等级。

(3) 额定容量。电压互感器所接负载越多，二次侧电流越大，误差也越大，所以电压互感器规定了额定容量。

3. 电压互感器的选用

在选择电压互感器时，必须注意以下几点：

(1) 额定参数。电压互感器一次侧的额定电压应不低于安装处电路的工作电压，电压互感器的额定容量应不小于二次侧所接仪表、继电器运行的总容量。

(2) 准确度。电压互感器的准确度应比所接仪表的准确度高两个等级，才能保证测量结果的准确度。

(3) 与仪表应配套。测量电压时，电压互感器应与电压表配套，按电压表的量程选择互感器一次侧的额定电压。例如，电压表的量程为 10 kV，则应选择一次侧额定电压为 10 kV 的电压互感器。

4. 电压互感器的使用

在使用电压互感器时，应注意以下几点：

(1) 电压互感器在运行时，二次绕组不可短路。因为二次绕组匝数少、阻抗小，如发生短路，短路电流将很大，足以烧坏电压互感器。使用时，电压互感器高、低压两侧电路要设置熔断器作短路保护。

(2) 电压互感器的铁芯和二次绕组的一端必须可靠接地。以防止高压绕组绝缘被损坏时,铁芯和二次绕组带上高压而造成事故。

(3) 二次侧负载不能超过额定容量。电压互感器的准确度等级与其使用的额定容量有关。例如,JDG—0.5 型电压互感器,其最大容量为 200 VA,输出不超过 25 VA 时准确度等级为 0.5 级;输出 40 VA 以下为 1.0 级;输出 100 VA 以下为 3.0 级。为了保证接仪表的测量准确度等级,电压互感器二次侧所连接的负载,不能超过互感器的额定容量。

(4) 接线时注意极性。电压互感器的二次绕组接功率表或电能表的电压线圈时,极性不能接错。三相电压互感器和三相变压器一样,要注意接法,接错会造成严重后果。在三相电力系统中广泛应用的三线圈电压互感器有两个二次绕组,一个称为基本绕组,接各种测量仪表和电压继电器;另一个称为辅助绕组,接成开口三角形,进出两个头接电压继电器,组成供电系统的继电保护电路,如图 3-6 所示。

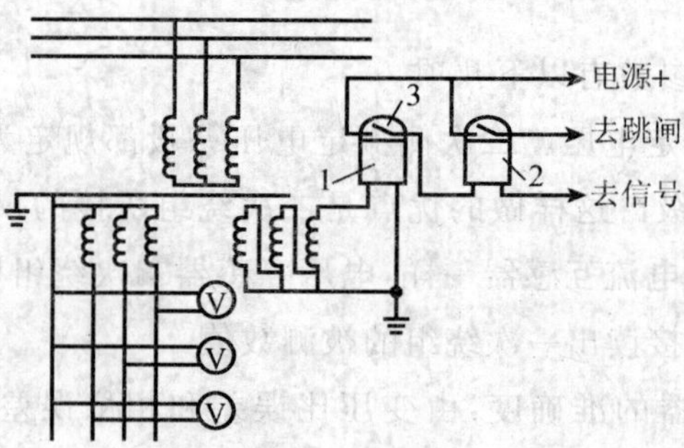

图 3-6　三相电压互感器在测量和绝缘监视中的应用

1—电压继电器;2—中间继电器;3—继电器常开触点

项目二

电焊变压器

交流电弧焊机在电弧焊中应用很广泛，主要是结构简单、成本较低、制造容易、维修方便、经久耐用。交流电弧焊机的主要部分是一台特殊的降压变压器，即电焊变压器。

活动一 电弧焊对电焊变压器的要求

为了保证焊接质量和电弧燃烧的稳定性，电焊变压器应满足以下要求：

(1) 二次绕组空载电压为 60～75 V，以保证容易起弧；同时为了安全，空载电压最高不超过 85 V。

(2) 具有陡降的外特性，即当负载电流增大时，二次绕组输出电压应急剧下降，通常额定运行时的输出电压 U_{2N} 为 30 V 左右。

(3) 短路电流 I_K 不能太大，以免损坏电焊机。

(4) 为了适应不同的加工材料、工件大小和焊条，焊接电流应能在一定范围内调节。

为了使电焊变压器具有陡降的外特性，常用的方法有以下两个：一是使二次绕组工作时为电感性负载，使二次回路具有相当大的电抗以限制短路电流和使输出电压随电流的增加而迅速下降；二是使电焊变压器具有较大且可以调节的漏磁通，以限制短路电流和保证陡降的外特性。

活动二 磁分路动铁式电焊变压器

1. *磁分路动铁式电焊变压器的结构和工作原理*

磁分路动铁式电焊变压器是在铁芯的两柱中间又装了一个活动的铁芯柱，称为动铁芯，如图 3－7(a)所示。一次绕组绕在左边一铁芯柱上，而二次绕组分两部分：一部分在左边与一次绕组同绕在一个铁芯柱上的外层，另一部分在右边一个铁芯柱上。由于动铁芯可以推进和拉出，这样就可以方便地改变变压器的漏磁通。当动铁芯在全部推进位置时，漏磁通增加，输出电压降低，且随输出电流的增大而下降较快；当动铁芯在全部拉出的位置时，漏磁通减少，输出电压升高，且随输出电流的增大而下降较慢。

2. *焊接电流的调节*

焊接电流的粗调如图 3－7(b)所示，改变二次侧绕组的接法，就改变了二次绕组匝数，从而达到改变起始空载电压和焊接电流的目的。粗调有Ⅰ和Ⅱ两挡：连接片将端子4，6连在一起为Ⅰ挡，二次绕组由线圈③和①构成；连接片将端子4，3连接在一起为Ⅱ挡，线圈①，②的全部和线圈③的一部分构成二次绕组。

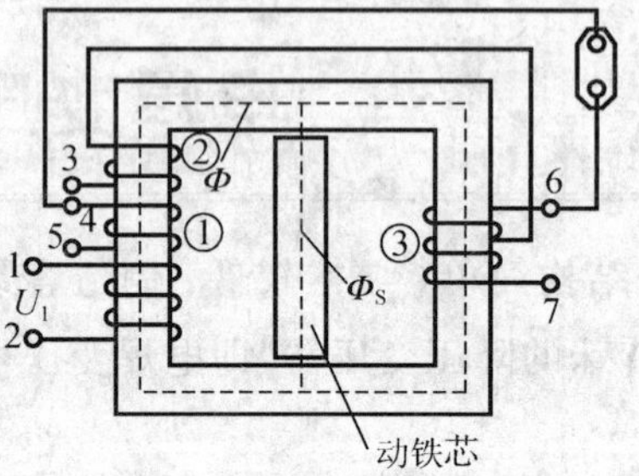

(a) 结构示意图

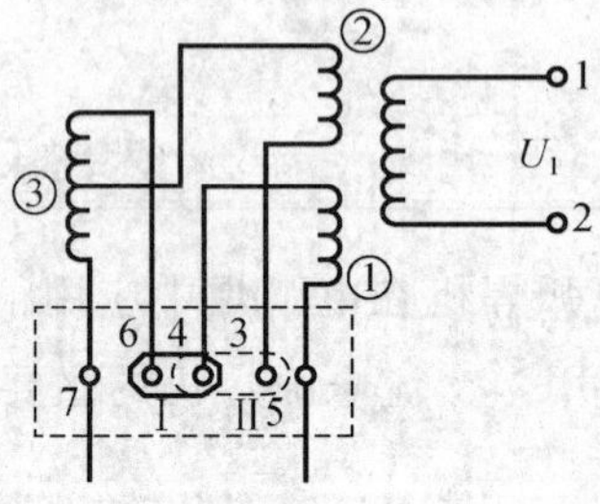

(b) 绕组接线图

图 3-7　动铁式电焊变压器

焊接电流的微调，则是调节动铁芯的位置。如果把动铁芯从铁芯的中间逐步往外移动，那么二次绕组中的漏磁通减少，焊接电流增加；如果把动铁芯从外逐步往铁芯的中间移动，那么二次绕组中的漏磁通增加，焊接电流减小。

活动三　动圈式电焊变压器

1. 动圈式电焊变压器的结构和工作原理

动圈式电焊变压器的铁芯是壳式结构，铁芯气隙是固定不可调的，如图3-8所示。一次绕组3固定在铁芯下部，二次绕组2为可动线圈，置于固定线圈的上面，并且可借助调节机构1上下移动可动线圈2，改变它与固定线圈3的距离L_0。一、二次绕组的距离L_0越小，则耦合越紧，漏抗越小，输出电压越高，焊接电流越大；一、二次绕组的距离L_0越大，则耦合越差，漏抗越大，输出电压越低，焊接电流越小。

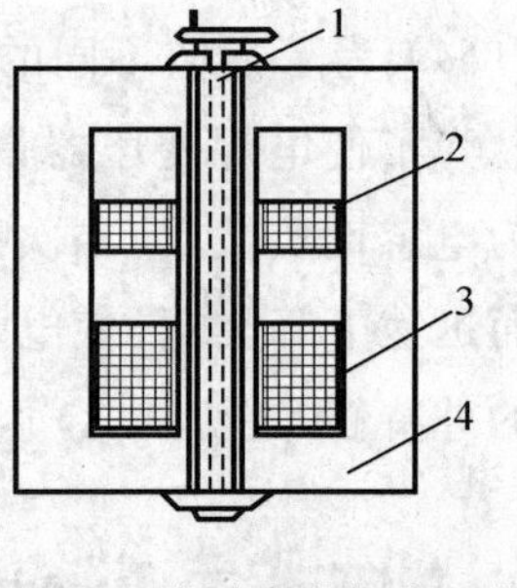

图 3-8　动圈式电焊变压器

1—动圈调节机构；2—可动线圈；3—固定线圈；4—铁芯

2. 焊接电流的调节

粗调是改变一次绕组或二次绕组接线，将一次绕组或二次绕组的两部分绕组由串联改接成并联或由并联改接成串联，从而改变电焊变压器的变压比。

焊接电流的微调，是通过改变固定线圈与可动线圈之间的距离来实现的。增大它们之间的距离，焊接电流减小；减小它们之间的距离，焊接电流增大。

这种电焊变压器的优点是没有动铁芯，磁路中无空气隙。因此，避免了焊接时动铁芯的振动产生的噪声和由此而带来的电流不够稳定。

活动四 带可调电抗器的电焊变压器

1. 带可调电抗器电焊变压器的结构和工作原理

带可调电抗器的电焊变压器有异体式和同体式两种结构形式，如图 3-9 和图 3-10 所示。它由两部分组成：一部分是变压器，和普通变压器相同，为了调节输出的空载电压，在一次绕组中备有分接头，以改变一次绕组的匝数；另一部分是可变电抗器，它是由具有可调气隙的电感线圈组成的，调节电感线圈铁芯气隙的大小，以改变电抗值。电抗器的绕组串联在变压器的二次绕组中，使电焊变压器二次侧的负载为功率因数很低的电感性负载。需要调节焊接电流时，可以改变电抗器气隙的大小。

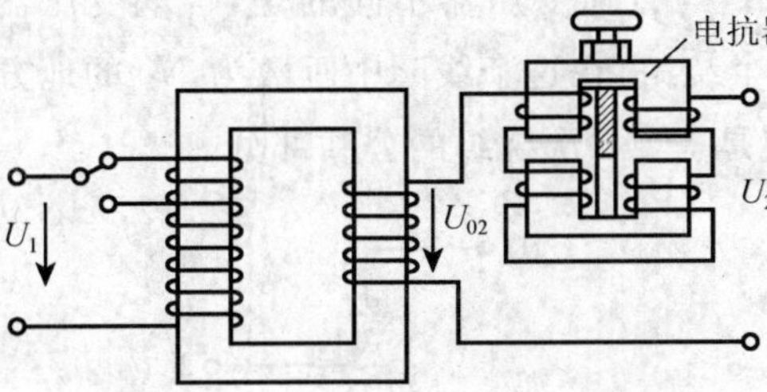

图 3-9 异体式电抗电焊变压器

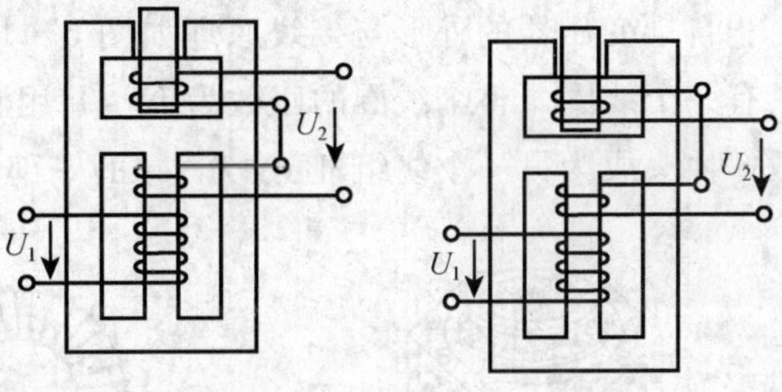

(a) 顺极性 (b) 反极性

图 3-10 同体式电抗电焊变压器

2. 焊接电流的调节

改变一次绕组分接头的位置，即改变一次绕组的匝数，进行焊接电流的粗调；改变可变电抗器的感抗，进行焊接电流的微调。转动手柄，使电抗器可动铁芯上移，气隙增大，电抗减小，焊接电流增大；转动手柄，使电抗器可动铁芯下移，气隙减小，电抗增大，焊接电流减小。

这类电焊变压器因为有电抗器，消耗材料较多，体积和重量均较大。同时，由于活动铁芯的存在，焊接时有振动。小电流焊接时，动、静铁芯间隙小、磁力大，振动更厉害，容易使电流波动、电弧不稳。因此，这类电焊机不适合用于小电流焊接。

项目三

自耦变压器

根据自感现象制成的变压器，称为自感变压器，也称为自耦变压器，其应用范围很广泛。

活动一 自耦变压器的原理

自耦变压器的外形与接线原理如图 3－11 所示。与普通变压器不同的是，自耦变压器只有一个线圈。整个线圈的匝数为 N_1，并用它做一个绕组；在这个线圈中匝数为 N_2 的地方做一抽头成为另一个绕组；匝数为 N_2 的一部分线圈是一、二次绕组的公共部分。

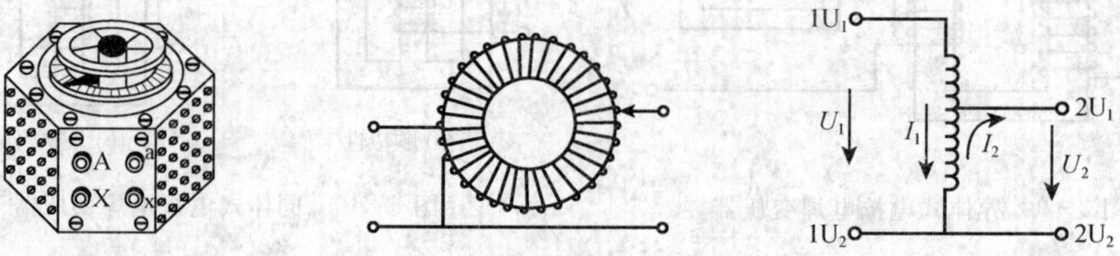

(a) 自耦变压器外形 (b) 接线原理 (c) 电路原理

图 3－11 自耦变压器

当把其中一个绕组接到交流电源上时，在铁芯中形成磁通，在匝数 N_1 的整个线圈和匝数为 N_2 的公共部分产生感应电动势 E_1，E_2，若两个绕组的端电压为 U_1，U_2，则

$$U_1 \approx E_1 = 4.44 f N_1 \Phi_m$$

$$U_2 \approx E_2 = 4.44 f N_2 \Phi_m$$

$$\frac{U_1}{U_2} \approx \frac{E_1}{E_2} = \frac{N_1}{N_2} = K$$

从磁动势平衡方程可知，因为输入电压 U_1 不变，主磁通 Φ_m 也不变，所以空载时的磁动势和负载时的磁动势是相等的，即有 $I_1N_1 - I_2N_2 = I_0N_1$。因为空载电流 I_0 很小，可忽略，则有

$$I_1N_1 - I_2N_2 = 0$$

由此可见，两个绕组中的电流 I_1 与 I_2 只是大小不同，相位是一样的。因此，绕组中公共部分的电流为

$$I = I_2 - I_1 = (K-1)I_1 \tag{3-3}$$

当变压比 K 接近于1时，绕组中公共部分的电流 I 就很小，因此绕组中公共部分的导线的截面积可以减少很多，从而减少了变压器的体积和质量。

再看自耦变压器的能量传递。当不计损耗时，传输到负载的视在功率（容量）为

$$S_2 = U_2I_2 = U_2(I+I_1) = S'_2 + S''_2 \tag{3-4}$$

由图 3-11(c)可见，它传输的总容量 S_2 中包括 S'_2 和 S''_2 两部分。其中，$S'_2 = U_2I$，是 $1U_1$，$1U_2$ 绕组与 $2U_1$，$2U_2$ 绕组之间通过电磁感应传递的能量；而 $S_2'' = U_2I_1$，是通过电路从一次绕组直接传递给负载的。这是自耦变压器能量传递方式上与一般变压器的区别所在，而且这两部分传递能量的比例，完全取决于变压比 K，这是因为

$$S'_2 = U_2I = \frac{U_1}{K}(KI_1 - I_1) = U_1I_1\left(1-\frac{1}{K}\right) = \left(1-\frac{1}{K}\right)S_2$$

同样可导出

$$S_2'' = \frac{1}{K}S_2$$

这说明，靠电磁感应传递的能量占总能量的 $\left(1-\frac{1}{K}\right)$，而从电路直接输送的能量占 $\frac{1}{K}$。由此可见，当 $K=1$ 时，能量全部靠电路导线传递；当 $K=2$ 时，S'_2 和 S''_2 各占一半。变压比 K 增大，从电路直接传递的能量减少，而靠电磁感应传递的能量增多，公共部分绕组电流增加了，导线也要加粗。由此可见，当变压比 $K>2$ 时，自耦变压器的优点就不明显了，所以自耦变压器通常工作在变压比 $K=1.2\sim2$ 之间。

活动二 自耦变压器的使用

实验室里常用的自耦变压器，把二次侧输出端改成活动触点，可以接触绕组中任意位置，而使输出电压任意改变，如图 3-12 所示。

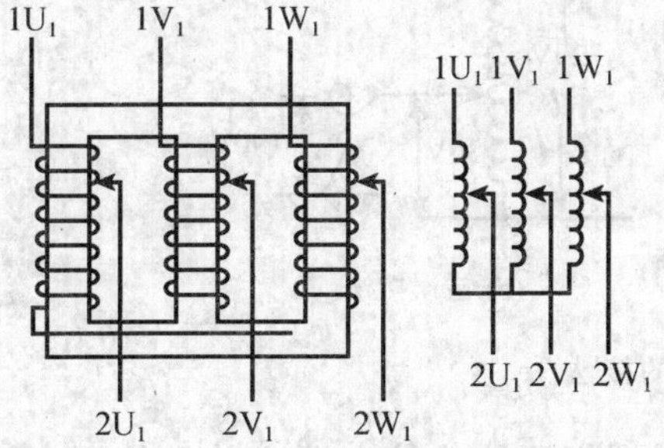

图 3-12 三相自耦变压器

三相自耦变压器一般接成星形，如图 3-12 所示。

自耦变压器常用的几种接线形式如图 3-13 所示。接成固定升压形式，如图 3-13(a)所示；接成固定降压形式，如图 3-13(b)所示；接成可升、可降的一般调压形式，如图 3-13(c)所示。需要特别说明的是变相调压和串联调压。

1. 变相调压

将单相自耦变压器的输入、输出公共端焊在中心 110 V 抽头处，如图 3－13(d)所示。动触点调到输入、输出公共端的上段或下段，虽然都能进行调压，但电压相位相反，彼此相差 180°。用这种变压器作伺服电动机的控制电压调节，非常方便。变压器动触点由中心点向上调节时，伺服电动机正转；动触点由中心点向下调节时，伺服电动机反转。不用倒向开关或变换控制绕组接头，伺服电动机就可以正、反转。

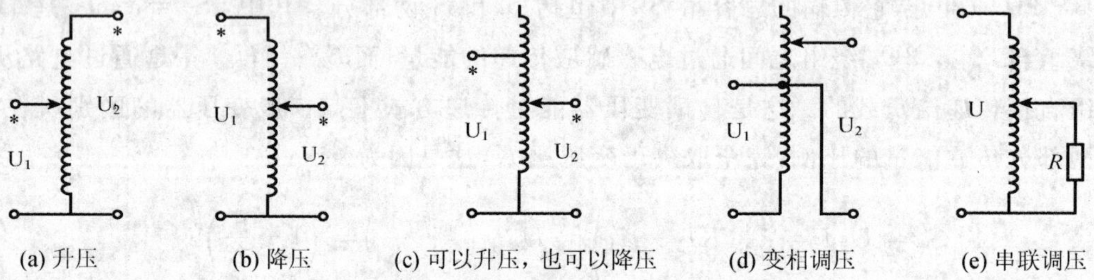

图 3－13 自耦变压器的几种接线方式

2. 串联调压

串联调压接线如图 3－13(e)所示。这里将负载与变压器线圈串联，把变压器作为具有可调匝数的降压电感线圈使用。它的作用是：可以稳定负载电压，减少损耗，增大变压器容量。另一个特点是，只需要两根导线就可以进行调压。

在使用自耦变压器时，应注意以下几点：

(1) 不能用做安全电压的变压器。因为它的一、二次绕组是相通的，高压侧(电源)发生电气故障时会波及低压侧，如高压绕组绝缘破坏，高电压可直接进入低压侧，这是很不安全的。

(2) 输入、输出的公共端必须接电源的零线。使用时，要求输入、输出的公共端接零线；如果错接为相线，人体接触输出端时，接触电压较高，如图 3－14 所示。

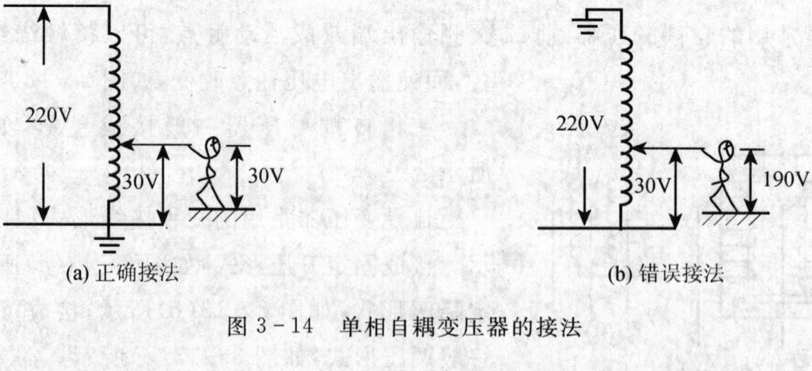

图 3－14 单相自耦变压器的接法

另外，三相自耦变压器的中性点也必须可靠接地；自耦变压器连接电源之前和使用完毕之后，一定要把手柄转到输出电压为"0"的位置上。

模块 四

三相异步电动机

项目一

三相异步电动机的工作原理

异步电动机由定子和转子两部分组成。图 4－1 所示为最简单的电动机定子模型。三个相同线圈的平面互成 120°。采用星形或三角形连接后，当通入三相交流电流时，放入线圈中的小磁针就会不停地转动；任意互换两相线，小磁针就会反转。这说明在定子空间内存在着一个旋转磁场，置入转子后，就可以使转子发生旋转。

三相异步电动机的定子绕组是一个空间位置对称的三相绕组，如果在定子绕组中通入三相对称的交流电流，就会在电动机内部建立起一个恒速旋转的磁场，称为旋转磁场，它是异步电动机工作的基本条件。因此，有必要先说明旋转磁场是如何产生的，有什么特性，然后再讨论异步电动机的工作原理。

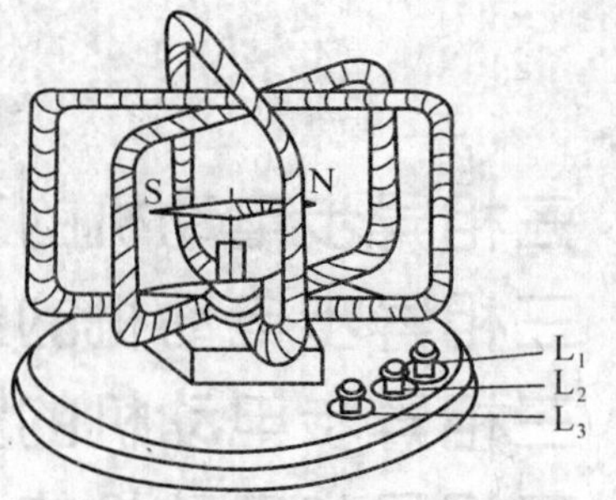

图 4－1　定子旋转磁场

活动一　定子旋转磁场的产生

图 4－2(a)所示为三相异步电动机的三相定子绕组在定子铁芯中的分布示意图。三相绕组 U_1-U_2，V_1-V_2，W_1-W_2 在空间彼此相隔$\frac{2\pi}{3}$(即 120°)。将三相定子绕组接成星形，并在 U，V，W 首端通入三相交流电，则有三相交流电流通过相应的定子绕组。三相交流电流的波形如图 4－2(b)所示，则各相电流瞬时值表达式为

$$i_U = I_m \sin\omega t \tag{4-1}$$

$$i_V = I_m \sin\left(\omega t - \frac{2\pi}{3}\right) \tag{4-2}$$

$$i_W = I_m \sin\left(\omega t + \frac{2\pi}{3}\right) \tag{4-3}$$

$$\omega=2\pi f$$

式中 ω——角频率(rad);

f——定子电流频率(Hz);

t——时间(s)。

在分析电流形成磁场时我们规定:三相交流电流为正值时,电流从绕组首端流入,用符号⊗表示,而从尾端流出,用符号⊙表示;当电流为负时,电流从绕组尾端流进,而从首端流出。

当三相绕组中通入三相交流电流后,各相将产生各自的交变磁场,三个交变磁场合成后,即成为一个旋转磁场。下面从几个不同的瞬间分析旋转磁场的形成过程。

(1)当 $\omega t=0$,$i_U=0$ 时,U 相绕组中没有电流;i_V 为负,V 相绕组的电流由 V_2 端流进,V_1 端流出;i_W 为正,W 相绕组的电流由 W_1 端流进,W_2 端流出。根据右手螺旋定则可画出合成磁场,并根据图中磁力线方向定出 N 极和 S 极的位置,如图 4-2(c)所示。绕组的这种布置所产生的磁场是两极磁场,即磁极对数 $p=1$。

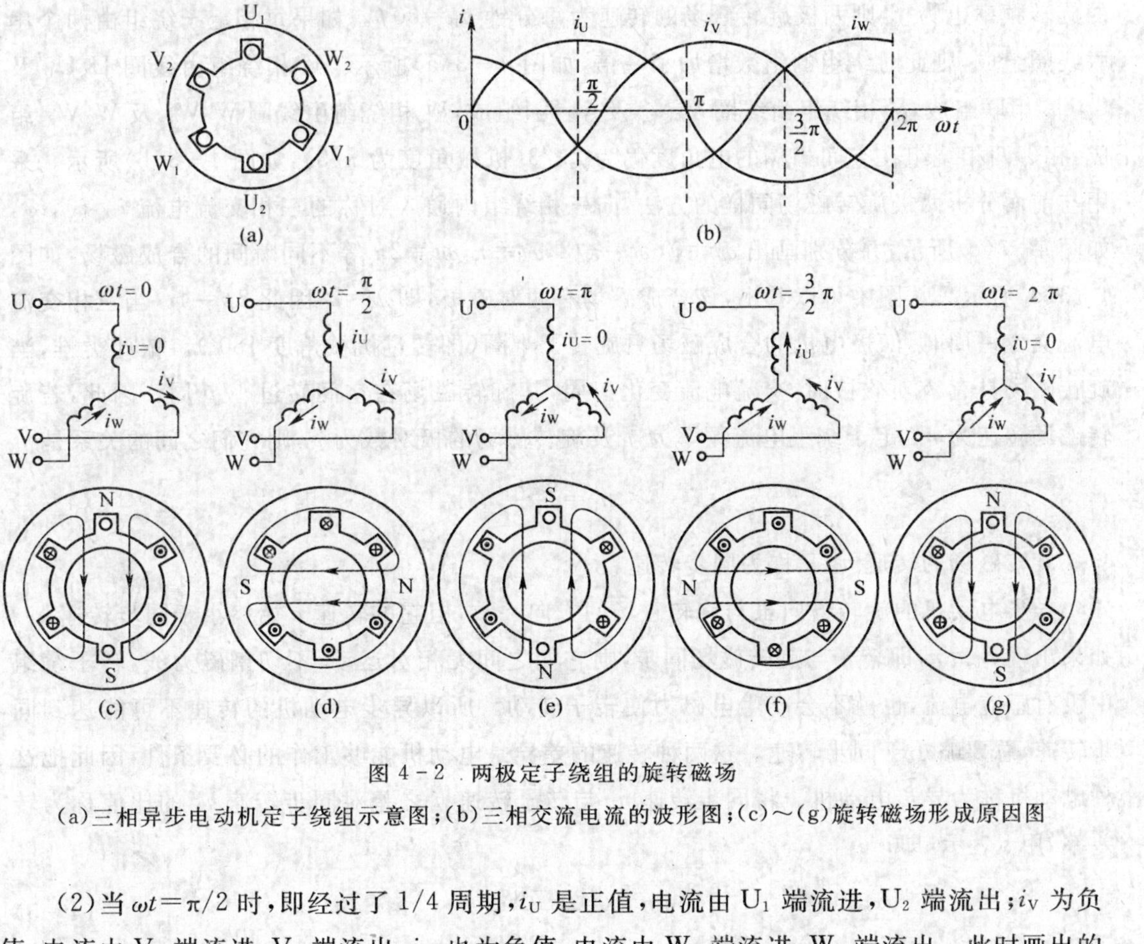

图 4-2 两极定子绕组的旋转磁场

(a)三相异步电动机定子绕组示意图;(b)三相交流电流的波形图;(c)~(g)旋转磁场形成原因图

(2)当 $\omega t=\pi/2$ 时,即经过了 1/4 周期,i_U 是正值,电流由 U_1 端流进,U_2 端流出;i_V 为负值,电流由 V_2 端流进,V_1 端流出;i_W 也为负值,电流由 W_2 端流进,W_1 端流出。此时画出的合成磁场如图 4-2(d)所示。从图中可见,合成磁场的方向在空间按顺时针方向旋转了 $\pi/2$。

用同样的分析方法可画出 $\omega t=\pi$,$\omega t=3\pi/2$,$\omega t=2\pi$ 时的合成磁场,分别如图 4-2(e),(f),(g)所示。从图中可明显地看出,磁场的方向逐步按顺时针方向旋转,共计转过 2π,即旋转了一周。

由此可以得出:在三相交流电动机定子上布置有结构完全相同、在空间位置各相差 $2\pi/3(120°)$电角度的三相绕组,分别通入三相交流电流,则在定子和转子的气隙中所产生的合成磁场是沿定子旋转的,称此磁场为合成磁场——旋转磁场。

活动二　旋转磁场的旋转速度

由上述分析可以看出,图 4-2 所示的定子绕组通入三相交流电流后,会产生一个旋转磁场。当电流变化一个周期后,合成磁场在空间旋转了 2π。若电流的频率为 f,两极电动机的旋转频率也为 f,则两极旋转磁场的转速为每分钟 $n_1=60f$。如果每相定子绕组由两个串联线圈组成,则此时绕组的组数增加了一倍,如图 4-3(a)所示。U 相绕组由线圈 U_1U_1'及 U_2U_2'串联组成;V 相绕组由线圈 V_1V_1'及 V_2V_2'组成;W 相绕组由线圈 W_1W_1'及 W_2W_2'组成,相邻两相绕组在空间相隔的电角度仍为 $2\pi/3$(机械角度为 $\pi/3$),如图 4-3(b)所示。采用与前面分析两极旋转磁场同样的方法,向三相绕组内通入对称的三相交流电流 i_U,i_V,i_W,如图 4-3(c)所示,并分别画出 $\omega t=0$,$\omega t=\pi/2$,$\omega t=\pi$,$\omega t=2\pi$ 等不同瞬间的合成磁场,如图 4-3(d)所示。从图中可以看出,该合成磁场有两对磁极,即 $p=2$,因此 $2p=4$。当三相交流电流交变一周时,四极电机的合成磁场只旋转了半圈(即转过机械角度 180°)。依此类推,当旋转磁场具有 p 对磁极时,交流电流变化一周,其旋转磁场在空间转过 $1/p$ 周。因此,若旋转磁场转速为 n_1,定子绕组电流频率为 f 及旋转磁场的极对数为 p,则它们之间的关系是

$$n_1=\frac{60f}{p} \tag{4-4}$$

旋转磁场的转速 n_1 又称为同步转速。

异步电动机的旋转方向虽与旋转磁场的方向一致,但它的转速 n 始终小于同步转速 n_1。如果出现 $n_1=n$,即转子与旋转磁场同步,则它们之间无相对运动,不切割磁力线,转子绕组中没有感应电流,也就不会产生电磁力使转子转动。所以异步电动机的转速不可能达到同步转速,总要略小于同步转速。这两种转速的差异是电动机能够工作的必要条件,因此把这种电动机称为异步电动机。将同步转速 n_1 与转子转速 n 之差对同步转速 n_1 的比值称为转差率,用 s 表示,即

$$s=\frac{n_1-n}{n} \tag{4-5}$$

转差率是衡量异步电动机性能的一个重要参数。

我国三相电源频率为 50 Hz，根据式(4－4)可得，2 极电动机旋转磁场的同步转速为 3 000 r/min，4 极同步转速为 1 500 r/min，6 极同步转速为 1 000 r/min。

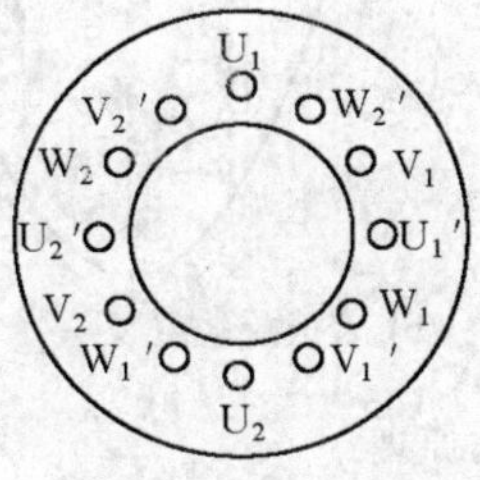

（a）简化的绕组分布图

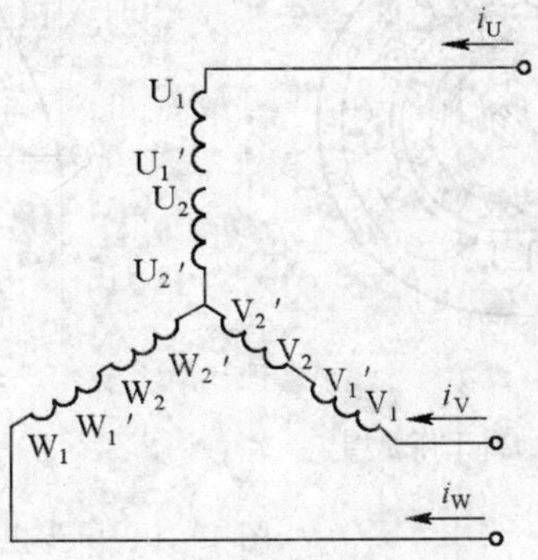

（b）三相绕组连接图

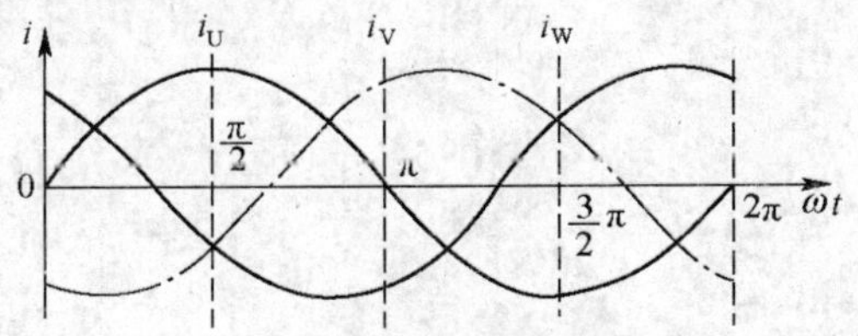

（c）三相对称电流波形图

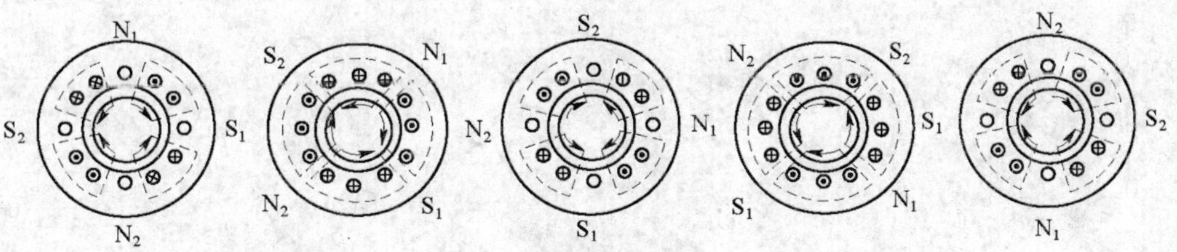

（d）4极绕组的旋转磁场

图 4－3　4 极定子绕组的旋转磁场

活动三　三相异步电动机的工作原理

由上面分析可知，如果在定子绕组中通入三相对称电流，则定子内部产生某个方向转速为 n_1 的旋转磁场。这时转子导体与旋转磁场之间存在着相对运动，切割磁力线而产生感应电动势。电动势的方向可根据右手定则确定。由于转子绕组是闭合的，于是在感应电动势的作用下，绕组内有电流流过，如图 4－4 所示。转子电流与旋转磁场相互作用，便在转子绕组中产生电磁力 F。力 F 的方向可由左手定则确定。该力对转轴形成了电磁转矩 T，使转子按旋转磁场方向转动。异步电动机的定子和转子之间能量的传递是靠电磁感应作用来实现的，故异步电动机又称感应电动机。

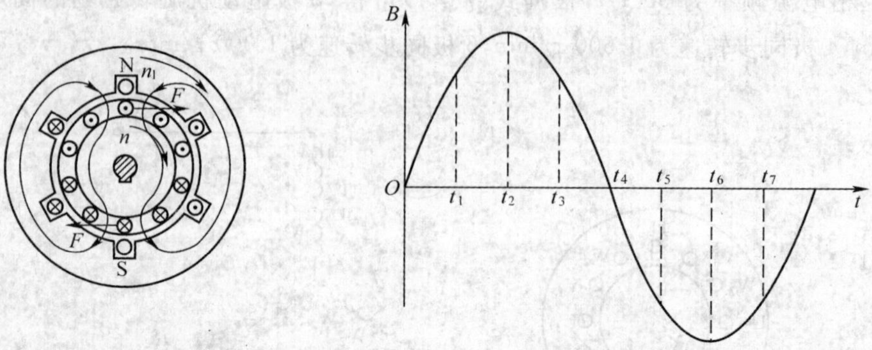

(a) 感应电动机工作原理　　(b) 合成旋转磁场

图 4－4　异步电动机工作原理

项目二 三相异步电动机的结构

异步电动机和所有旋转电机一样，由定子和转子两大部分组成。定、转子之间的间隙称为气隙。为了减小电机的励磁电流，提高功率因数，异步电动机的气隙比其他旋转电机都小，一般为 0.2～2 mm。三相笼型异步电动机如图 4－5 所示。

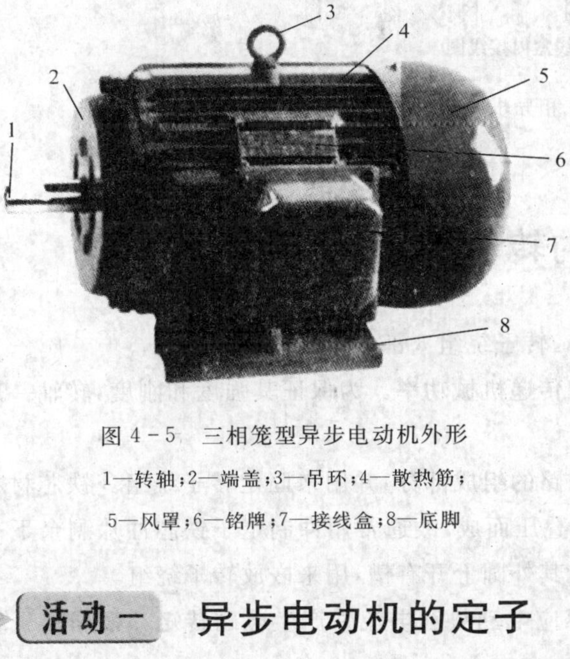

图 4－5 三相笼型异步电动机外形

1—转轴；2—端盖；3—吊环；4—散热筋；5—风罩；6—铭牌；7—接线盒；8—底脚

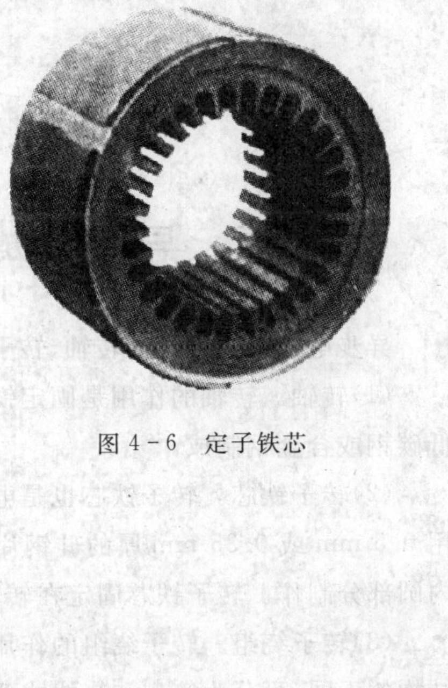

图 4－6 定子铁芯

活动一 异步电动机的定子

定子由定子铁芯、定子绕组、机座和端盖等组成。

(1)机座。机座是电动机的外壳，支撑电机各部件，并通过机座的底脚将电机安装固定。全封闭式电机的定子铁芯紧贴机座内壁，故机座外壳上的散热筋是电机的主要散热面。中小型电机采用铸铁机座。大型电机一般采用钢板焊接机座。

(2)定子铁芯。定子铁芯如图 4－6 所示，它是电机磁路的一部分，并起固定定子绕组的作用。为了增强导磁能力和减小铁损耗，定子铁芯常选用 0.5 mm 或 0.35 mm 厚的硅钢片冲制叠压而成，片间涂上绝缘漆。定子铁芯内圆均匀冲出许多形状相同的槽，用以嵌放定子绕组。

(3)定子绕组。定子绕组是异步电动机的电路部分，其材料主要采用紫铜。小型异步电动机常采用三相单层绕组，大中型异步电动机常采用三相双层短矩叠绕组形式，三相绕组的6个出线端子均接在机座侧面的接线板上，可根据需要将三相绕组接成Y形或△形，如图4－7所示。

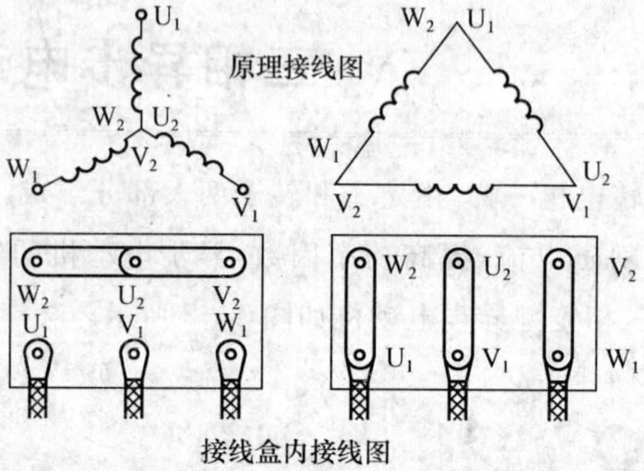

图4－7　三相异步电动机的出线端

活动二　异步电动机的转子

异步电动机的转子由转轴、转子铁芯、转子绕组3部分组成。

（1）转轴。转轴的作用是固定铁芯和传递机械功率。为保证其强度和刚度，转轴一般由低碳钢或合金钢制成。

（2）转子铁芯。转子铁芯也是电机磁路的组成部分，并用来固定转子绕组。铁芯材料也用0.5 mm或0.35 mm厚的硅钢片冲制叠压而成，故通常用冲制定子铁芯冲片剩余下来的内圆部分制作。转子铁芯固定在转轴上，其外圆上开有槽，用来嵌放转子绕组。

（3）转子绕组。转子绕组的作用是感应电动势和电流并产生电磁转矩。根据转子绕组结构的不同，可分为笼型和绕线式两种。

1）笼型转子绕组。在转子铁芯的每一个槽中，插有一根裸铜导条，并在转子铁芯两端槽口外用两个端环将全部导条短接，形成一个自身闭合的多相绕组。如果将转子铁芯去掉，整个转子绕组的外形像一个松鼠笼子，故称为笼型转子。笼型转子除了采用铜条作为导条外，为了节约用铜和提高生产率，中、小型异步电动机还常采用铸铝型转子。即在制造时，将转子铁芯叠好后放在模子内，用熔化了的铝液将导条、端环和风扇叶片一次浇铸而成，如图4－8所示。

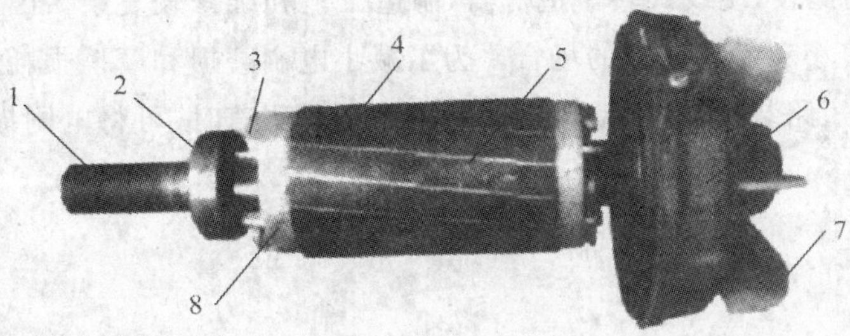

图 4－8 笼型转子

1—转轴；2—轴承；3—风扇；4—转子铁芯；

5—转子导条；6—端盖；7—风叶；8—端环

2)绕线式转子绕组。绕线式转子绕组与定子绕组结构非常相似。在转子铁芯槽中，嵌放着三相对称绕组，采用星形接法，即三相绕组的末端连在一起，3 个首端分别接到转子轴上 3 个彼此绝缘的滑环上，如图 4－9 所示。

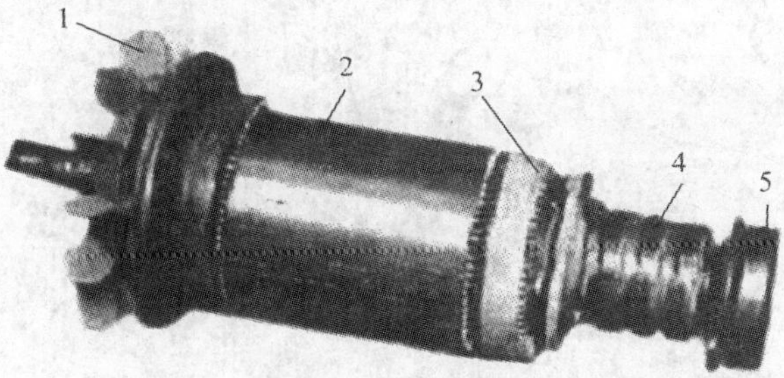

图 4－9 绕线式转子

1—风叶；2—铁芯；3—绕组端部；4—滑环；5—轴承

转子绕组通过滑环和电刷可外串电阻以改善异步电动机的启动和调速性能，如图 4－10 所示。

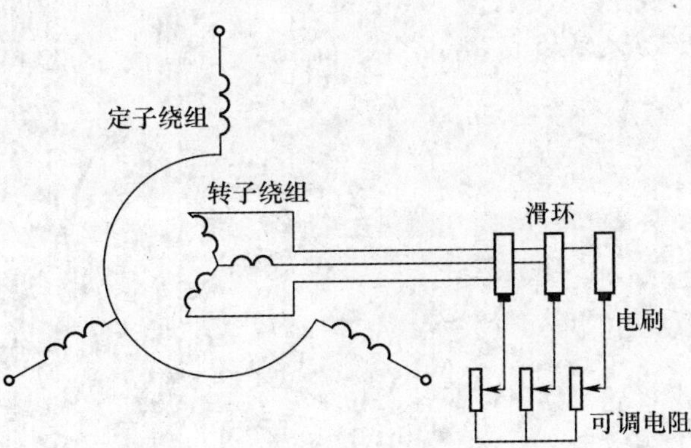

图 4－10 绕线式异步电动机接线图

与笼型转子相比较，绕线式转子造价高，制造工艺和维修较复杂。因此，仅用于要求启动转矩大、启动电流小和需要调速的场合。为了减小电刷磨损和摩擦损耗，绕线型异步电动机一般还装有提刷短路装置，在电动机启动完毕而不需调速时，可将电刷提起并同时将 3 个滑环短接。

项目三

三相异步电动机的空载运行

电动机空载运行是指电动机轴上没有带任何负载，故电动机的转速 n 非常接近同步转速 n_1，$n\approx n_1$。即转子与旋转磁场相对转速接近于零，因此可认为 $E_2\approx 0$，则 $I_2\approx 0$，所以空载运行时，电动机定子空载电流 I_0 近似等于励磁电流。其主要作用是产生三相旋转磁通势，同时也提供空载损耗，即定子绕组铜损耗、铁芯损耗和转子的机械摩擦损耗等。

旋转磁场即电动机每极磁通 Φ_m 在定子绕组中产生的感应电动势 E_1 为

$$\dot{E}_1=-j4.44f_1N_1K_1\Phi_m \tag{4-6}$$

式中 N_1——定子每相绕组的串联匝数；

K_1——小于1的绕组系数；

f_1——定子内感应电动势频率；

Φ_m——每极磁通，即旋转磁场主磁通。

异步电动机定子电流产生的磁通。除主磁通 Φ_m 与定子绕组、转子绕组交链外，还产生仅与定子绕组交链而不进入转子磁路的磁通，这部分磁通称为定子漏磁通 $\Phi_{\sigma1}$，如图4-11所示。漏磁通 $\Phi_{\sigma1}$ 主要经过气隙闭合，它将在定子绕组中产生漏感电动势 $\dot{E}_{\sigma1}$，用漏感抗压降表示为

$$\dot{E}_{\sigma1}=-\dot{I}_0X_{\sigma1} \tag{4-7}$$

式中 $X_{\sigma1}$——定子绕组每相漏电抗；$X_{\sigma1}=2\pi f_1L_{\sigma1}$，$L_{\sigma1}$ 为定子绕组漏电感。

考虑定子绕组电阻 R_1，则根据基尔霍夫定律，可列出定子绕组电压平衡方程式

$$\dot{U}_1=-\dot{E}_1-\dot{E}_{\sigma1}+\dot{I}_0R_1=-\dot{E}_1+\dot{I}_0(R_1+jX_{\sigma1})=-\dot{E}_1+\dot{I}_1Z_{\sigma1} \tag{4-8}$$

式中 $Z_{\sigma1}$——定子绕组每相漏阻抗，$Z_{\sigma1}=R_1+jX_{\sigma1}$。

因为 $I_0Z_{\sigma1}\ll E_1$，可忽略不计，则

$$\dot{U}_1\approx-\dot{E}_1$$

或

$$U_1\approx E_1=4.44f_1N_1K_1\Phi_m \tag{4-9}$$

由式(4-9)可知，当电源频率一定时，电动机的每极磁通 Φ_m 仅与外加电压 U_1 成正比。一般情况，电源电压为额定值，所以每极磁通 Φ_m 基本是一恒定值，负载变化时，Φ_m 也基本不变。

三相异步电动机空载运行时的电磁现象、电压平衡方程式与变压器基本相似，但变压器是静止的，不存在机械摩擦损耗，也基本上不存在气隙。所以，三相异步电动机的空载电流

比变压器的空载电流大得多。在大、中型容量的异步电动机中，I_0 占额定电流的 10%～35%；在小容量的电动机中，则占 35%～50%，甚至 60%。因此空载时，异步电动机的漏抗压降占额定电压的 2%～5%，而变压器的漏抗压降不超过 0.5%。

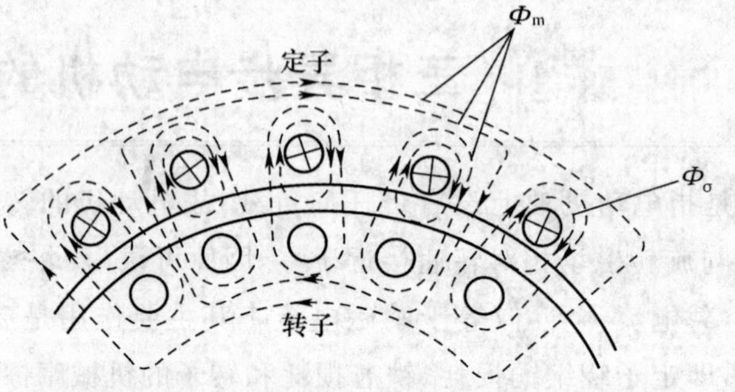

图 4-11　电动机的磁通示意图

项目四

三相异步电动机的负载运行

电动机空载时，轴上的负载转矩是由轴与轴承之间的摩擦及旋转部分受到风阻力等产生的，其值很小，电动机转速高，接近同步转速。当电动机轴上带上机械负载后，在开始的那一瞬间，转子所产生的电磁转矩小于负载转矩，转子减速旋转而旋转磁场的同步转速 n_1 是恒定的，随着转子转速 n 的下降，转子与旋转磁场间的转速差(n_1-n)增大，转子导体中的感应电动势和转子电流也将增大，于是电动机的电磁转矩随之增大，直至电磁转矩等于负载转矩时，转子就不再减速，而在较低转速下稳定运行。

电动机负载运行时当负载转矩改变时，转子转速 n 或转差率 s 发生变化，而 s 的变化又将引起电动机诸多物理量的变化。

1. 转子各物理量与 s 的关系

当旋转磁场以相对转速(n_1-n)切割转子绕组时，转子内感应电动势的频率为

$$f_2=\frac{p_2(n_1-n)}{60}=\frac{n_1-n}{n_1}\frac{p_1n_1}{60}=s\,\frac{p_1n_1}{60}=sf_1 \qquad (4-10)$$

式中 p_2——转子绕组极对数，其恒等于定子极对数 p_1。

由于转子电路的频率随 s 而变化，这就使转子电路中与转子电路频率 f_2 有关的各物理量都随 s 变化而变化。

(1)转子旋转时转子绕组的电动势 E_2。由于转子绕组中产生的感应电动势频率为 f_2，则转子转动时的感应电动势 E_{2s} 为

$$E_{2s}=4.44f_2N_2K_2\Phi_m=4.44sf_1N_2K_2\Phi_m=sE_2 \qquad (4-11)$$

式中 N_2——转子绕组每相串联匝数；

K_2——小于 1 的转子绕组系数；

E_2——转子不动($s=1$)时的转子绕组感应电动势有效值，$E_2=4.44f_1N_2K_2\Phi_m$。

式(4-11)表明：转子感应电动势大小与转差率成正比。转子不动时，$s=1$，$E_{2s}=E_2$ 为最大；当转子旋转时，E_{2s}随 s 的减小而减小。

(2)转子电抗 X_{2s}。转子电抗是由转子漏磁通引起的，将在转子绕组中产生漏抗压降。转子转动时，转子电抗为

$$X_{2s}=2\pi f_2L_2=2\pi sf_1L_2=sX_2 \qquad (4-12)$$

式中 L_2——转子绕组的每相漏电感；

X_2——转子不动时的每相漏电抗，$X_2=2\pi f_1L_2$。

式(4－12)表明:转子电抗大小与转差率成正比。转子不动时,$s=1$,X_{2s}都随 s 变化,当考虑转子绕组电阻 R_2 后,转子电流为

$$I_{2s}=\frac{E_{2s}}{\sqrt{R_2^2+X_{2s}^2}}=\frac{sE_2}{\sqrt{R_2^2+(sX_2)^2}} \tag{4-13}$$

式(4－13)表明:转子电流将随 s 增大而增大,其变化规律如图 4－12 所示。

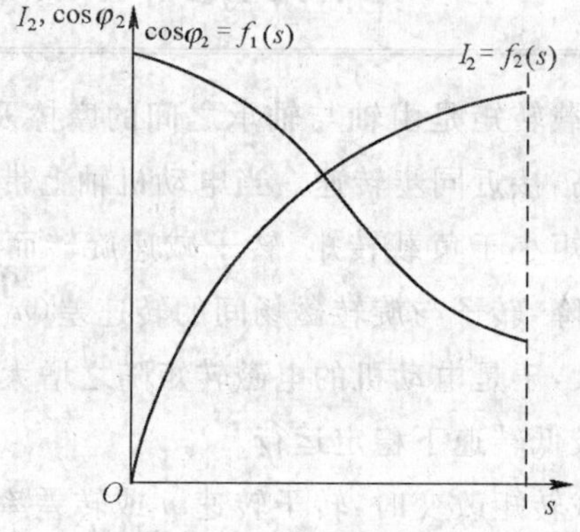

图 4－12　变化规律图

当电动机启动瞬间,$s=1$ 为最大,I_{2s}也为最大;当转子旋转时,s 减小,I_{2s}也随之减小。

转子电路的功率因数 $\cos\varphi_2$ 由于转子每相绕组都有电阻 R_2 和电抗 X_{2s},故转子电路功率因数为

$$\cos\varphi_2=\frac{R_2}{\sqrt{R_2^2+(sX_2)^2}} \tag{4-14}$$

式(4－14)表明:转子功率因数 $\cos\varphi_2$ 随 s 增大而减小,其变化规律如图 4－12 所示。但应注意 $\cos\varphi_2$ 仅是转子电路的功率因数,并不是电动机的功率因数。

(3)转子的旋转磁通势 F_2。当转子为绕线型时,转子绕组的极数与定子绕组相同。定子旋转磁场在绕线转子绕组中感应的电动势是相位互差 120°电角度的三相对称电动势,因而转子绕组电流也是三相对称电流,同样要建立转子旋转磁通势 F_2。这个 F_2 相对转子来说是一个旋转的磁通势。由转子电流频率 $f_2=sf_1$,F_2 相对于转子的转速为 $60f_2/p=60sf_1/p=sn_1$,又因转子本身以转速 n 旋转,所以 F_2 的空间转速,即相对定子的转速为

$$sn_1+n=\frac{n_1-n}{n_1}n_1+n=n_1 \tag{4-15}$$

由此可见,不论转子本身转速如何,由转子电流建立的转子旋转磁通势 F_2 与定子电流建立的旋转磁通势 F_1 在空间以同样大小的转速向同一方向旋转,故 F_1 与 F_2 之间没有相对运动,它们在空间上是相对静止的。

当转子绕组为笼型时,笼型转子的磁极数是随定子磁极数而定的,如图 4－13 所示。

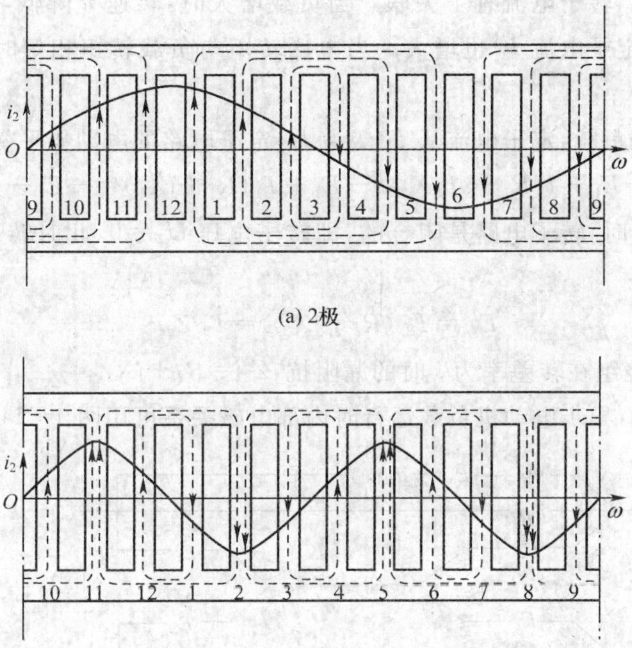

(a) 2极

(b) 4极

图 4-13　笼型转子的磁极

当定了是 2 极时，则被端环短接的转子导条电流形成两组环流，每一组环流产生一个极性的磁极，两组环流产生两个极性不同的磁极。

同理，若定子是 4 极的，其转子产生 4 组环流，即产生 4 极。所以转子极数始终与定子极数相等，而与转子导条数无关。同样也可分析出笼型转子绕组电流所产生转子旋转磁通势 F_2 与定子电流产生的磁通势 F_1 在空间上是相对静止的。

2. 负载运行时的基本方程式

磁通势平衡方程式三相异步电动机空载运行时，主磁通是由定子绕组的空载磁通势 F_0 产生的；三相异步电动机负载运行时，气隙中的合成旋转磁场的主磁通，是由定子绕组磁通势 F_1 和转子绕组磁通势 F_1 共同产生的。由于当定子绕组外加电压和频率不变时，主磁通近似为一常数，所以，空载时磁通势 F_0 与负载时的磁通势 F_1+F_2 应相等。

$$F_1+F_2=F_0$$

或

$$F_1=F_0+(-F_2)$$

根据楞次定律，负载时主磁通在转子中产生的感应电流所建立的转子磁通势总是力图削弱主磁通。为此，定子电流由空载时的 I_0 增加到负载电流 I_1，其建立的磁通势 F_1 有两个分量：一个是励磁分量 F_0，用来产生主磁通；另一个是负载分量 $-F_2$，用来抵消转子磁通势 F_2 的去磁作用，以保证主磁通基本不变。所以异步电动机就是通过磁通势平衡关系，使电路上无直接联系的定、转子电流有了关联。当负载增大时，转速 n 降低，转子电流 I_2 增大，电磁转矩增大，同时定子电流 I_1 也增大。当电磁转矩与负载转矩相等时，电动机运行在新的平衡状态。

电动机由空载到负载，定子电流从 I_0 变为 I_1，定子电路的电动势平衡方程式为

$$\dot{U}_1 = -\dot{E}_1 + \dot{I}_1 R_1 + \mathrm{j}\dot{I}_1 X_1 = -\dot{E}_1 + \dot{I}_1 (R_1 + \mathrm{j}X_1) = -\dot{E}_1 + \dot{I}_1 Z_1 \tag{4-16}$$

异步电动机运转时，转子电路是闭合的，即转子电压 $\dot{U}_2 = 0$，此时转子电路的电动势平衡方程式为

$$\dot{E}_{2s} = \dot{I}_{2s}(R_2 + \mathrm{j}X_{2s}) = \dot{I}_{2s} Z_{2s} \tag{4-17}$$

式中　Z_{2s}——转子绕组在转差率为 s 时的漏阻抗，$Z_{2s} = R_2 + \mathrm{j}X_{2s}$。

由以上分析可知，异步电动机负载运行时内部电磁关系可用图 4-14 表示。

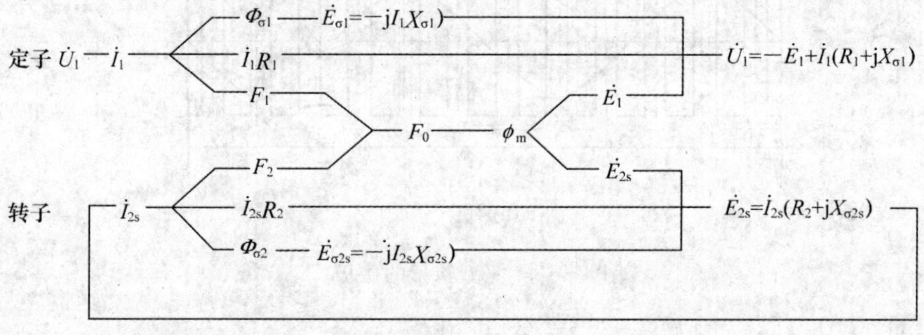

图 4-14　异步电动机负载运行时的电磁关系

项目五 三相异步电动机的机械特性

活动一 电磁转矩的物理表达式

电磁转矩 T_{em} 是由转子载流导条与主磁场相互作用而产生的。因此，其大小相应地可以用转子电流和主磁通来表示，经推导可得

$$T_{em}=C_T\Phi_m I'_2\cos\varphi_2 \tag{4-18}$$

式中 C_T——电磁转矩常数，其大小与电动机结构有关；

Φ_m——旋转磁场每极磁通，即主磁通；

I'_2——转子电流有效值；

$\cos\varphi_2$——转子电路功率因数。

式(4-18)称为电磁转矩的物理表达式。该式表明，电磁转矩 T_{em} 的大小与主磁通 Φ_m 成正比，与转子电流的有功分量成正比。正常运行时，电源电压 U_1 为额定电压，主磁通 Φ_m 基本不变，所以电磁转矩与转子电流的有功分量成正比。

活动二 电磁转矩的参数表达式

式(4-18)物理概念清晰，对定性分析不同运行情况下电磁转矩的变化规律比较方便。但由于表达式中主磁通 Φ_m 和笼型异步电动机的转子电流很难确定，故很难进行定量计算，更不能得到电磁转矩与转速之间的直接关系。为了便于计算以及能反映在不同转差率时的电磁转矩的变化规律，还需要导出电磁转矩和转差率(或转速)之间的参数表达式。

由相关公式可推导出电磁转矩的参数表达式

$$T_{em}=\frac{3pU_1^2\frac{r'_2}{s}}{2\pi f_1\left[(r_1+\frac{r'_2}{s})^2+(x_{1\sigma}+x'_{2\sigma})^2\right]} \tag{4-19}$$

式中 U_1——电动机定子相电压有效值；

f_1——电动机定子电源频率；

r_1——电动机定子每相绕组电阻值；

r'_2——电动机转子每相绕组电阻值；

$x_{1\sigma}$——电动机定子每相漏电抗；

$x'_{2\sigma}$——电动机转子每相漏电抗；

s——电动机转差率。

从式(4－19)可知，当异步电动机的 U_1，f_1 和电机的参数及极对数 p 不变时，电磁转矩 T_{em}仅取决于转差率 s。

活动三 机械特性

当电源及电动机参数不变时，电磁转矩 T_{em}仅与转差率 s(或转速 n)有关。电磁转矩 T_{em}与转差率 s 的关系 $T_{em}=f(s)$称为机械特性，如图 4－15 所示。

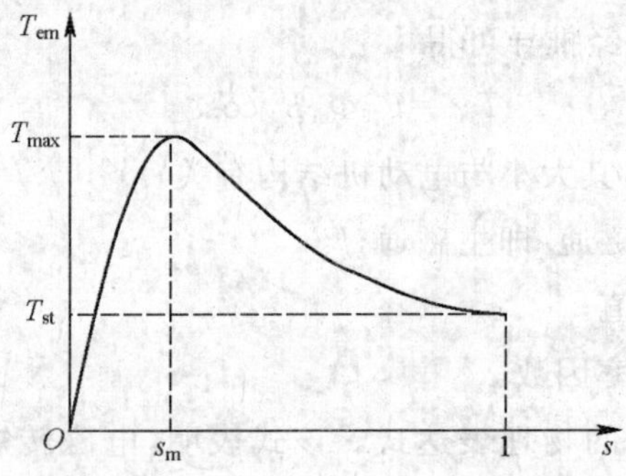

图 4－15 异步电动机的机械特性

图 4－15 中电磁转矩 T_{em}的最大值用 T_{max}表示，称为最大电磁转矩，与其对应的转差率 s_m 称为临界转差率。$s=1$ 时的电磁转矩称为启动转矩，用 T_{st}表示。将式(4－15)对 s 求导数并令$\frac{dT}{ds}=0$，可得临界转差率

$$s_m=\frac{r'_2}{\sqrt{r_1^2+(x_{1\sigma}+x'_{2\sigma})^2}} \tag{4-20}$$

将上式代入式(4－19)即得最大电磁转矩

$$T_{max}=\frac{3pU_1^2}{4\pi f_1\left[r_1+\sqrt{r_1^2+(x_{1\sigma}+x'_{2\sigma})^2}\right]} \tag{4-21}$$

将 $s=1$ 代入式(4－19)，即得启动转矩

$$T_{st}=\frac{3pU_1^2r'_2}{2\pi f_1\left[(r_1+r'_2)^2+(x_{1\sigma}+x'_{2\sigma})^2\right]} \tag{4-22}$$

异步电动机的最大电磁转矩 T_{max}与额定转矩 T_N 之比称为过载倍数 k_m，即

$$k_m=\frac{T_{max}}{T_N} \tag{4-23}$$

过载倍数 k_m 是异步电动机性能的一项重要指标，它反映了电动机短时过负荷的能力，

k_m 越大，短时过负荷的能力越强。

对此国家标准有明确规定：普通异步电动机的 $k_m=1.8\sim2.5$；对起重、冶金等特殊用途的电动机，则要求 $k_m=2.7\sim3.7$。

异步电动机的启动转矩 T_{st} 与额定转矩 T_N 之比称为启动转矩倍数 k_{st}，即

$$k_{st}=\frac{T_{st}}{T_N} \tag{4-24}$$

启动转矩倍数 k_{st} 也是异步电动机的重要性能指标，它反映了电动机启动能力的大小。国家标准规定：普通异步电动机的 $k_{st}=1.0\sim2.0$；对起重、冶金等特殊用途的电动机，则要求 $k_{st}=2.8\sim4.0$。

由式(4-19)、式(4-20)、式(4-21)可以看出机械特性有以下特点：

(1)电磁转矩 T_{em} 与 U_1^2 成正比，但临界转差率 s_m 与电源电压 U_1 无关，故改变电源电压时，s_m 保持不变。不同 U_1 时的机械特性如图 4-16 所示。

由图 4-16 可知，端电压 U_1 下降后，使转速降低，定、转子的铜损耗都增加，绕组温度升高，如果长期处于低电压下运行可能要烧坏电机。若电源电压下降太多，甚至有可能出现最大转矩小于负载转矩，而使电动机停转。

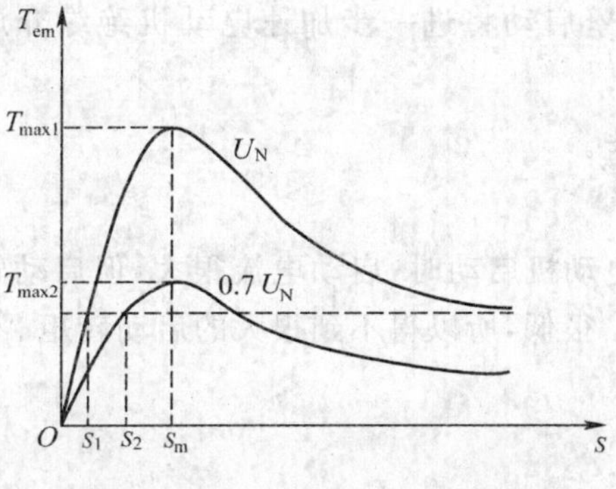

图 4-16 改变电源电压时的机械特性

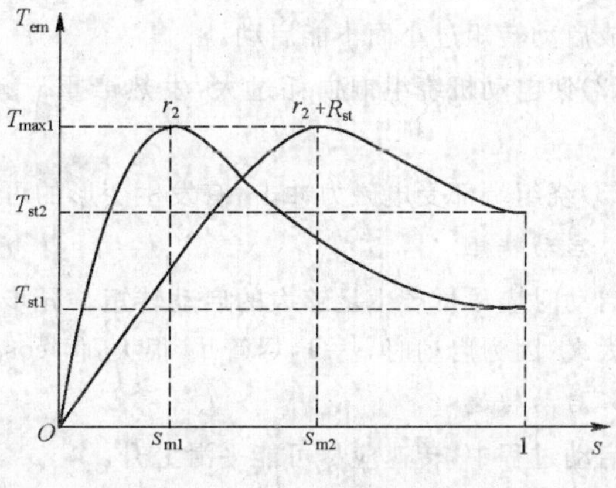

图 4-17 转子回路串电阻时的机械特性

(2)转子回路中串入对称的三相电阻时，临界转差率 s_m 随着串入电阻的增加而增加，但是最大电磁转矩 T_{max} 不变，为此，转子回路中串入不同电阻时的机械特性如图 4-17 所示。转子回路中串入适当的电阻可以使启动转矩 T_{st} 增大。

项目六

三相异步电动机的启动

异步电动机投入运行的第一步，就是使静止的转子转动起来。电动机从接通电源开始，转速从零增加到对应负载下稳定转速的过程称为启动过程，简称启动。

电动机启动性能的好坏，是衡量电动机运行性能的一个重要指标。下面叙述异步电动机启动的方法及原理。

电动机在启动过程中，衡量电动机启动性能的好坏，应从以下几个方面考虑。

1. 启动电流

启动电流应尽可能小，因为较大的启动电流是不利的，主要危害有：

(1)使线路产生很大的电压降，致使电动机的输入电压下降很多，同时还要影响同一线路上其他负载的正常工作。由于电压降低，可使正在工作的电动机停转；对正在启动的电动机造成启动转矩过小而不能启动。

(2)使电动机绕组铜损耗过大，发热严重。频繁启动将进一步加速电动机绝缘介质的老化。

(3)绕组端部受电磁力冲击，有发生变形的可能。

2. 启动转矩

启动时应尽量产生足够大的启动转矩。异步电动机启动时，启动电流很大，但启动转矩并不太大，因为启动时，$s=1$，尽管 I_2 很大，但 $\cos\varphi_2$ 很低，所以得不到很大的启动转矩。

3. 启动转速

启动过程中，转速应尽可能平滑上升。

4. 启动方法及设备

启动方法应简便、可靠，启动设备应简单、经济、容易维护。

5. 减少消耗

启动过程中消耗的电功率应尽可能少。

其中最主要的是前两项，可见异步电动机启动时主要问题是启动电流过大而启动转矩不够大。为了限制启动电流，并得到适当的启动转矩，对不同容量、不同类型的电动机应采用不同的启动方法。

活动一　笼型异步电动机的启动

笼型异步电动机的启动方法有两种，即直接启动（全压启动）和减压启动。

1. 直接启动

笼型异步电动机最简单的启动方法就是直接启动,又叫全压启动,如图 4－18 所示。

直接启动通常采用的启动装置有三相刀开关、封闭式负荷开关和电磁开关。这种电启动方法的优点是设备简单,启动迅速;缺点是启动电流大。

当电源容量(即变压器容量)足够大,而电动机容量较小时,这种方法是可以采用的,不至于因某台电动机的启动而使电源电压有较大的波动。在这方面,各地方电业部门有各自的规定。一般情况下,电源的容量能否允许电动机在额定电压下直接启动,可以用下面的经验公式来确定,即

$$\frac{I_{st}}{I_N}<\frac{3}{4}+\frac{\text{变压器容量(kVA)}}{\text{电动机功率(kW)}}$$

如果计算结果不能满足上式,则应采用减压启动。一般情况下,10kW 以上的电动机不宜直接启动,应采用减压启动。

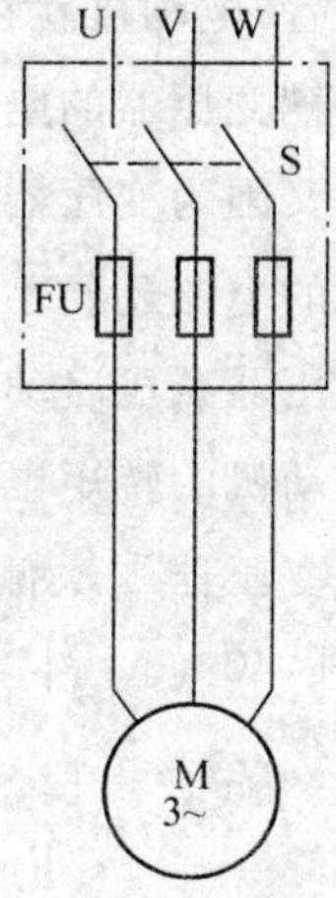

图 4－18　直接启动接线原理图

2. 减压启动

减压启动是指电动机在启动时降低加在电动机定子绕组上的电压,启动结束时加额定电压运行的一种启动方式。

减压启动虽然能起到降低电动机启动电流的目的,但由于电动机的转矩与电压的二次方成正比,因此减压启动时电动机的转矩减小较多,故此法适用于电动机空载或轻载时启动。减压启动的方法有以下几种:

(1)电阻(电抗)减压启动法。这种启动方法就是在电动机定子绕组线路中串联适当的电阻器,其原理如图 4－19 所示。

电动机启动时,先闭合开关 S_1,断开 S_2,此时启动电流在电阻器 R 上产生电压降,定子绕组间的电压低于电源电压。待电动机转速升高后,再把开关 S_2 闭合,于是把电阻 R 短路,线电压全部加在定子绕组上,电动机就正常工作了。串入电阻器减压启动,要在电阻上消耗大量的电能,因此不能用于启动频繁的场合。但其优点是设备简单、操作方便、价格便宜。

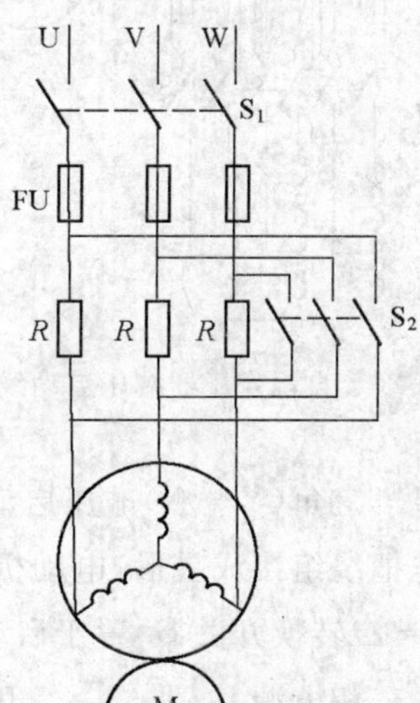

图 4－19　笼型电动机串联电阻启动

用电抗器代替电阻器启动,虽无上述缺点,但设备费用较高。

(2)自耦变压器减压启动法。这种启动方法是利用自耦变压器来降低加在定子绕组上

的电压，其原理线路如图 4－20 所示。启动时先合上 S_1，再把 S_2 掷向启动位置，这时自耦变压器把电源电压降低后加到电动机上，限制了启动电流。待电动机转速升高后，再把 S_2 掷向运行位置，电动机就在额定电压下正常运行了。此时自耦变压器已从电网中切除。

设自耦变压器的电压比为 k，一次电压为 U_1，则二次电压为 $U_2=U_1/k$，二次电流也按正比减小。又因为变压器一、二次侧的电流关系是 $I_1=I_2/k$，可见一次电流比直接流过电动机定子绕组的电流还要小，即此时电源供给电动机的启动电流为直接启动时的 $1/k^2$ 倍，因此用自耦变压器减压启动对限制电源供给电动机的启动电流很有效。由于电压降低到原来的 $1/k$，故电动机的转矩也降低到原来的 $1/k^2$。

自耦变压器二次侧有 2～3 组抽头，其电压可以分别为一次电压 U_1 的 80％，65％或 80％，60％，40％。

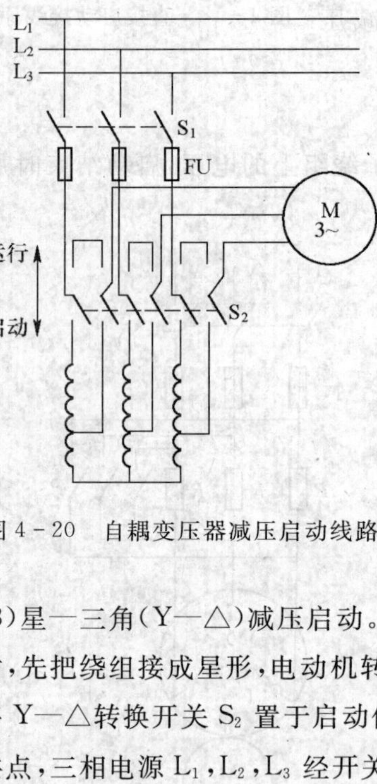

图 4－20　自耦变压器减压启动线路

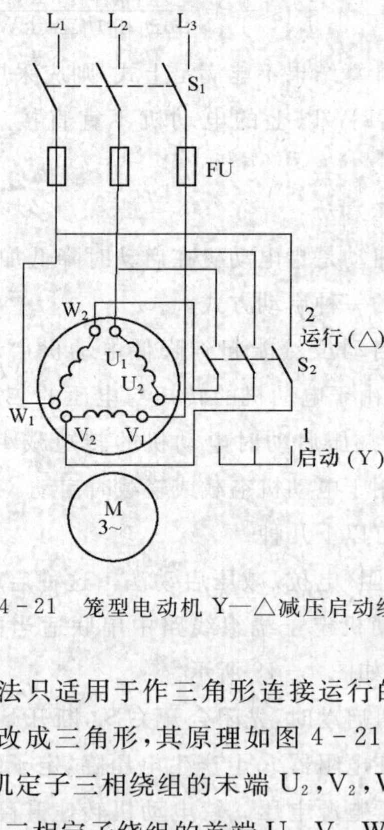

图 4－21　笼型电动机 Y—△减压启动线路

(3)星—三角(Y—△)减压启动。这种启动方法只适用于作三角形连接运行的电动机。启动时，先把绕组接成星形，电动机转速升高后再改成三角形，其原理如图 4－21 所示。启动时将 Y—△转换开关 S_2 置于启动位置，则电动机定子三相绕组的末端 U_2，V_2，W_2 连成一个公共点，三相电源 L_1，L_2，L_3 经开关 S_1 向电动机三相定子绕组的首端 U_1，V_1，W_1 供电，电动机以星形连接启动。加在每相定子绕组上的电压为电源线电压的 $\frac{1}{\sqrt{3}}$ 倍，因此启动电流较小。待电动机启动即将结束时，再把 S_2 转到运行位置，电动机三相定子绕组按三角形连接，这时加在电动机每相绕组的电压即为线电压 U_1，电动机正常运行。用 Y—△减压启动时，启动电流为直接采用△连接时启动电流的 $\frac{1}{3}$，所以对减小启动电流很有效，但启动转矩只有用

△连接直接启动时的$\frac{1}{3}$，即启动转矩降低很多，故只能用于轻载或空载启动的设备上。此法最大的优点是所需设备简单、价格便宜，因而获得了较为广泛的应用。

(4)延边三角形启动法。这种启动方法与星—三角形启动法类似，它采用星形和三角形混合连接，其原理接线如图 4-22 所示。三相定子绕组的一部分接成星形，一部分接成三角形，看上去像三角形的三条边延长了，故称为“延边三角形”。这种方法可以弥补 Y—△启动时启动转矩较小的不足。

新设计的延边三角形启动三相异步电动机，每个绕组多一个中心抽头，这样三相绕组共有 9 个抽头。启动时 4 与 8，5 与 9，6 与 7 分别连接，如图 4-22(a)所示。运行时将 1 与 6，2 与 4，3 与 5 相连接，如图 4-22(b)所示。从图可见，启动电流要比接成三角形时小，比接成星形时大，因此，这种方法介于 Y—△启动法之间。启动时，每相绕组所承受的电压比星形时大，故启动转矩比接成星形时大。这种电动机的缺点是结构复杂，绕组抽头较多。

上述几种降压启动方法，都是启动电流和启动转矩同时减小，所以笼型电动机通常在空载或轻载下启动，启动后再加机械负载运行。

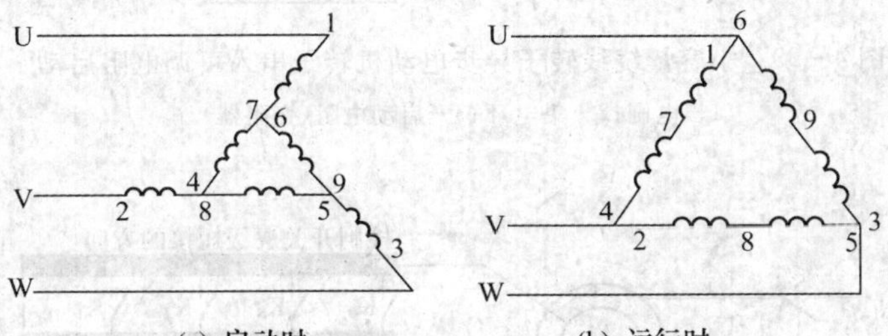

(a) 启动时　　(b) 运行时

图 4-22　延边三角形接法

活动二　绕线转子异步电动机的启动

前面已经说过笼型电动机与绕线转子电动机的区别是：绕线转子电动机的转子采用三相对称绕组，启动时，可以在转子电路中串入可调电阻或频敏变阻器来限制启动电流。

1. 转子串入可调电阻启动

如图 4-23 所示，在绕线转子电动机的转子电路中串入一组可以均匀调节的变阻器。启动开始时，全部电阻串在转子电路中。随着电动机转速的升高，串入转子电路中的电阻逐渐减小。当电阻被全部切除时，电动机启动即告结束。此法一般用于小容量绕线转子异步电动机上。当电动机容量较大时，电阻的减小是利用接触器的触头或凸轮控制器触头的通断有机地切除电阻，如图 4-24 所示。合上电源开关 S 后，绕线转子电动机开始启动，此时电阻器全部电阻都串入转子电路内。如正确选择电阻器的电阻值，使转子回路的总电阻值

$R_2=X_{20}$，由前面分析可知，此时 $s_m=1$，即最大转矩产生在电动机启动瞬间，如图 4－25 中曲线 5 所示。电动机转动后，闭合触头 K_1，则电阻器最末一段电阻被短接，电阻减小，电动机沿曲线 4 运行。逐渐闭合 K_2，K_3，K_4，电动机沿曲线 3，2 过渡，最后在自然曲线 1 上稳定运行。合理控制切换电阻的时间，使电动机产生的转矩在 T_m 与 T_c 之间变动，则电动机在整个启动过程中产生的转矩都是比较大的，适合于重载启动。

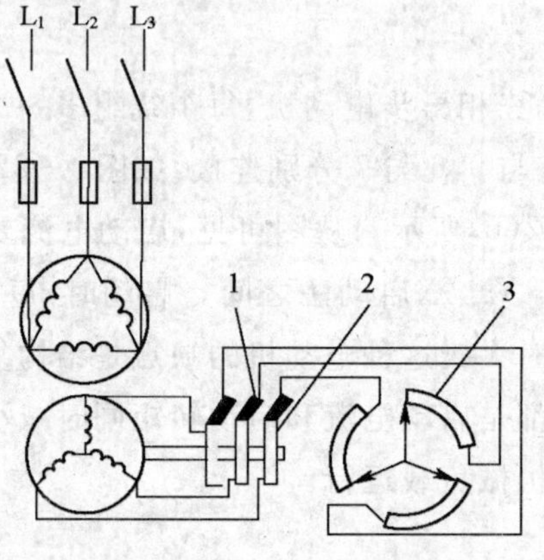

图 4－23　小容量绕线转子异步电动机转子串入可调电阻启动

1—电刷；2—集电环；3—启动电阻（变阻器）

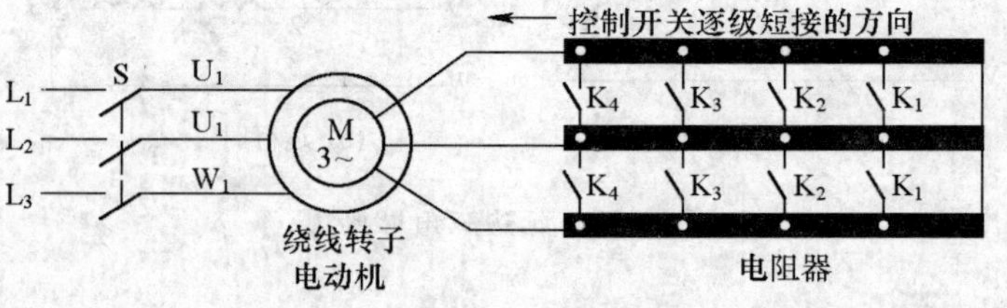

图 4－24　大容量绕线转子异步电动机转子串入可调电阻启动

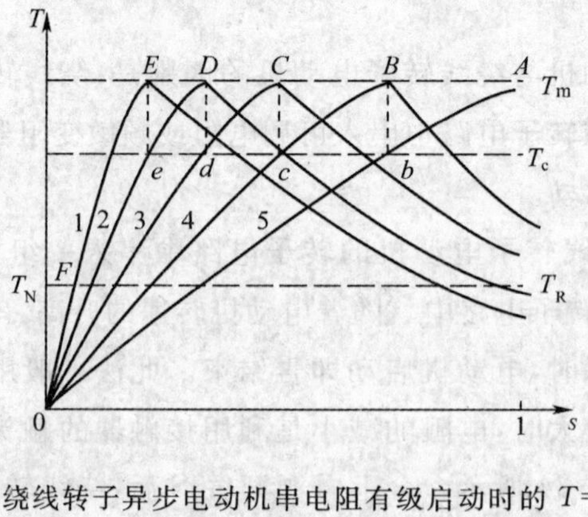

图4－25　绕线转子异步电动机串电阻有级启动时的 $T=f(s)$ 曲线

这种启动方法的优点是不仅能减小启动电流，而且能使启动转矩保持在较大范围内，故在需重载启动的设备(如桥式起重机、卷扬机、龙门吊车等)上面被广泛采用。其缺点是所需启动设备较多，启动时有一部分能量消耗在启动电阻上，因而启动级数不能太多，所以出现了频敏变阻器启动法。

2. 转子串入频敏变阻器启动

频敏变阻器的结构如图 4-26(a)所示，它是一种有独特结构的新型无触头元件，其外部结构与三相电抗器相似，即由 3 个铁芯柱和 3 个绕组组成。3 个绕组接成星形，并通过集电环和电刷与绕线转子电动机三相转子绕组相接，如图 4-26(b)所示。

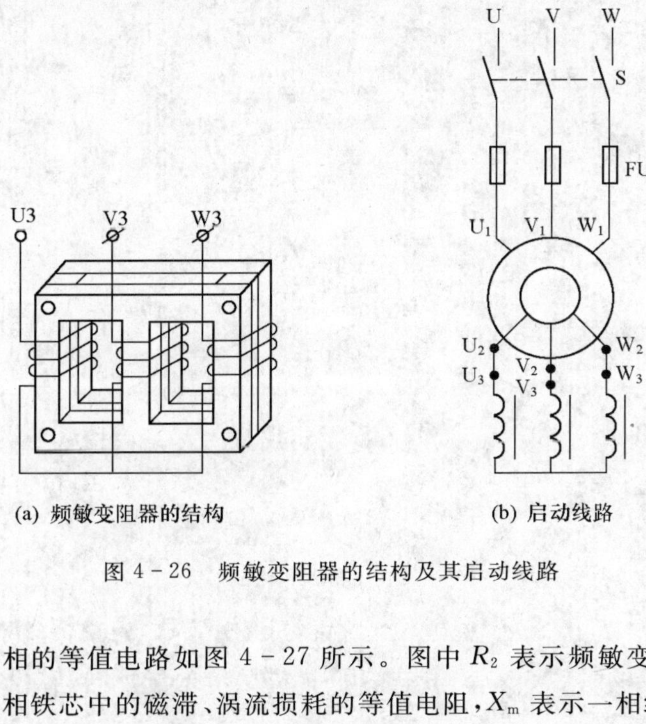

(a) 频敏变阻器的结构　　(b) 启动线路

图 4-26　频敏变阻器的结构及其启动线路

频敏变阻器一相的等值电路如图 4-27 所示。图中 R_2 表示频敏变阻器一相绕组的直流电阻，R_m 表示该相铁芯中的磁滞、涡流损耗的等值电阻，X_m 表示一相绕组的感抗。

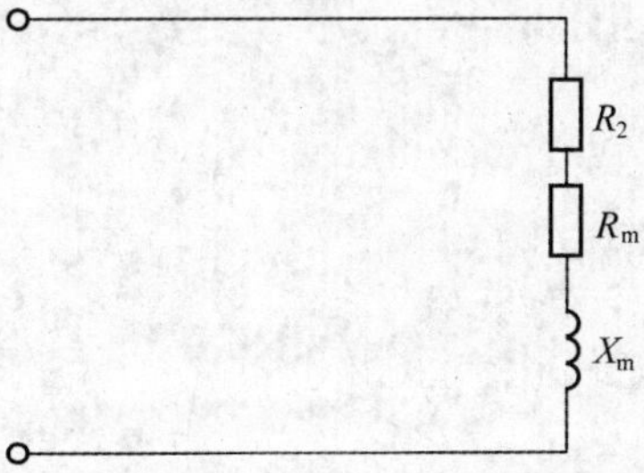

图 4-27　频敏变阻器一相的等值电路

当绕线转子电动机刚开始启动时，电动机转速很低，故转子频率 f_2 很大(接近 f_1)，铁芯中的损耗很大，即 R_m 很大，因此限制了启动电流，增大了启动转矩。随着电动机转速的增加，转子电流频率下降（$f_2=sf_1$），于是 R_m 减小，使启动电流及转矩保持一定数值。故频敏变阻器实际上是利用转子频率 f_2 的平滑变化来达到使转子回路总电阻平滑减小的目的。启动结束后，转子绕组被短接，把频敏变阻器从电路中切除。

这种变阻器的等值电阻 R_m 和电抗 X_m 都随转子电流的频率而变化，反应灵敏，所以叫频敏变阻器。用该法启动的主要优点是结构简单、成本较低、使用寿命长、维护方便，能使电动机平滑启动（无级启动），基本上可获得恒转矩的启动特性。主要不足之处是由于有电感 L_m 的存在，使功率因数较低，启动转矩并不很大。因此当绕线转子电动机在轻载启动时，采用频敏变阻器法启动优点较明显，若重载启动，则一般采用串入可调电阻法启动。

项目七

三相异步电动机的调速

三相异步电动机投入运行以后，为满足生产机械的需要，有时要人为地改变电动机的转速，这个过程称为电动机的速度调节，简称调速。电动机转差率公式为

$$n=(1-s)n_1=(1-s)\frac{60f_1}{p} \tag{4-25}$$

由式(4-25)可知，通过改变电源频率 f_1、定子绕组的磁极对数 p 或转差率 s 等，可实现对电动机的转速进行调整。

1. 变频调速

由于异步电动机的转速 n 与电源频率 f_1 成正比，因此改变电动机供电频率即可实现调速。一般变频调速都要求电动机主磁通 Φ_m 保持不变，这样在调速范围内可保持转矩 T 不变，根据

$$U_1\approx E_1=4.44f_1N_1K\Phi_m$$

可知

$$\Phi_m=\frac{U_1}{4.44f_1N_1K} \tag{4-26}$$

为了保持主磁通 Φ_m 不变，在改变电源频率 f_1 的同时，还必须改变电源电压 U_1，并保持 $\frac{U_1}{f_1}$ 比值不变。这是变频调速的特点。

这种方法的调速性能良好，具有较大的调速范围，调速平滑，机械特性较硬，但必须使用专门的调频电源。由于设备投资大，实际应用并不多。随着电子技术的不断发展，已能较为方便地获得变频电源。晶闸管变频调速器的应用，为变频调速开辟了广阔的前景。

2. 变极调速

将图 4-3 所示 4 极定子绕组旋转磁场中的 U 相绕组重画于图 4-28(a)中。当 U_1U_1' 与 U_2U_2' 两个线圈组串联连接时，由图可见通入交流电后，将产生 4 个磁极，即 $2p=4$。如改为并联，如图 4-28(b)所示，则通入交流电后产生两个磁极，即 $2p=2$。可见，当一相定子绕组的连接方式改变后，其产生的旋转磁场的磁极对数即发生了变化。这种变极调速的方法只适用于三相笼型异步电动机，不适用于绕线转子异步电动机。因为笼型电动机转子的磁极数可以随定子极数的改变而改变，而绕线电动机的转子绕组在嵌线时就已确定了磁极对数，一般情况下很难改变磁极对数。

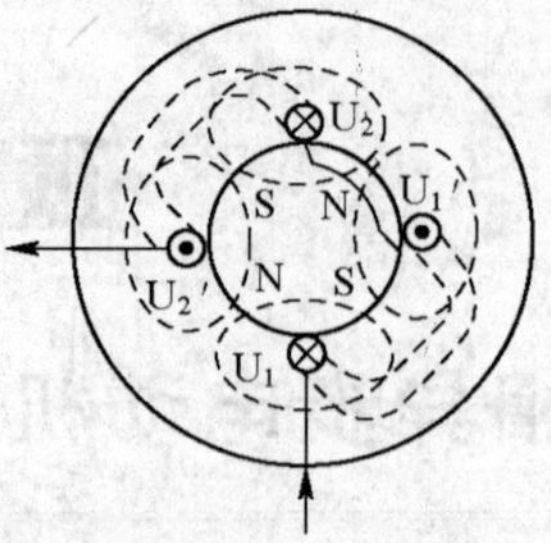

(a) U_1 U_1'与 U_2 U_2'串联

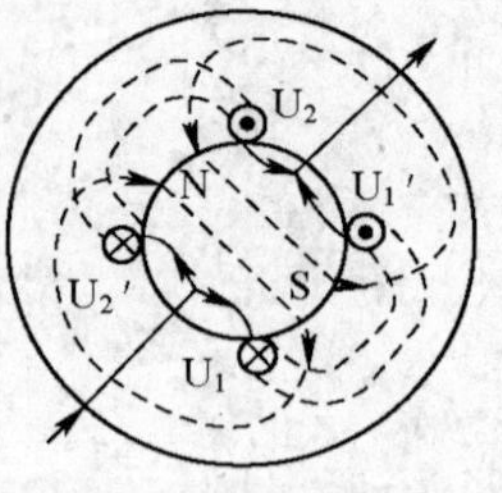

(b) U_1 U_1'与 U_2 U_2'并联

图 4－28 变极调速原理

变极调速的优点是所需设备简单，其缺点是电动机绕组引出头较多，调速极数少。为了避免转子绕组变极的困难，绕线转子异步电动机不采用变极调速，即变极调速只用于笼型异步电动机中。

项目八

三相异步电动机的制动

正在运行的电动机，断开电源后，由于转子本身惯性的作用，不能立即停止转动。还要经过一段时间才能停止。在某些生产机械上，为了提高生产效率，或从安全角度考虑，或有些机械设备要求电动机能准确及时停转，必须对电动机进行控制。下面介绍几种常用的制动方法。

三相异步电动机的制动分为机械制动和电气制动两大类。

1. 机械制动

机械制动是利用机械装置使电动机在切断电源后迅速停止转动的一种控制方法。机械制动还可以分为外部机械制动和内部机械制动。

(1)外部机械制动。外部机械制动应用较普遍的是电磁抱闸。图 4-29 所示是电磁抱闸结构图。它主要由两部分构成：一部分是电磁铁，另一部分是闸瓦制动器。电磁铁有单相电磁铁和三相电磁铁之分。图 4-29 所示是单相电磁铁。闸瓦制动器包括弹簧、闸轮、杠杆、闸瓦和轴等。闸瓦同电动机装在同一根轴上。

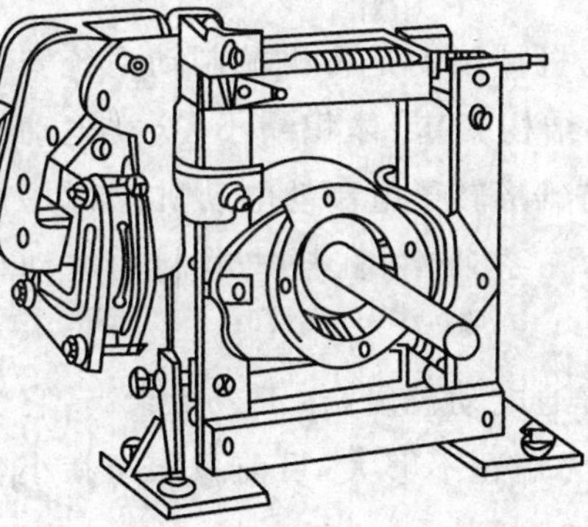

图 4-29　电磁抱闸结构图

电磁抱闸制动原理如图 4-30 所示。电动机启动时，同时给电磁抱闸的电磁铁线圈 YB 通电，电磁铁的动铁芯被吸合，通过一系列杠杆作用，动铁芯克服弹簧拉力，迫使闸瓦和闸轮分开，闸轮可以自由转动，电动机就实现正常运转。当切断电动机电源时，电磁铁的线圈电源也同时被切断，动铁芯和静铁芯分离，使闸瓦在弹簧作用下，把闸轮紧紧抱住，摩擦力矩将使闸轮迅速停止转动，电动机也就停止转动了。制动器的抱紧和松开由弹簧和电磁铁配合完成。调节弹簧可在一定范围内调节制动力矩，以便控制制动时间的长短。

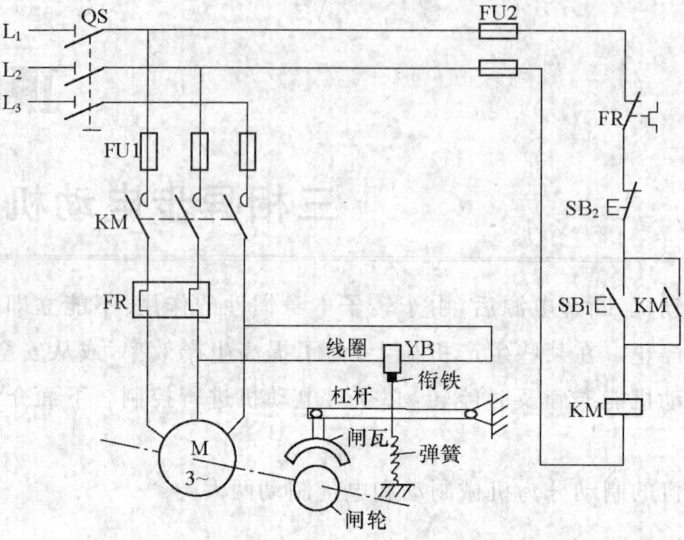

图 4－30　电磁抱闸制动控制原理图

由于电磁铁和电动机共用一个电源和一个控制电路，只要电动机不通电，闸瓦就总是把闸轮紧紧抱住，电动机总是被制动的。

电磁抱闸制动，产生的制动力矩大，广泛应用在起重设备上。它安全可靠，不会因突然断电而发生事故；不足之处是制动器磨损严重，快速制动时产生振动。另外，电磁抱闸体积较大。

(2)内部机械制动。内部机械制动是将机械制动系统安装在电动机内部，这样可使整体结构紧凑、体积缩小，这类电动机称为电制动电动机。常用的有锥形转子电制动电动机（如 T_{ZZ} 系列）、傍磁式制动电动机（如 T_{ZD} 系列）和杠杆式电制动电动机（T_{ADO2} 系列）。

电制动电动机的结构比普通电动机复杂，工艺要求高，它受到电动机内部空间限制，制动力矩还不够大，目前只限于在小容量电动机上使用。

2. 电气制动

电气制动是电动机在停转过程中，产生一个与电动机实际旋转方向相反的电磁力矩，作为制动力矩，从而使电动机停止转动。电气制动的方法很多，如反接制动、能耗制动、电容制动和反馈制动等。这里只介绍反接制动。反接制动是在切断电源的同时，使三相电源任意调换两相后再加在定子绕组上，并产生与原旋转方向相反的制动力矩，而使转子迅速停止转动的方法，其原理接线图如图 4－31 所示。

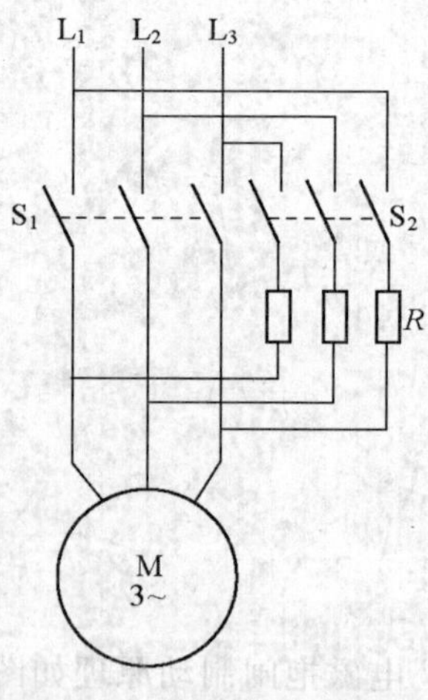

图 4－31　反接制动原理

反接制动的原理和接线同电动机反转是一样的。反接制动的过程是:当电动机处于正转时,电动机定子内产生速度为 n_1 的旋转磁场,转子以速度 n 与 n_1 同方向旋转。在需要制动停车时,将手柄扳至“反接制动”位置,这时电动机端电压相序发生改变,产生的旋转磁场 n_1' 方向与 n_1 相反,但转子仍以近似等于 n 的速度按原方向转动。同时,转子导条以 $n_1'+n$ 的相对速度切割旋转磁场,转子电流激增,受到很大的作用力 F,形成制动转矩,使电动机转速迅速下降,开始了制动过程。当转速接近于零时,立即切断电源,反接制动结束。

由于反接制动,反向的旋转磁场以速度 $n_1'+n$ 切割转子导条,故转子感应电流激增,定子绕组中的电流也随之增加,所以能量消耗很大,这就大大限制了反接制动方法的适用范围。一般用于10kW以下的小容量电动机;4.5kW以上的电动机采用反接制动时,尚需在定子回路中接限流电阻。为避免电动机制动时反向转动,常用速度继电器自动控制,及时切断电源。

反接制动的优点是制动力强,停转迅速,无须直流电源;缺点是制动过程冲击和振动大,电能消耗多。

项目九

三相异步电动机的运行维护与故障分析

活动一 三相异步电动机运行中的监视与维护

电动机在运行时，要通过听、看、闻等及时监视电动机，以期当电动机出现不正常现象时能及时切断电源，排除故障。具体项目如下：

(1)听电动机在运行时发出的声音是否正常。电动机正常运行时发出的声音应该是平稳、均匀、有节奏的。如果出现尖叫、撞击、振动等异声，则应立即停机检查。

(2)通过多种渠道检查、监视电动机的温度，检查电动机的通风是否良好。

(3)注意电动机在运行中是否发出焦臭味，如有，说明电动机温度过高，应立即停机查找原因。

(4)要保持电动机的清洁，特别是接线端和绕组表面的清洁。不允许水滴、油污及杂物落到电动机上，更不能让杂物和水滴进入电机内部。要定期检修电动机，清扫内部，更换润滑油等。

(5)要定期测量电动机的绝缘电阻，特别是电动机受潮时，如发现绝缘电阻过低，要及时进行干燥处理。

(6)对绕线式电动机，要经常注意电刷与滑环间火花是否过大，要及时做好清洁工作，并进行检修。

活动二 三相异步电动机的常见故障及排除方法

异步电动机的故障可分为机械故障和电气故障两类。机械故障如轴承、铁芯、风叶、机座、转轴等的故障，一般比较容易观察与发现。电气故障主要是定子绕组、转子绕组、电刷等导电部分出现的故障。电动机不论出现机械故障或电气故障，都将对电动机的正常运行带来影响。因此如何通过电动机在运行中出现的各种不正常现象来进行分析，从而找到电动机的故障部位与故障点，是电动机故障处理的关键，也是衡量操作者技术熟练程度的重要标准。由于电动机的结构形式、制造质量、使用和维护情况的不同，往往可能出现同一种故障有不同的外观现象，或同一外观现象由不同的故障原因引起。因此要正确判断故障，必须先进行认真细致的研究、观察和分析，然后进行检查与测量，找出故障所在，并采取相应的措施予以排除。检查电动机故障的一般步骤是：

(1)调查。首先了解电动机的型号、规格、使用条件及使用年限，以及电机在发生故障前的运行情况，如所带负荷的大小、温升高低、有无不正常的声音、操作使用情况等等，并认真听取操作人员的反映。

(2)查看故障现象。查看的方法要按电机故障情况灵活掌握，有时可以把电动机接上电源进行短时运转，直接观察故障情况，再进行分析研究。有时电机不能接上电源，通过仪表测量或观察来进行分析判断，然后再把电机拆开，测量并仔细观察其内部情况，找出其故障所在。

模块五

单相异步电动机

项目一

单相异步电动机的工作原理及分类

活动一 单相异步电动机的工作原理

1. 单相异步电动机的结构

单相异步电动机是由定子和转子两大部分组成的，它的转子采用笼型结构，而定子有凸极式和隐极式两种，实际上隐极式居多。隐极式定子铁芯有两个绕组，一个是工作绕组，它的匝数多，且线径较粗；另一个是启动绕组，两个绕组在空间相隔 90°电角度。因为它是靠工作绕组工作的，所以这里先讨论工作绕组在单相异步电动机中的作用。

2. 单相异步电动机的工作原理

我们知道，对三相异步电动机的定子绕组通以三相交流电流，会形成一个旋转磁场。在旋转磁场的作用下，转子将获得启动转矩而自行启动。下面分析对于单相异步电动机定子绕组中通入单相交流电流后产生的磁场情况。如图 5-1 所示是一台最简单的单相异步电动机的工作原理图。在定子铁芯上布置了单相定子绕组。当向单相定子绕组中通入按正弦规律变化的单相交流电流时，电流在正半周期及负半周期之间不断交替变化，其产生的磁场及方向也在不断变化，但磁场的轴线沿纵轴固定不变。这样的磁场称为脉动磁场。当转子不动时，转子导体中的合成感应电动势及电流均为零，即合成转矩为零，转子没有启动转矩。故如不对单相异步电动机采取一定的措施，电动机将不能自行启动。如果施加一个外力使转子转动一下，转子就能沿该方向继续转动下去。

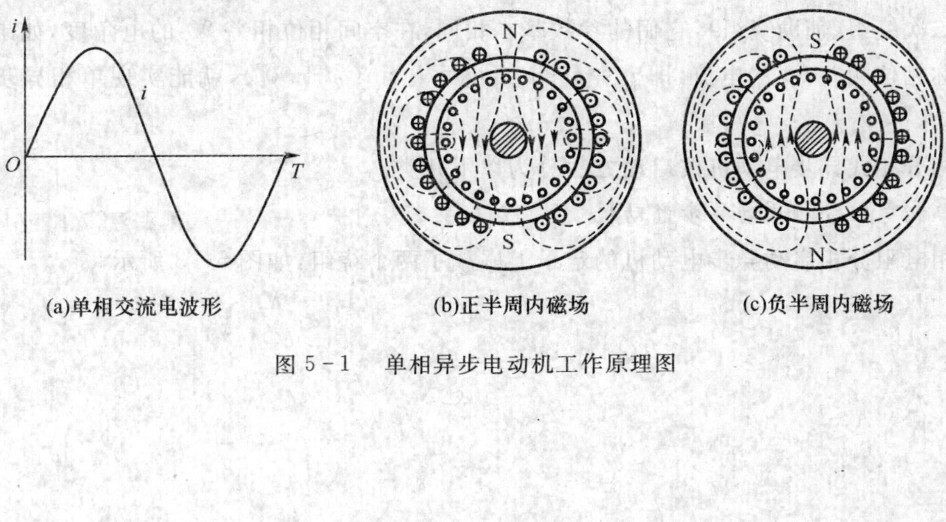

(a)单相交流电波形　(b)正半周内磁场　(c)负半周内磁场

图 5-1　单相异步电动机工作原理图

3. 转矩特性

如图 5－2 所示为单相异步电动机的转矩特性曲线。其特点如下：

(1)当 $s=1$ 时，即转子不动，转速为零。由图 5－2 可见，此时电动机产生的电磁转矩为零，即 $T=0$。

(2)如采取一定措施，使单相异步电动机在接通电源的同时，转子向正方向旋转一下，则由图可见，T 也为正值，即转矩方向与电动机旋转方向一致，此为拖动转矩。当拖动转矩大于电动机的负载阻力矩时，就如三相异步电动机的启动情况一样，使转子加速，最后能够在某一转差率下稳定运行。

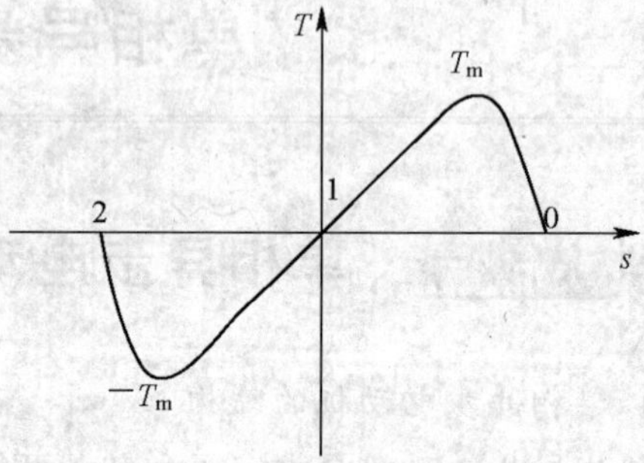

图 5－2　单相异步电动机的 $T=f(s)$ 曲线

(3)当电动机转速接近同步转速时，电磁转矩也近似等于零。因此，单相异步电动机同样不能达到同步转速。

(4)当转差率 s 大于 1 而小于 2 时，即转子向反方向旋转，此时的电磁转矩为负值，故电磁转矩的方向仍和转子旋转方向一致，所以同样可以使转子反方向加速到接近同步转速并稳定运转。因此单相异步电动机没有固定的转向，两个方向都可以旋转。究竟朝哪个方向旋转，由启动转矩的方向决定。

活动二　单相异步电动机的分类

如上所述，单相异步电动机不能自行启动，如果在定子上安放具有空间相位相差 90°的两套绕组，然后通入相位相差 90°的正弦交流电，那么就能产生一个像三相异步电动机那样的旋转磁场，实现自行启动。常用的方法有分相式和罩极式两种。

单相分相式异步电动机的结构特点是定子上有两套绕组，一相称主绕组(工作绕组)，另一相为二次绕组(辅助绕组)，它们的参数基本相同，在空间相位相差 90°的电角度，如果通入两相对称相位相差 90°的电流，即 $i_v=I_m\sin\omega t$，$i_u=I_m\sin(\omega t+90°)$，就能实现单相异步电动机的启动。

单相分相式异步电动机按启动方法分为以下几类。

1. 单相电阻分相启动异步电动机

单相电阻分相启动异步电动机的定子上嵌放了两个绕组，如图 5－3 所示。

(a) 示意图　　(b) 实物图

图 5-3　单相电阻分相启动异步电动机

两个绕组接在同一单相电源上，二次绕组（辅助绕组）中串一个离心开关。开关的作用是当转速上升到 80％的同步转速时，断开二次绕组使电动机运行在只有主绕组工作的情况下。

为了使启动时产生启动转矩，通常可以采取两种方法：

(1)二次绕组中串入适当电阻。

(2)二次绕组采用的导线比主绕组截面细，匝数比主绕组少。

这样两相绕组阻抗就不同，促使通入两相绕组的电流相位不同，达到启动目的。

2. 单相电容分相启动异步电动机

单相电容分相启动异步电动机电路及实物如图 5-4 所示。

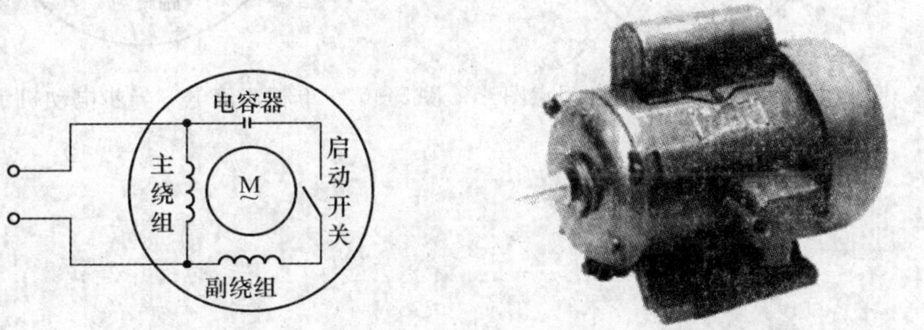

(a) 示意图　　(b) 实物图

图 5-4　单相电容分相启动异步电动机

从图 5-4 中可以看出，当二次绕组中串联一个电容器和一个开关时，如果电容器容量选择适当，则可以在启动时通过二次绕组的电流在时间和相位上超前主绕组电流 90°电角度，这样在启动时就可以得到一个接近圆形的旋转磁场，从而有较大启动转矩。电动机启动后转速达到 75％～85％同步转速时二次绕组通过开关自动断开，主绕组进入单独稳定运行状态。

3. 单相电容运转异步电动机

若单相异步电动机辅助绕组不仅在启动时起作用，而且在电动机运转中也长期工作，则这种电动机称为单相电容运转异步电动机，如图 5-5 所示。

单相电容运转异步电动机实际上是一台两相异步电动机，其定子绕组产生的气隙磁场较接近圆形旋转磁场。因此，其运行性能较好，功率因数、过载能力比普通单相分相式异步电动机好。

4. 单相双值电容异步电动机(单相电容启动及运转异步电动机)

如果想要单相异步电动机在启动和运行时都能得到较好的性能，则可以采用将两个电容并联后再与副绕组串联的接线方式，这种电动机称为单相电容启动和运转电动机，如图 5-6所示。

图 5-6 中启动电容器 C_1 容量较大，C_2 为运转电容，电容量较小。启动时 C_1 和 C_2 并联，总电容器容量大，所以有较大的启动转矩，启动后，C_1 切除，只有 C_2 运行，因此电动机有较好的运行性能。对电容分相式异步电动机，如果要改变电动机转向，只要使主绕组或副绕组的接线端对调即可，对调接线端后旋转磁场方向改变，因而电动机转向也随之改变。

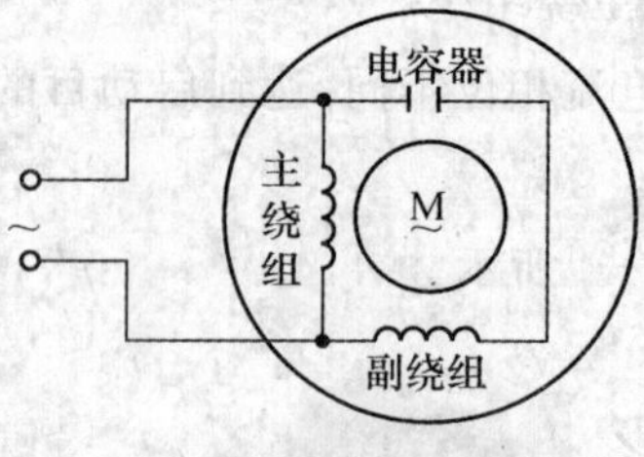

图5-5　单相电容运转异步电动机示意图

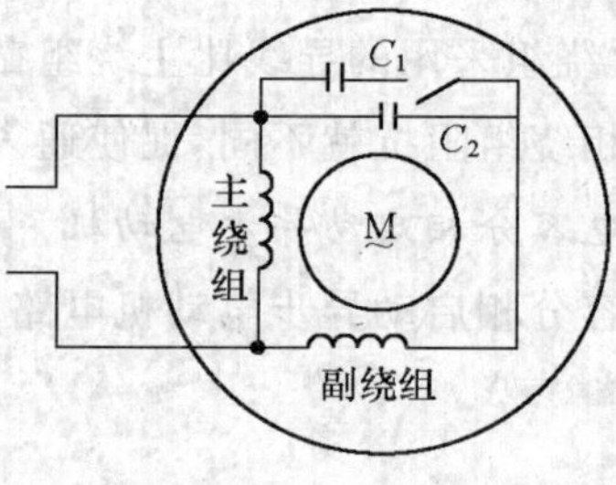

图5-6　单相双值电容异步电动机示意图

项目二

单相电容(电阻)异步电动机

在单相异步电动机的分类中，已经简单提到了单相电容(电阻)异步电动机，下面再详细介绍一下这两种电动机。

为了解决单相电动机不能自行启动的问题，常用的办法是在定子的启动绕组上串联一只外加电容或电阻，若在启动绕组上串联一只电容器，则称为电容启动电动机。如果在启动绕组上串联一只电阻器，则称为电阻启动电动机。

活动一 电容启动异步电动机

电容启动异步电动机的原理线路如图 5-7 所示。启动绕组 L_2 与电容器 C 串联后，经过离芯式开关 S 与工作绕组 L_1 并联。当电动机与电源接通时，电动机即启动，转速达到额定转速的 70%～80%时，靠离芯式开关把启动绕组断开，电动机正常运行。在运转过程中只有工作绕组与电源接通。这种电动机能够产生启动转矩的原因是：启动绕组与电容器串联。通过选择电容器的容量，可以使流过工作绕组中的电流与流过启动绕组中的电流相差约 90°的电角度，结果产生旋转磁场。旋转磁场使转子产生转矩并开始转动。分析旋转磁场的产生过程与前面分析三相旋转磁场的产生方法相同。画出对应于不同瞬间定子绕组中的电流所产生的磁场，如图 5-8 所示。由图 5-8 可以得到如下结论：向空间位置互差 90°电角度的两相定子绕组内通入在时间上互差 90°的两相电流，产生的磁场也是沿定子内圆旋转的旋转磁场。转子在该旋转磁场作用下获得启动转矩而使电动机旋转。

这种电动机结构简单，使用维护方便，只要任意改变工作绕组的首端、末端与电源的接线，即可改变旋转磁场的旋转方向，从而使电动机反转。这类电动机常用于吊扇、台扇、洗衣机及电冰箱等。

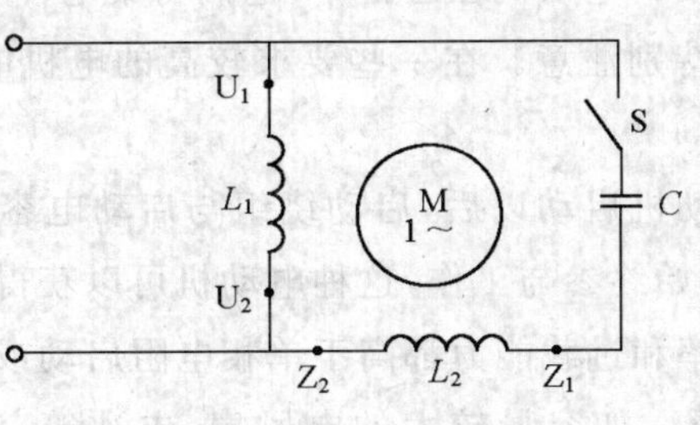

图 5-7 单相异步电动机电容启动线路

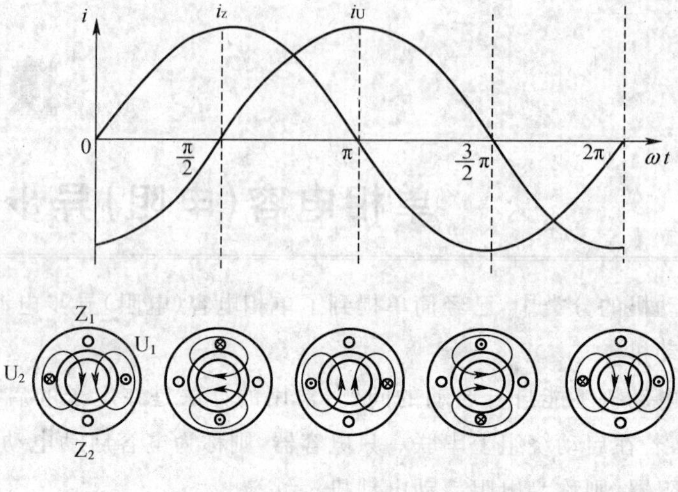

图 5-8　两相旋转磁场的产生

活动二　电阻启动异步电动机

单相异步电动机的电阻启动电路如图 5-9 所示。这种电动机的工作绕组 L_1 匝数较多，启动时感抗远大于绕组的电阻，因此通过它的电流滞后于电压近似 90°电角度。而启动绕组匝数较少，用直径较细的导线制成，又与外加电阻串联，总电阻远大于感抗。因此通过它的电流在相位上只滞后于电压一个很小的角度。结果，工作绕组和启动绕组中的电流在相位上相差近 90°电角度，同样可以在定子中产生旋转磁场，使转子产生转矩而启动。转速达到额定转速的 70%～80%时，靠离芯式开关把启动绕组的电路切断。离芯式开关装在电动机的轴上，与转子一起转动，而启动绕组及启动电阻或启动电容却是固定在定子上的，所以转轴上还装有两个集电环。电刷与集电环相接触，以保持定子上的启动绕组与开关的连接。电动机在运行中，电刷与集电环容易产生接触不良现象，电工维修人员在维护工作中应特别注意。在一些要求较高的电机中，往往采用启动继电器代替离芯式开关。

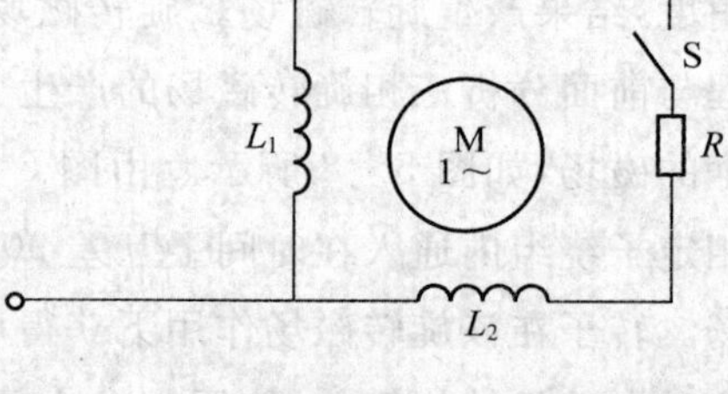

图 5-9　单相异步电动机电阻启动线路

电容启动的单相异步电动机启动以后，启动绕组与启动电容则从电路中被切除。如果不切除，而是与工作绕组一起始终参与工作，这种电动机可以获得与三相异步电动机相似的运行性能，它的功率因数、效率和过载能力都高于单相电阻启动或单相电容启动电动机。因此，这种电动机应用相当广泛。如容量较大的电风扇、电冰箱、洗衣机等都采用了这种电动机。

项目三

单相罩极式异步电动机

单相罩极式异步电动机是结构最简单的一种异步电动机，它的结构多数做成凸极式，常见的有2极与4极两种。定子用硅钢片叠压而成，每极在1/4～1/3全极面处开一个小槽。如图5-10所示，把磁极分成两部分，在小的部分上套装一个铜环，好像把这部分磁极罩起来一样，所以叫罩极式电动机。主绕组套装在整个磁极上，每极上的线圈是串联的，连接法必须保证使其产生的极性按N,S,N,S顺序排列。

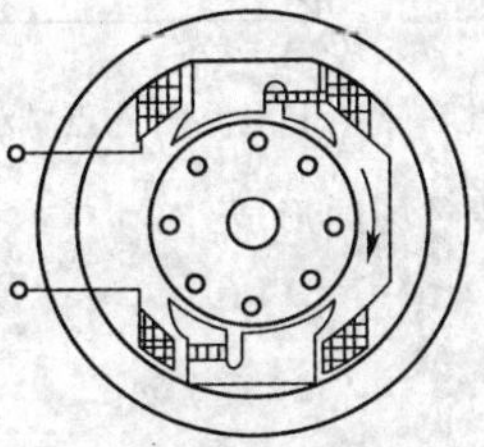

(a) 结构示意图

(b) 实物图

图5-10　二极凸极式罩极电动机

给定子绕组通入单相交流电流时，在主绕组与铜环的共同作用下，磁极之间形成一个连续移动的磁场，好像一个旋转磁场，使转子旋转。移动磁场形成的情况，说明如下：主绕组中，电流从零增大的变化过程中，磁极内磁通的分布情况如图5-11(a)所示，设电流从零增大至曲线上a点时，穿过铜环的那一部分磁通是增大的。根据楞次定律，铜环内的感应电流产生的磁通要阻碍原磁通的增大。结果是：铜环罩住的部分磁通受到削弱，使整个磁极的磁场中心线偏离几何中心线而处于磁极的左边。

主绕组中的电流从曲线上的a点变到b点时，如图5-11(b)所示，这段时间内电流变化很慢，经过极大值时则大小不变。此时铜环中无感应电流，对原磁场无任何影响，整个磁场的中心线与几何中心线重合。

图5-11(c)所示是电流从b点减小到零时磁极中的磁场分布情况。电流减小，穿过铜环的磁通也在减小，铜环内感应电流产生的磁通与原磁通方向相同，结果铜环内磁通加强，于是整个磁极的磁场中心就偏向铜环这一边。

从上面的分析中可以看出，磁场的中心线在磁极中自左向右移动。同理可知S极内的磁场中心线也同时移动，而且在电流半个周期内，磁场中心线移过一个磁极。电流变化到下半周时，每个极的极性同时改变，接着又以前述的规律移过一个又一个极。电流为 50Hz，在 0.02s内磁场中心线即移过一对磁极，速度较快，实际上形成了旋转磁场，因而能使转子旋转。

这种电动机的主要优点是结构简单、制造方便、成本低、运行时噪声小、维护容易；主要缺点是启动性能与运行性能较差、效率和功率因数低。所以，这种电动机多用于空载启动及对电动机容量要求较小的场合，如台式电风扇仪用电风扇等。

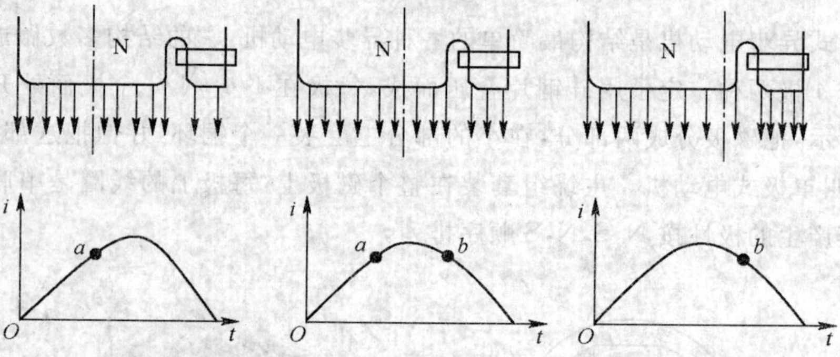

(a) 电流由零到点 a　(b) 电流由 a 点到 b 点　(c) 电流由 b 点减小到零

图 5－11　罩极电动机中旋转磁场的形成

项目四

单相异步电动机定子绕组

小型单相异步电动机的定子内径较小，嵌线比较困难，多采用同芯式单层绕组。有时为了消除磁动势的3次谐波，以改善启动性能，也有采用双层绕组和“正弦绕组”的。

1. 电阻启动或电容启动电动机绕组

电阻启动或电容启动的电动机绕组，多采用单层同芯式。工作绕组为总槽数的2/3，启动绕组占总槽数的1/3。即工作绕组占$2\pi/3$相带，启动绕组占$\pi/3$相带。启动绕组的匝数较少，一般为工作绕组匝数的1/2～2/3。启动绕组导线的截面积通常为工作绕组的1/3～1/2。

如图5-12所示为一台4极24槽电容启动式单相电动机的绕组展开图，其中U_1，U_2为工作绕组，Z_1，Z_2为启动绕组。

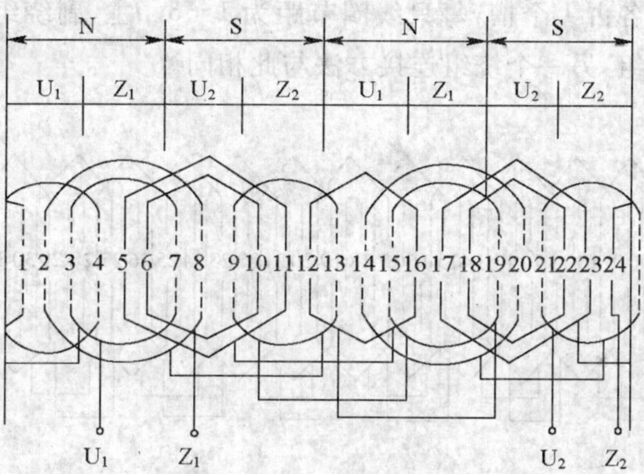

图5-12　4极24槽电容启动单相异步电动机绕组展开图

2. 电容运行单相异步电动机绕组

电容式单相异步电动机的主绕组与副绕组各占定子总槽数的一半，即都是$\pi/2$相带。也是采用同芯式单层绕组。如图5-13所示是一台4极24槽单相电容运行异步电动机的绕组展开图。

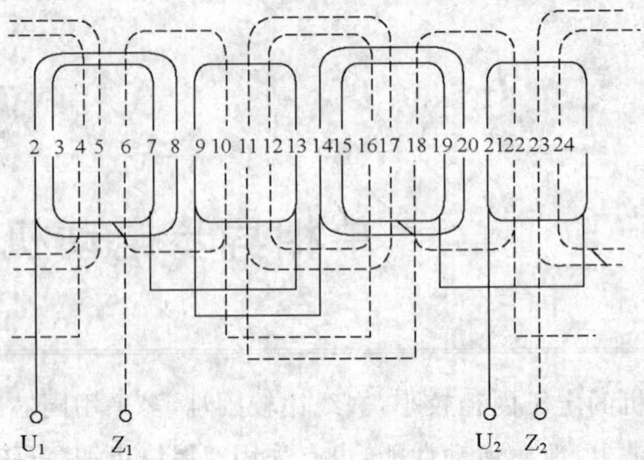

图 5-13　4 极 24 槽电容运行单相异步电动机绕组展开图

从图 5-13 中可以看到，主、副绕组在每个极各占 3 个槽，总共各占 12 槽，两个绕组的首端相隔 90°电角度。实际上这两个绕组可以互相交换，分别作为主绕组或副绕组。主、副绕组互相交换时，电动机的转动方向就改变了。该方法适用于处在需要经常正、反转场合下的电动机，如洗衣机等。

如图 5-14 所示是一种常用的吊风扇绕组展开图。18 极 36 槽双层叠绕。很明显，每极只有两个槽，主、副绕组各占 1 个槽，每只线圈节距为 1—3。主、副绕组的线圈总数都是 18 个。图中只画出一个绕组，另一个绕组连接方法与此相同。

图 5-14　18 极 36 槽单相异步电动机的一个绕组的展开图

项目五

单相异步电动机的反转与调速

活动一 反转

对于三相异步电动机来说，如果任意对调两根端线后，再与电源接通，电动机就可以实现反转。而单相异步电动机，把两根端线对调再与电源接通却不能反转。要实现单相异步电动机的反转，必须把主、副绕组中任意一个的首端与尾端对调过来再与电源接通才可。这是因为，单相异步电动机的转向是由主、副绕组中产生的磁场在时间上有近于90°的相位差来决定的。把其中一个绕组反接，等于把这个绕组的磁场相位改变了180°，即如果原来是超前90°，则改变后变为了滞后90°，仅仅改变了旋转磁场的转动相位。

单向异步电动机的正、反转控制，多用于电容式电动机，如洗衣机用的电动机。因为电容式电动机的主、副绕组可以交换使用，当把副绕组当做主绕组使用时，它的旋转磁场改变了旋转方向，电动机也就改变了转动方向。控制的线路比较简单，如图5-15(a)所示。如果开关S与触头1接触，电动机为正转；开关S与触头2接触，电动机就反转。

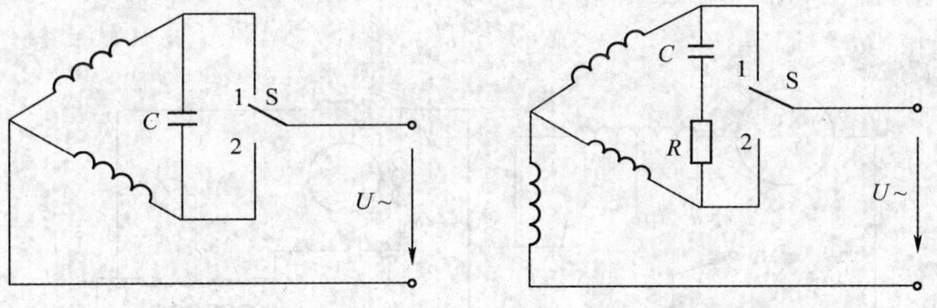

(a) 电容控制线路　　(b) 电容与电阻串联控制线路

图5-15　单相电容电动机反转控制线路

实际应用中(如洗衣机)，正在推广使用一种三相异步电动机作为单相运行的电动机。对于这种电动机，如果将电容器与一只合适的电阻串联，就可以大大改善电动机的运行性能，它的线路如图5-15(b)所示。

至于单相罩极异步电动机，它的转子都是向被罩住的那一部分磁极的一侧转动的，一般情况下，不能用改变接线的方法来改变电动机的转动方向。如果一定要改变转子的转动方向，则只有把定子铁芯从机座中抽出来，调转180°后再装入机座中去，这样就可以使电动机反转了。

活动二 调速

单相异步电动机和三相异步电动机一样，都是靠旋转磁场工作的，它们的平滑调速都比较困难。若采用变频调速，则设备复杂，成本又高。为此一般只进行有级调速。有级调速的方法有两种。

1. 变极调速

单相异步电动机的转速与磁极对数成正比。把绕组中线圈组的连接方法改变，以产生不同的磁极对数，电动机的转速就跟着改变。如图5-12所示，工作绕组由4组同芯式线圈组构成。按图中每组线圈之间采用尾一尾接，首一首接，可产生4个磁极。如果每组线圈之间采用首一尾接，则可以产生8个磁极。不过采用此法调速的电动机，绕组出线端较多，且需要专用的调速开关，因此，实际上应用不多。

2. 电抗调速法

电抗调速法的原理线路图如图5-16所示。电抗器与电动机串联，通电时，电抗器产生电压降，加到电动机两端的电压低于电源电压，电动机的转速降低。转动开关S，使串联的电抗值不同，电动机即可得到不同的转速。

这种调速法，线路简单，操作方便。缺点是：电压降低后，电动机输出的转矩和功率明显下降。所以只有在转矩和功率都允许随转速而变化的场合才能采用。台式风扇就普遍采用这种调速法。

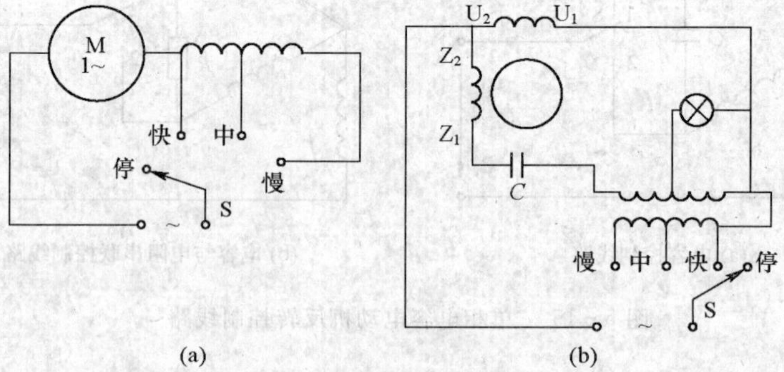

图5-16 单相电容电动机电抗调速线路

项目六

单相异步电动机的常见故障及分析

单相异步电动机与三相异步电动机一样也要经常做维护工作。要经常注意转速是否异常，温度是否过高，有无杂音和振动，有无焦臭味等。

下面列举几种常见的故障现象及产生故障的原因，供参考。

(1)电源电压正常，但供电后电机不能启动。故障原因如下：

1)电源引线开路；

2)主绕组或副绕组开路；

3)离心开关的触头合不上，没有把启动绕组接通；

4)电容器开路；

5)定、转子相碰；

6)轴承已坏；

7)轴承内进入杂物；

8)负载被卡死或电动机严重过载。

(2)在空载下能启动或在外力帮助下能启动，但启动缓慢且转速较低。故障原因如下：

1)离心开关触头合不上或接触不良；

2)二次绕组开路；

3)电容器开路或其中的电解液干固；

4)如果电动机转向不固定，则肯定是二次绕组开路或电容器开路。

(3)启动后电动机很快发热，甚至冒烟。故障原因如下：

1)主绕组短路或接地；

2)主、副绕组短路；

3)启动后离心开关的触头分不开，二次绕组通电时间过长；

4)主、副绕组接错；

5)电压不准确。

(4)电动机转动时噪声太大。故障原因如下：

1)绕组短路或接地；

2)离心开关损坏；

3)轴承损坏；

4)轴承的轴向间隙过大；

5)电机内落入杂物。

(5)电动机运转过程中有不正常的振动。故障原因如下：

1)转子不平衡；

2)传动带盘不平衡；

3)轴伸出端弯曲。

(6)轴承过热。故障原因如下：

1)轴承损坏；

2)轴承内、外圈配合不当；

3)润滑油过多、过少或油质太差，或混有沙土等杂物；

4)传动带过紧或联轴器装得不好。

(7)通电后熔丝熔断。故障原因如下：

1)熔丝很快熔断，则是绕组短路或接地；

2)熔丝经过一小段时间才熔断，则可能是绕组之间或绕组与地之间漏电。

课题测试

1. 单相交流电动机在一个绕组中产生的脉动磁场能否使单相电动机启动？在什么条件下才能使电动机启动？

2. 单相异步电动机的电容启动原理是什么？

3. 试述单相异步电动机电阻启动的原理。

4. 单相电容异步电动机与电阻启动或电容启动的单相异步电动机比较，有哪些优越性？

5. 单相罩极式异步电动机的工作原理是什么？它的优缺点是什么？

6. 电阻或电容启动单相异步电动机与电容单相异步电动机比较，它们的绕组在定子中所占的槽数和相带有什么区别？

7. 怎样改变单相电容电动机的转动方向？

8. 为什么说采用改变绕组连接方法不能改变单相罩极式电动机的旋转方向？

模块 六

异步电动机绕组

项目一　相关术语

项目二　笼型异步电动机定子绕组的排列及其展开图

项目三　三相交流异步电动机绕组的故障处理

项目四　电动机定子绕组的制作与下线

项目五　单相交流异步电动机的绕组

项目一

相关术语

活动一 交流定子绕组的构成原则

要使三相交流异步电动机的定子绕组在流入三相交流电时产生旋转磁场，定子绕组的构成必须遵循以下原则。

1. 绕组必须对称

各相绕组的匝数、并联支路数和导线规格应相同，三相绕组在空间位置上互差 120°电角度。

2. 绕组分布必须均匀

各相绕组在定子上所占的空间应相等，即在每个磁极下每相绕组占据的槽数应相同。

3. 各相绕组的分布规律必须相同

各相绕组在定子上的排列、连接的规律应相同。为使电动机有良好的性能和经济效益，要求定子绕组所建立的气隙磁场的分布接近正弦曲线；在相同功率的情况下，金属材料用量少，电动机的体积小、坚固耐用、价格低廉。

活动二 交流绕组的基本术语

1. 线圈、线圈组、绕组

线圈是构成绕组的最基本单元，由一根或多根绝缘导线按一定形状绕制而成。线圈放在槽内的直线部分，在通过电流时产生磁场，对转子产生电磁转矩，故称做线圈的有效边。线圈在槽外的部分称为端部，它的作用仅仅是将两个有效边连接起来。一个线圈有两个引出线端，其中一个称做首端，另一个称做尾端，如图 6-1 所示。

将多个线圈连接成一组，这一组线圈称做线圈组。多个线圈或线圈组按照一定的规律连接在一起，这些线圈称做绕组。

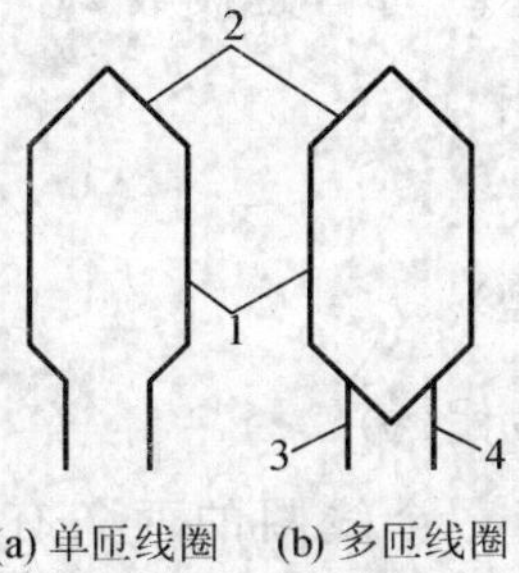

图 6-1 定子线圈各部分名称

1—有效边；2— 端部；

3—首端；4— 尾端

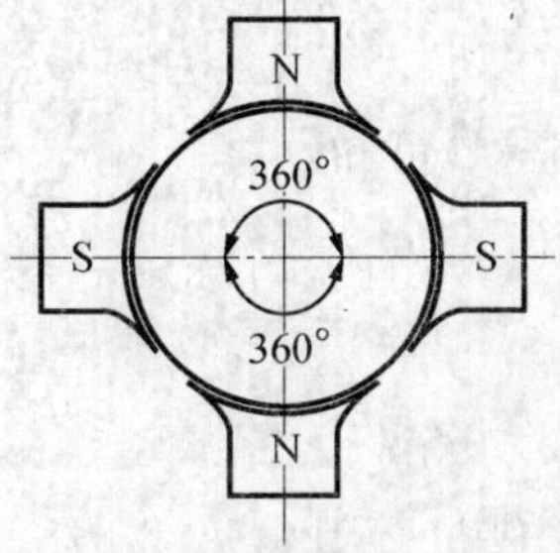

图 6-2 两对磁极时，定子圆周的电角度

2. 电角度与机械角度

一个圆周所对应的角度为 360°，该角度称为几何角度或机械角度。交变电动势或电流交变一次所经历的角度为 360°，该角度称为电角度。而从电磁方面来看，电机每经过 N，S 一对磁极，导体切割磁力线产生的感应电动势，完成一次交变，即电动势的变化经历了 360°。所以从电磁方面看，一对磁极所占的电角度也为 360°。若定子圆周上均匀分布两对磁极（4 个磁极），电机每转一圈，导体切割磁力线产生的感应电动势变化两次，所以定子圆周对应的电角度为 720°，如图 6-2 所示。

若定子上有 p 对磁极，则可得出电角度与机械角度的关系为

$$电角度 = p \times 机械角度 \tag{6-1}$$

3. 槽距角（α）

相邻两槽之间的夹角称做槽距角，用电角度表示时为

$$\alpha = \frac{360° \times p}{Z} \tag{6-2}$$

用机械角度表示时为

$$\alpha = \frac{360°}{Z} \tag{6-3}$$

4. 极距（τ）

极距是指沿定子铁芯内圆相邻两个磁极之间的距离。用定子槽的槽数表示时，极距为

$$\tau = \frac{Z}{2p} \tag{6-4}$$

式中，Z 为定子铁芯总槽数；$2p$ 为磁极数，p 为磁极对数。

极距若用电角度表示，则总是 180°。

【例 6.1】 若三相交流异步电动机定子铁芯槽数 $Z=24$，磁极数 $2p=4$，极距 τ 是多少槽？

解：由式(6-4)可知

$$\tau=\frac{Z}{2p}=\frac{24}{4}=6(\text{槽})$$

5. 线圈节距(y)

节距是指一个线圈的两条有效边所间隔的槽数，如图 6-3 所示。$y=\tau$ 的绕组为整距绕组，$y<\tau$ 的绕组为短距绕组，$y>\tau$ 的绕组为长距绕组。

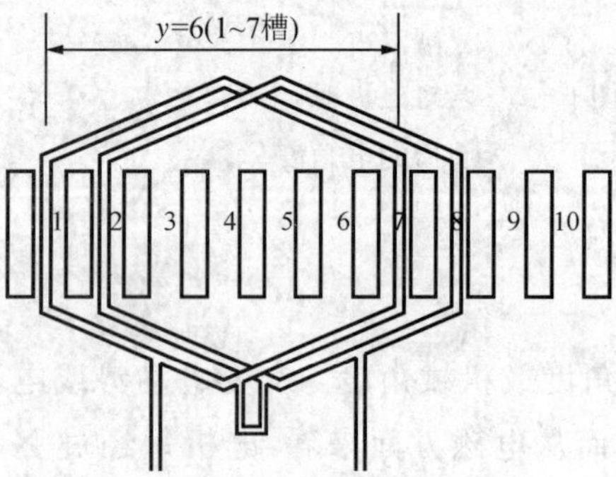

图 6-3 线圈节距示意图

在实际应用中，为使气隙磁场的分布接近正弦曲线及节省材料，常用短距绕组和整距绕组。

6. 每极每相槽数(q)

每相绕组在每个磁极下占的宽度称做相带。相带用槽数表示时，称做每极每相槽数，即

$$q=\frac{Z}{2pm} \tag{6-5}$$

式中，m 为定子绕组相数。

因为一个磁极对应的电角度为 180°，当定子绕组的相数 $m=3$，相带用电角度表示，则 $q^{\circ}=60^{\circ}$。所以，三相交流异步电动机的相带为 60°电角度相带。

【例 6.2】 若电动机 $Z=24$，$2p=4$，$m=3$，则每极每相槽数 q 是多少？

解：根据式(6-5)可得

$$q=\frac{Z}{2pm}=\frac{24}{4\times3}=2(\text{槽})$$

7. 极相组

将一个磁极下属于同一相的 q 个线圈按照一定的方式串联的线圈组，称做极相组。

8. 并联支路数

电动机的极相组可以全部串联，也可以全部并联，还可以将一部分串联后再将它们并联。一台电动机每相绕组的并联支路的数量，称做并联支路数，用 $2a$ 表示。

9. 展开图

表示和分析绕组的结构一般采用绕组的展开图。绕组的展开图是这样形成的：假想把定子铁芯沿轴向切开，如图 6-4(a)所示，并把它展开拉平，这样就把圆筒形的定子画成平面图了；然后把绕组的分布和连接画在平面图上，如图 6-4(b)所示；再画成如图 6-4(c)所示的简化形式，就成为绕组展开图。

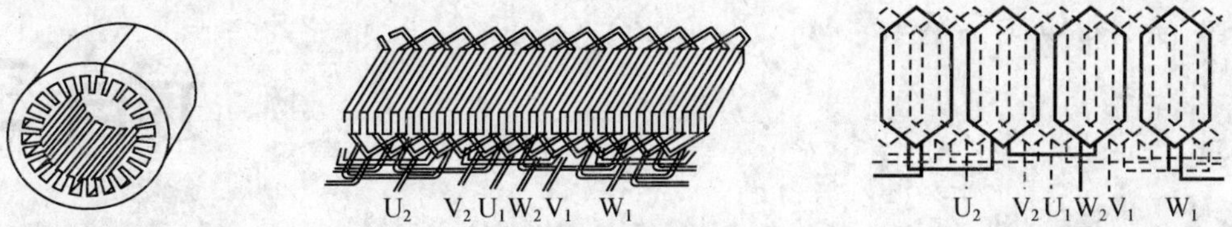

(a) 沿轴向切开的定子铁心　(b) 展开拉平的定子铁心和绕组　(c) 定子绕组展开图

图 6-4　定子绕组展开示意图

活动三　交流绕组的分类

1. 按相数分类

按相数分类有单相绕组、两相绕组和三相绕组。

2. 按槽内线圈的层数分类

按槽内线圈的层数分类有单层绕组、双层绕组和多层绕组。

3. 按绕组形状分类

按绕组形状分类，单层有链式绕组、同心式绕组和交叉式绕组，如图 6-5 所示；双层有叠绕组和波绕组。

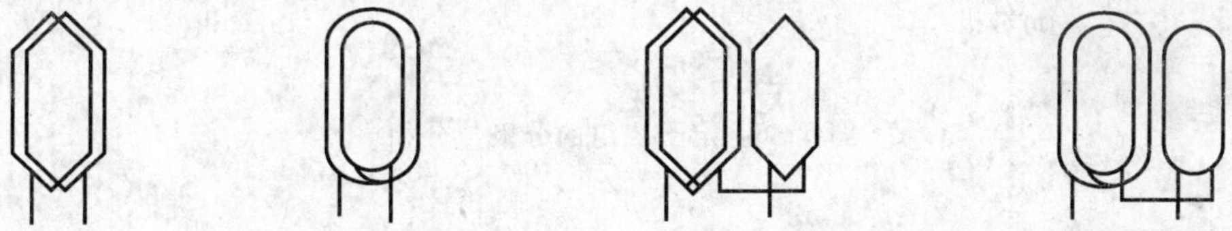

(a) 链式　(b) 同心式　(c) 链式交叉式　(d) 同心交叉式

图 6-5　绕组形状

项目二

笼型异步电动机定子绕组的排列及其展开图

活动一 定子槽的分极与分相

1. 分极

首先,根据定子的槽数、电动机的磁极对数计算极距。然后,在展开图上,按每个磁极应占的槽数或电角度划分磁极。24 槽四极笼型三相交流异步电动机的分极,如图 6-6(a)所示。

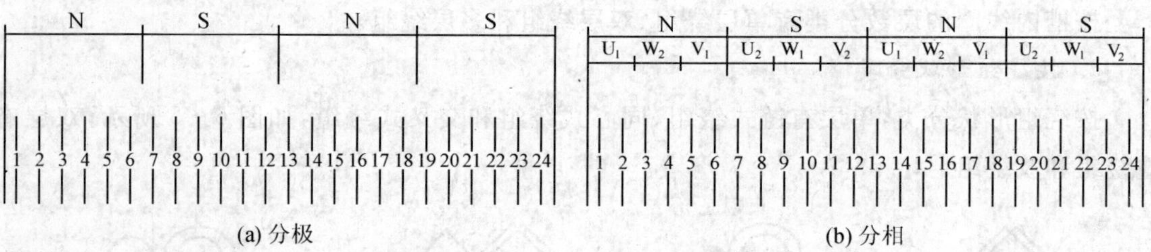

图 6-6 定子绕组的分极与分相

2. 分相

笼型三相交流异步电动机的定子绕组,在定子内按 60°电角度相带分布。这样,每个磁极下可分为 3 个相带,每个相带 60°电角度,即每极每相槽数为 2 槽,再根据三相绕组间隔 120°电角度,即相隔 4 槽,得到各相相带如图 6-6(b)所示。

活动二 三相单层绕组

单层绕组是指每一个定子槽内只有一个线圈的有效边,绕组的线圈数等于定子槽数的一半。单层绕组的排列原则是:各相绕组必须在各自的相带内,一个线圈的两条有效边必须处在不同的磁极下;同相绕组在同名磁极下所有线圈边中的电流方向相同,在异名磁极下的电流方向应相反。

1. 单层链式绕组

链式绕组是由相同节距的线圈组成的,其结构特点是绕组一环套一环,形如长链。现以

定子槽数 $Z=24$，磁极数 $2p=4$，相数 $m=3$，节距 $y=5$（即1～6）槽为例，分析单层链式绕组的排列与链式绕组展开图的绘制。

该电动机的极距为 $\tau=\frac{Z}{2p}=\frac{24}{4}=6$ 槽，线圈的节距为 $y=5$ 槽，故绕组属于短距绕组。按绕组的节距，若将U相绕组线圈的一条有效边放入 U_1 相带的第1槽，则另一条有效边应放入第6槽，这样，一个线圈的两条有效边处在同一磁极下，不符合单层绕组的排列原则。只有将U相绕组线圈的一条有效边放入 U_1 相带的第2槽，则另一条有效边应放入第7槽，这样，既符合"绕组在各自的相带内"，又符合"一个线圈的两条有效边处在不同磁极下"的原则。各相绕组的各线圈边所在的槽号，如表6-1所示。

表6-1 各相绕组的各线圈边所在的槽号

项目	U相				V相				W相			
线圈编号	①	②	③	④	①	②	③	④	①	②	③	④
首端的有效边	2	8	14	20	6	12	18	24	10	16	22	4
尾端的有效边	7	13	19	1	11	17	23	5	15	21	3	9

根据上述分析，按给出的已知条件，可按下列步骤绘制绕组展开图。

（1）分极、分相。

1）分极。确定每极槽数为 $\tau=\frac{Z_1}{2p}=\frac{24}{4}=6$ 槽。每极下有6个槽，磁极按N,S,N,S的顺序排列，如图6-7(a)所示。

2）分相。确定相带 $q=\frac{Z_1}{2pm}=\frac{24}{4\times 3}=2$ 槽。每个磁极下的槽数按相数分为3个相带，每个相带占有2槽。按定子绕组对称分布的原则，可确定相带的排列顺序是 U_1，W_2，V_1，U_2，W_1，V_2，如图6-7(a)所示。

（2）排列U相线圈。首先按表6-1所示排列U相绕组的各个线圈，然后假设N极下的线圈边的电流方向向上，根据"同相绕组在同名磁极下所有线圈边中的电流方向相同，在异名磁极下的电流方向应相反"的原则，将所有U相的线圈连接成U相绕组。具体做法是：用2号槽的引出线端作U相绕组的首端，用 U_1 标记并假定电流从首端流入，顺着电流方向，将7和13号槽的两个出线端、8和14号槽的两个出线端及19和1号槽的两个出线端分别连接，剩下20号槽的出线端作U相的尾端，用 U_2 标记，如图6-7(b)所示。

（3）排列其余两相线圈。按U相绕组的排列方法，排列V相和W相绕组的各个线圈，如图6-7(c)所示。

综上所述，将单层链式绕组各相的所有线圈串联成一相绕组时，连接的规律是：总是将前一个线圈和后一个线圈的首端连在一起，或将前一个线圈和后一个线圈的尾端连接在一起，即头-头相连、尾-尾相连。同相线圈的这种头-头相连、尾-尾相连的串联方法叫反向串联，简称反串。线圈连接时，各出线端的有效边所在的槽号，如表 6-2 所示。

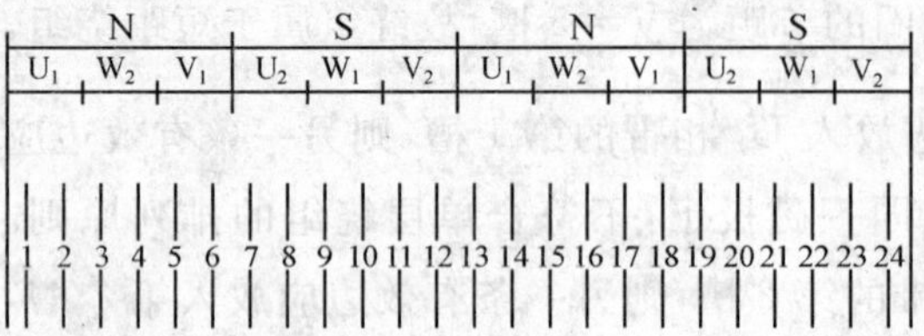

(a) 定子的分极与分相

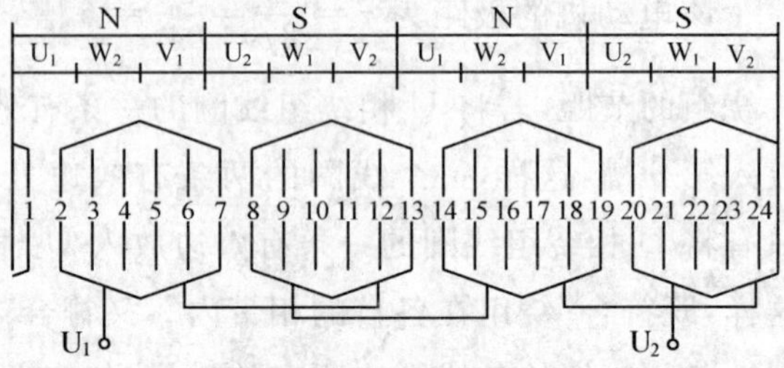

(b) U相绕组排列展开图

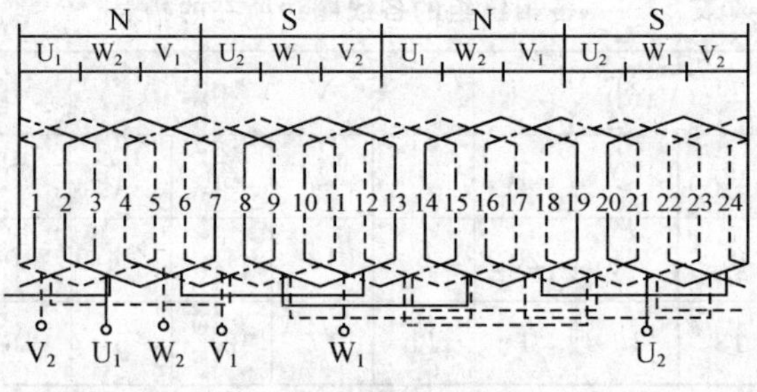

(c) 三相绕组展开图

图 6-7　24 槽 4 极三相单层链式绕组展开图

表 6-2　24 槽 4 极单层链式绕组线圈连接时各出线端有效边所在的槽号

相	相绕组首端槽号	连接在一起的出线端槽号			相绕组尾端槽号
		第一连接点	第二连接点	第三连接点	
U 相	2	7,13	8,14	19,1	20
V 相	6	11,17	12,18	23,5	24
W 相	10	15,21	16,22	3,9	4

该电动机的极距 $\tau=\dfrac{Z}{2p}=\dfrac{24}{2}=12$ 槽，线圈的节距 $y_{大}=11$ 槽，$y_{小}=9$ 槽，故绕组属于短距绕组。按绕组的节距，若将 U 相绕组大线圈的一条有效边放入 U_1 相带的第 1 槽，则另一条有效边应放入第 12 槽。这样，一个线圈的两条有效边处在同一磁极下，不符合单层绕组的排列原则。只有将 U 相绕组大线圈的一条有效边放入 U_1 相带的第 3 槽，则另一条有效边应放入第 14 槽；小线圈的一条有效边放入 U_1 相带的第 4 槽，则另一条有效边应放入第 13 槽。这样，既符合“绕组在各自的相带内”，又符合“一个线圈的两条有效边处在不同磁极下”的原则。各相绕组的各线圈边所在的槽号，如表 6-3 所示。

表 6-3 各相绕组的各线圈边所在的槽号

项目	U相				V相				W相			
线圈编号	①大	②小	③大	④小	①大	②小	③大	④小	①大	②小	③大	④小
首端的有效边	3	4	15	16	11	12	23	24	19	20	7	8
尾端的有效边	14	13	2	1	22	21	10	9	6	5	18	17

根据上述分析，按给出的已知条件，可按下列步骤绘制绕组展开图：

(1) 分极、分相。

1)分极。确定每极槽数 $\tau=\frac{Z_1}{2p}=\frac{24}{2}=12$ 槽。每极下有 12 个槽，磁极按 N，S 的顺序排列，如图 6-8(a)所示。

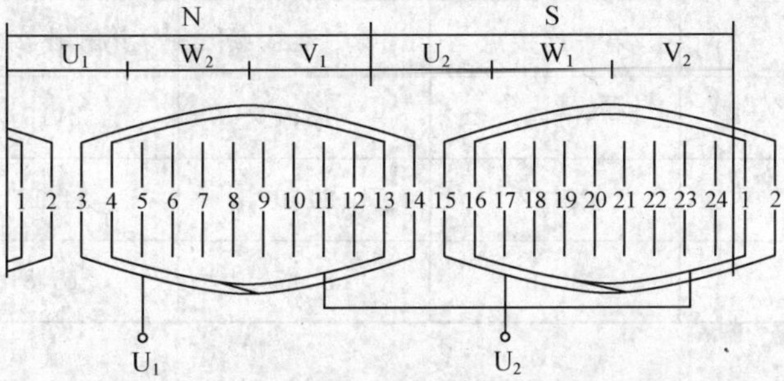

(a) U相绕组展开图

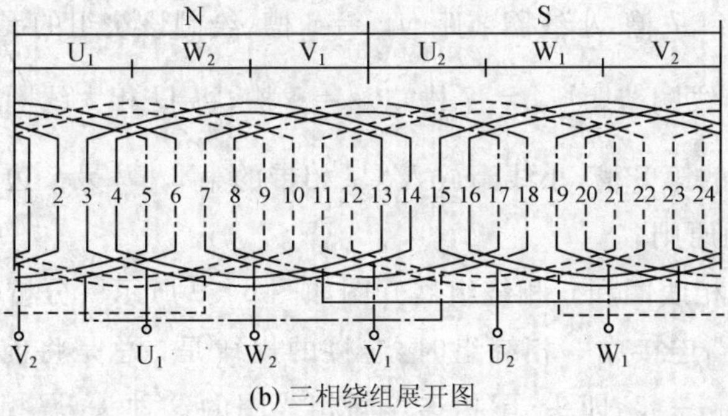

(b) 三相绕组展开图

图 6-8 24 槽两极三相交流异步电动机单层绕组展开图

2）分相。确定相带 $q=\frac{Z_1}{2pm}=\frac{24}{2\times 3}=4$ 槽。每个磁极下的槽数按相数分为 3 个相带，每个相带占有 4 槽。按定子绕组对称分布的原则可确定相带的排列顺序是 U_1，W_2，V_1，U_2，W_1，V_2，如图 6－8(a)所示。

(2) 排列 U 相线圈。首先按表 6－3 所示排列 U 相绕组的各个线圈，然后假设 N 极下的线圈边的电流方向向上，根据“同相绕组在同名磁极下所有线圈边中的电流方向相同，在异名磁极下的电流方向应相反”的原则，将所有 U 相的线圈连接成 U 相绕组。具体做法是：用 3 号槽的引出线端作 U 相绕组的首端，用 U_1 标记并假定电流从首端流入，顺着电流方向，将 14 和 4 号槽的两个出线端(在绕制线圈时，这两个线头不用剪断，已连在一起)，13 和 1 号槽的两个出线端与 2 和 16 号槽的两个出线端(在绕制线圈时，这两个线头不用剪断，已连在一起)分别连接，剩下 15 号槽的出线端作 U 相的尾端，用 U_2 标记，如图 6－8(a)所示。

(3) 排列其余两相线圈。按 U 相绕组的排列方法，排列 V 相和 W 相绕组的各个线圈，如图 6－8(b)所示。

线圈连接时，各出线端的有效边所在的槽号，如表 6－4 所示。

表 6－4　24 槽两极单层同心式绕组线圈连接时各出线端有效边所在的槽号

相	相绕组首端槽号	连接在一起的出线端槽号			相绕组尾端槽号
		第一连接点	第二连接点	第三连接点	
U 相	3	14,4	13,1	2,16	15
V 相	11	22,12	21,9	24,10	23
W 相	19	20,6	5,17	18,8	7

【例 6.3】 三相交流异步电动机定子槽数 $Z=24$，极数 $2p=4$，相数 $m=3$，采用单层同心绕组，大线圈节距 $y_{大}=7$ 槽，小线圈节距 $y_{小}=5$ 槽，绘制该绕组的展开图。

解：$\tau=\frac{Z}{2p}=6$ 槽，线圈节距 $y_{大}=7$ 槽，$y_{小}=5$ 槽，将 U 相大线圈放入 U_1 相带的第 1 槽，另一边放入 U_2 相带的第 8 槽；小线圈放入 U_1 相带的第 2 槽，另一边放入 U_2 相带的第 7 槽，符合单层绕组的排列原则。

分极、分相，排列 U 相线圈和三相绕组展开图如图 6－9 所示。分析例 6.3 可知，单层同心式绕组各相的所有线圈连接成一相绕组时，连接的规律是：总是将前一个线圈的首端和后一个线圈的尾端连接在一起，即头-尾相连。同相线圈的这种头-尾相连的串联方法叫正向串联，简称顺串。

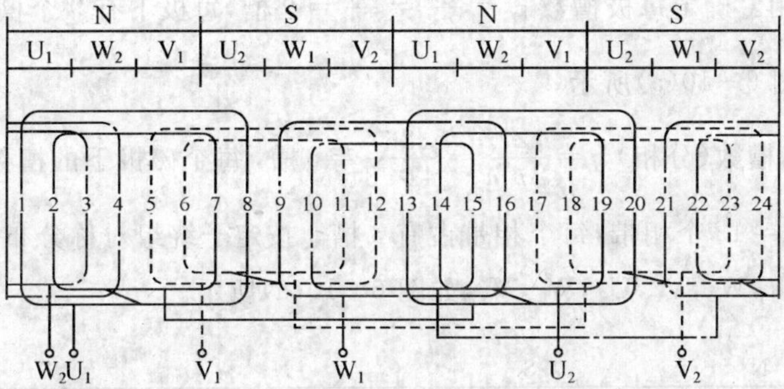

图 6-9 三相 24 槽 4 极单层同心绕组展开图

2. 三相单层交叉式绕组

交叉式绕组采用了节距相差 1 槽的两种线圈，其端部较短，便于布置，主要用于每极每相槽数为奇数（$q=3$）的小型电动机。现以定子槽数 $Z=36$ 槽，$2p=4$，大线圈节距为 $y_{大}=8$（1～9）槽，小线圈节距为 $y_{小}=7$（1～8）槽为例，分析交叉式绕组的排列与展开图的绘制。

该电动机的极距 $\tau=\frac{Z}{2p}=\frac{36}{4}=9$ 槽，线圈的节距 $y_{大}=8$ 槽，$y_{小}=7$ 槽，故绕组属于短距绕组。按绕组的节距，若将 U 相绕组大线圈的一条有效边放入 U_1 相带的第 1 槽，则另一条有效边应放入第 9 槽，这样，一个线圈的两条有效边处在同一磁极下，不符合单层绕组的排列原则。只有将 U 相绕组两个大线圈的两条有效边分别放入 U_1 相带的第 2 槽和第 3 槽，另两条有效边按节距分别放入第 10 槽和第 11 槽；小线圈的一条有效边放入 U_2 相带的第 12 槽，另一条有效边按节距放入另一个 U_1 相带的第 19 槽。这样，既符合"绕组在各自的相带内"，又符合"一个线圈的两条有效边处在不同磁极下"的原则。各相绕组的各线圈边所在的槽号，如表 6-5 所示。

表 6-5 36 槽 4 极交叉式各相绕组的各线圈边所在的槽号

项 目	U 相						V 相						W 相					
线圈编号	①大	②小	③大	④小	⑤大	⑥小	①大	②小	③大	④小	⑤大	⑥小	①大	②小	③大	④小	⑤大	⑥小
首端的有效边	2	3	12	20	21	30	8	9	18	26	27	36	14	15	24	32	33	6
尾端的有效边	10	11	19	28	29	1	16	17	25	34	35	7	22	23	31	4	5	13

根据上述分析，按给出的已知条件，可按下列步骤绘制绕组的展开图。

(1) 分极、分相。确定每极槽数 $\tau=\frac{Z_1}{2p}=\frac{36}{4}=9$ 槽，每极下有 9 个槽，磁极按 N,S,N,S 的顺序排列，如图 6-10(a)所示。

确定每极每相槽数(分相) $q=\frac{Z_1}{2pm}=\frac{36}{4\times 3}=3$ 槽，每个磁极下的槽数按相数分为 3 个相带，可分为 $3\times 4=12$ 个相带，每个相带占有 3 槽。按定子绕组对称分布的原则，可确定相带的排列顺序是 U_1，W_2，V_1，U_2，W_1，V_2，如图 6-10(a)所示。

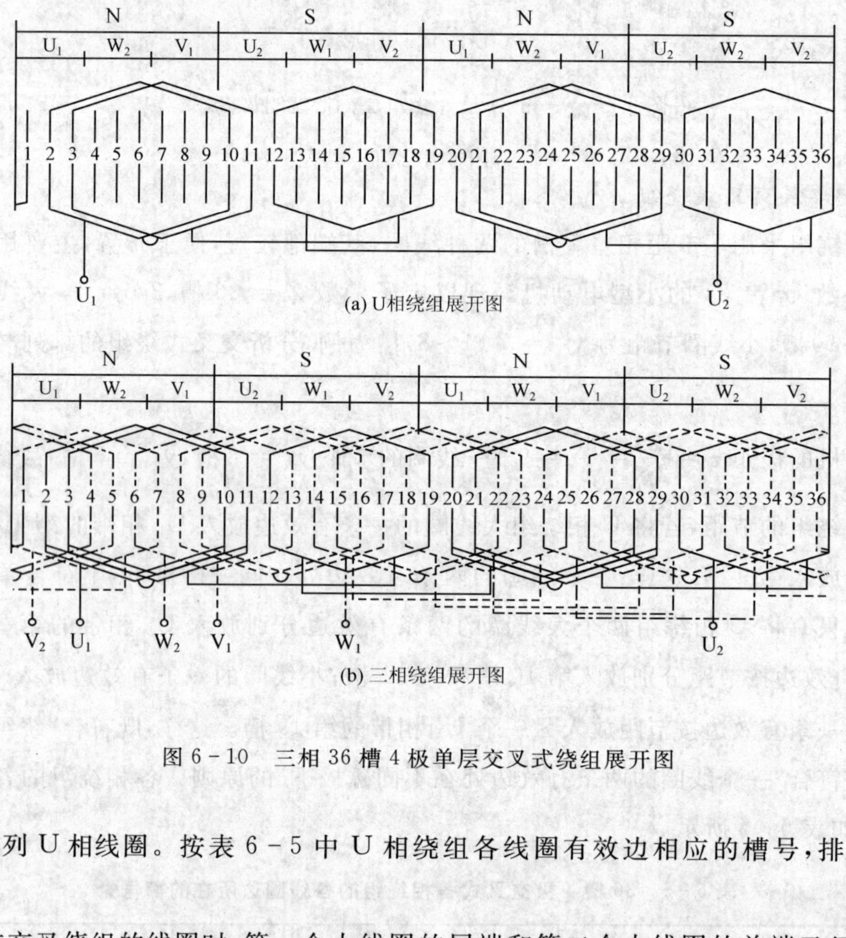

图 6-10 三相 36 槽 4 极单层交叉式绕组展开图

(2) 排列 U 相线圈。按表 6-5 中 U 相绕组各线圈有效边相应的槽号，排列 U 相各线圈。

在制作交叉绕组的线圈时，第一个大线圈的尾端和第二个大线圈的首端已经进行了连接(两个线圈一次绕成，不用剪断跨绕的导线)，故可按表 6-6 连接 U 相各线圈组成 U 相绕组，如图 6-10(a)所示。

(3) 排列 V,W 相线圈。按表 6-5 中 V,W 相绕组各线圈有效边相应的槽号，排列 V,W 相各线圈，并按表 6-6 连接 V,W 相各线圈组成 V,W 相绕组，如图 6-10(b)所示。

表 6-6 36 槽 4 极单层交叉式绕组线圈连接时各出线端有效边所在的槽号

相	相绕组首端槽号	连接在一起的出线端槽号			相绕组尾端槽号
		第一连接点	第二连接点	第三连接点	
U 相	2	11,19	12,20	29,1	30
V 相	8	17,25	18,26	35,7	36
W 相	14	23,31	24,32	5,13	6

活动三 三相双层绕组

1. 双层绕组的优点

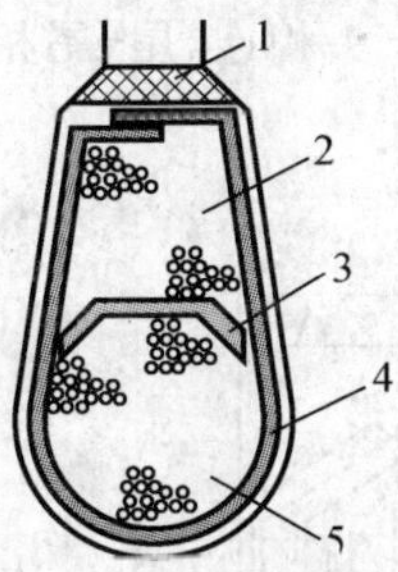

图 6-11 双层绕组结构形式

1—槽楔；2—上层线圈边；3—层间绝缘；4—槽绝缘；5—下层线圈边

双层绕组的每个槽内有上层线圈、下层线圈的有效边，如图 6-11 所示。每个线圈的一条有效边嵌放在某一槽的上层，按节距将另一条有效边嵌放在另一槽的下层，整个绕组的线圈数正好等于定子槽数。

双层绕组的主要优点有以下几点：

(1) 选择最有利的节距$\left(如选\ y=\frac{5\tau}{6}\right)$，以使异步电动机气隙磁场的分布更接近正弦曲线，从而改善电动机的性能。

(2) 所有线圈具有同样的尺寸和形状，便于制造。

(3) 可以组成较多的并联支路。

(4) 端部形状排列整齐，有利于散热和增加机械强度。

所以，容量较大(10 kW 以上)的三相交流异步电动机的定子绕组一般都采用双层绕组。

2. 双层叠绕组的排列

双层绕组的分极、分相的方法与单层绕组相同，线圈的分布原则是：各相线圈的上层边必须在自己的相带内(下层边可以不在自己的相带内)，将线圈连接成绕组，以上层边中的电流为参考进行连接。双层绕组可分为叠绕组和波绕组两种形式，我们仅讨论叠绕组。

叠绕组在嵌线时，两个互相串联的线圈总是后一个线圈叠在前一个线圈的上面，所以称做叠绕组。现以定子槽数 $Z_1=36$ 槽，极数 $2p=4$，线圈节距 $y=7$ (1～8)槽为例，分析双层叠绕组的排列。

(1) 分极、分相。极距 $\tau=\frac{Z}{2p}=\frac{36}{4}=9$ 槽，每极每相槽数 $q=\frac{Z}{2pm}=\frac{36}{4\times3}=3$ 槽。该电动机每个磁极下有 9 个槽，整个定子可分为 4×3=12 个相带，每相带内有 3 槽，各相带对应的槽号如表 6-7 所示。

表 6-7　36 槽 4 极双层叠绕组各相带对应的槽号

磁　极	U_1	W_2	V_1	U_2	W_1	V_2
第一对磁极	1,2,3	4,5,6	7,8,9	10,11,12	13,14,15	16,17,18
第二对磁极	19,20,21	22,23,24	25,26,27	28,29,30	31,32,33	34,35,36

(2) 排列 U 相绕组。因线圈节距为 7 槽，则第 1 槽的上层边与第 8 槽的下层边连接起来构成线圈 1，第 2 槽的上层边与第 9 槽的下层边连接构成线圈 2，依此类推，构成 U 相绕组的 12 个线圈(1,2,3,10,11,12,19,20,21,28,29,30,各线圈的编号用上层边所在的槽号表示)。

将线圈 1,2,3 串联起来，再将 19,20,21 串联起来，就分别组成了两个对应于 N 极下的 U_1 相带的极相组；将线圈 10,11,12 串联起来，再将 28,29,30 串联起来，又分别组成了对应 S 极下的 U_2 相带的极相组。沿电流方向将 U 相绕组的 4 个极相组按头-头相连、尾-尾相连的方法连接起来，即得到了 U 相绕组的展开图，如图 6-12(a)所示。

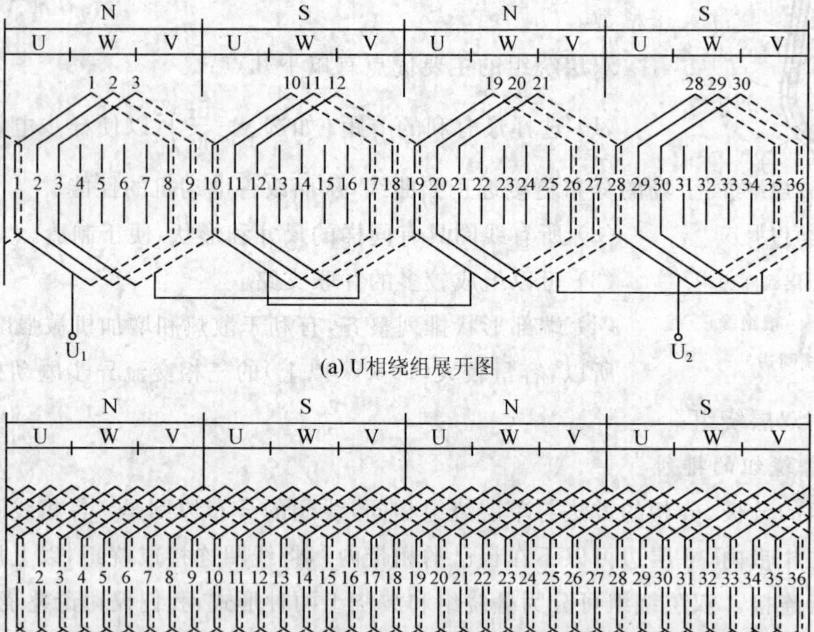

(a) U相绕组展开图

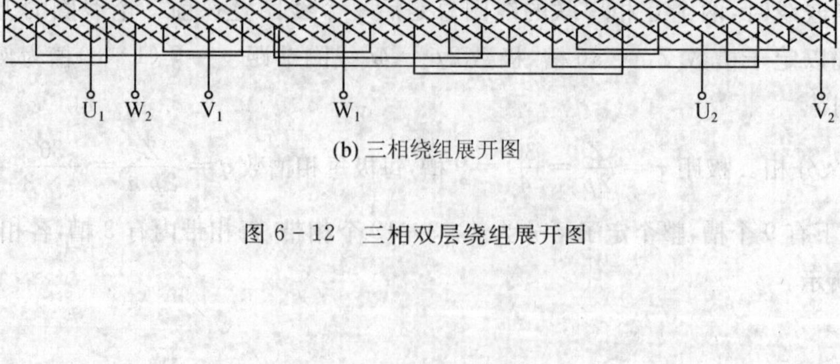

(b) 三相绕组展开图

图 6-12　三相双层绕组展开图

以上是 4 个极相组串联成一条支路，即并联支路数 $2a=1$（俗称单进火）。若要求并联支路数 $2a=2$（也称双进火），则各相绕组的 4 个极相组应连成两条支路。

(3) 排列 V，W 相绕组。按排列 U 相绕组的方法，排列 V，W 两相绕组的线圈并连接成 V，W 两相绕组，如图6－12(b)所示。

活动四 圆形接线图

以上介绍的展开图，虽能完整地表示绕组的分布和连接，但绘制比较麻烦，看图也不太方便。因此，在三相交流异步电动机的制造和修理工作中，常使用一种比较简便的圆形接线图，如图 6－13 所示。这种圆形接线图的作图步骤如下。

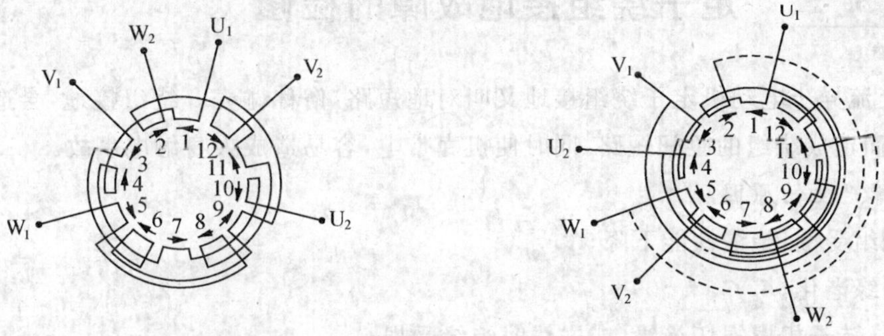

(a) 并联支路数为1　　(b) 并联支路数为2

图 6－13　4 极绕组的圆形接线图

1. 将定子圆周按极相组数等分

按极相组的数量等分圆周，如绕组有 12 个极相组，作简图时就把圆周等分为 12 个弧段，每个弧段代表一个极相组。

2. 标号

按顺序给各弧段标上编号 1，2，3，4，5，6，7，8，9，10，11，12。根据 60°电角度相带的原则，U 相的极相组的编号为 1，4，7，10；V 相的极相组的编号为 3，6，9，12；W 相的极相组的编号为 2，5，8，11。

3. 画箭头

按相邻极相组电流正方向相反的原则，在每一弧段旁依次交替标上一正一反的箭头。

4. 确定各相绕组的首端和尾端

按三相绕组的首端（或尾端）之间相隔 120°电角度的原则，选定三相绕组的首端（或尾端），分别标以符号 U_1，V_1，W_1（或 U_2，V_2，W_2）。

5. 连接一相绕组

依箭头方向将同一相的弧段连起来，即组成一相绕组。

项目三

三相交流异步电动机绕组的故障处理

三相交流异步电动机定子绕组常见的故障有：绕组接地、绕组断路、绕组短路及绕组接错嵌反等。

活动一 定子绕组接地故障的检修

三相交流异步电动机定子绕组接地又叫对地短路，俗称碰壳。绕组接地，会造成绕组过流发热，进而造成绕组的匝间短路，同时使机壳带电，容易造成人身触电事故。

1. 故障产生的原因

(1) 绕组受潮，绝缘性能下降；

(2) 绝缘老化；

(3) 定、转子相擦损坏绝缘，或嵌线时绝缘受损；

(4) 绕组端部与端盖相碰损伤绝缘。

2. 接地故障检查方法

(1) 观察法。认真仔细观察绕组端部及槽口部分的绝缘有无损坏或焦黑的痕迹，有则为故障点。

(2) 用兆欧表检查。测量电动机绕组对机座的绝缘（对地绝缘）电阻时，将兆欧表的“L”接线端子与电动机绕组的引出线连接，兆欧表的“E”接线端子与电动机的机座连接，以120 r/min的速度摇动兆欧表的手柄进行测量。如果测出的绝缘电阻在0.5 MΩ以上，说明该电动机绝缘性能尚好；如果在0.5 MΩ以下，说明该电动机绕组已经受潮，或绝缘很差；如果测得绝缘电阻为“0”，则是绕组接地了。

(3) 用万用表估测。将万用表拨到R×10 kΩ挡，测量绕组与机座之间的电阻，若电阻为“0”，说明绕组已经接地。

(4) 用校验灯检查。先把各相绕组的连接点拆开，然后把灯泡与36 V以下电源串联起来，如图6－14所示，逐相测量绕组与机座、绕组之间的绝缘状况。如果灯泡发亮，说明电动机的绕组已接地或绝缘被击穿。

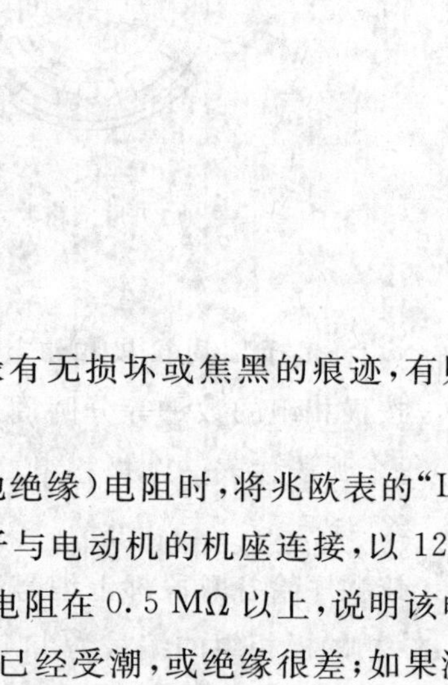

图6－14 校验灯检查绕组的接地示意图

3. 修复方法

(1) 恢复绝缘。在绕组的接地部位填塞新的绝缘材料，然后涂刷绝缘漆并烘干。

(2) 更换绕组。若绕组的接地部位在铁芯槽内部，一般需更换绕组，或采用线圈穿绕修补的方法更换接地的绕组。

(3) 烘干。若是绕组受潮，可将电动机两边端盖拆除，取出转子，然后放到烘箱烘干。烘到其绝缘电阻达到要求后，浸漆并再次烘干，以防止回潮。

活动二 定子绕组断路故障的检修

1. 故障产生的原因

断路故障一般多发生在电动机绕组的端部、各线圈之间的连接点或电动机引出线等附近。故障原因是：绕组受外力的作用而断裂；线圈之间的连接点焊接不良而松脱；绕组短路电流过大，绕组过热而烧断。

2. 检查方法

(1) 一般检查方法。

1) 观察法。观察绕组端部是否有碰断现象。

2) 校验灯检查法。对星形接法的电动机，可将校验灯的一根导线连接在绕组星点上，另一根导线依次和三相绕组的引出线相接触，如图 6-15(a)所示，如果灯不亮，则说明该相绕组断路。对三角形接法的电动机，先把三相绕组的三角形连接点拆开，然后分别对三相绕组通电检查，如图 6-15(b)所示，若灯不亮，则说明该相断路。

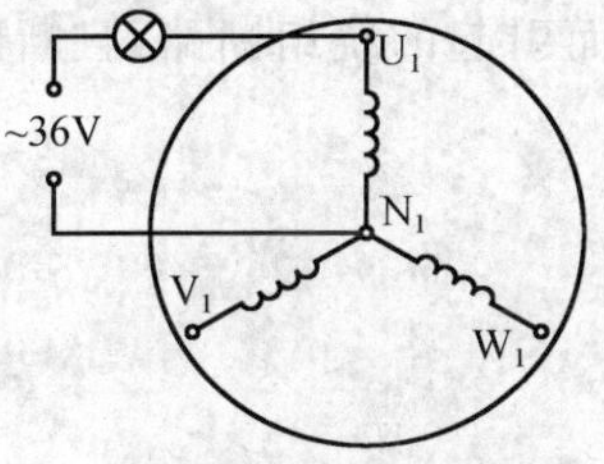

(a) 绕组为Y接法

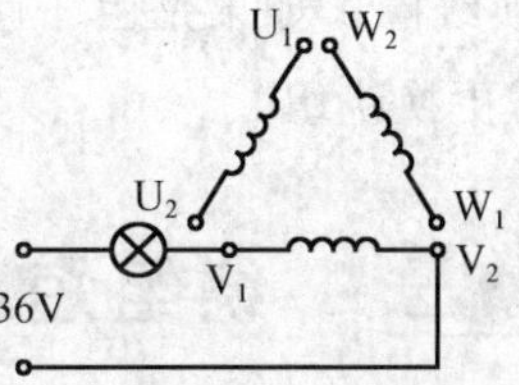

(b) 绕组为△接法

图 6-15 校验灯检查绕组的断路

3) 万用表检查法。对星形接法的电动机，可将万用表拨在 R×1Ω 挡上，一条测试线接在绕组的星点上，另一条测试线依次接三相绕组的首端，若测得的电阻为“∞”，则说明被测相断路。对三角形接法的电动机，应先把三相绕组的连接点拆开，然后分别测量三相绕组电阻，电阻为“∞”的一相为断路。

4) 兆欧表检查法。与万用表检查法一致。绝缘电阻值为“∞”时，表示被测相断路。

(2) 三相电流平衡法与电桥检查法。中等容量电动机的绕组大多是采用多根导线并绕和多支路并联，其中断一根或几根、断一路或几路时，通常用以下两种检测方法：

1）三相电流平衡法。对于星形接法的电动机，将三相绕组并联后，通入低电压大电流（可采用单相交流弧焊机），如果三相电流值相差大于 5%，电流小的一相为断路相，如图 6-16(a)所示。对于三角形接法的电动机，先要把三角形的连接点拆开一个，然后用电流表逐相测量每相绕组的电流，其中电流小的一相为断路相，如图 6-16(b)所示。

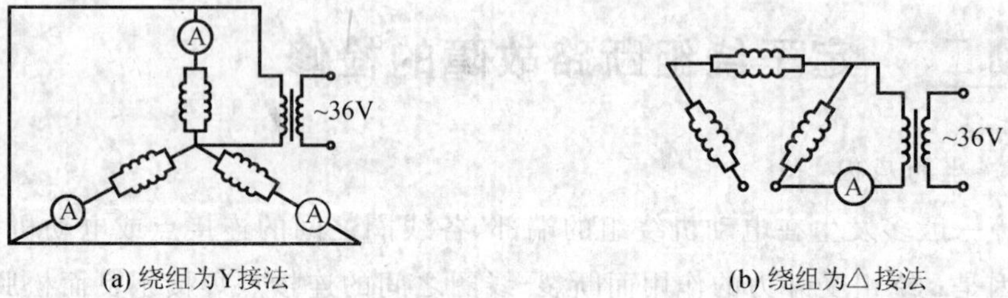

图 6-16　电流平衡法检查并联绕组的断路

2）电桥检查法。用电桥测量三相绕组的电阻，如果电阻值相差大于 5%，则电阻较大的相为断路相。

3. 修复方法

(1) 连接。如绕组断路处在铁芯槽外部时，分清导线端头，将断裂的导线连接并焊牢，包好绝缘，浇上绝缘漆并烘干即可。

(2) 更换引出线。如断路原因是由于引出线断裂，则应更换引出线。

(3) 更换线圈。如果是由于匝间短路、接地等故障而引起的绕组断路，且断路部位在定子槽内，则需更换绕组。

活动三　绕组短路故障的检修

1. 故障产生的原因

短路故障的原因主要是电动机电流过大，电源电压过高，机械损伤，重新嵌线时碰伤绝缘，绝缘老化脆裂等。

绕组短路的情况有：绕组匝间短路、线圈和线圈之间短路、相间短路。

2. 检查方法

(1) 外部检查。使电动机空载运行 20 min，然后拆下两边端盖，用手触摸线圈，若某一位置的线圈比邻近线圈的温度高，则该位置可能为短路处。

(2) 用兆欧表检查。分别检查每两相绕组间的绝缘电阻，若绝缘电阻为“0”，就说明该两相绕组之间存在短路。

(3) 电桥法。用电桥分别测量各相绕组电阻，如果三相电阻相差 5%以上，则电阻小的一相一般有匝间短路。

(4) 电流检查法。用图 6－16 所示的方法,分别测量三相绕组的电流,若三相电流相差5%以上,则电流大的一相绕组存在短路。

(5) 短路侦察器(短路测试器)检查法。利用这种方法检查绕组有无匝间短路,是比较有效的方法。它是利用变压器的原理来检查绕组的匝间短路的。

短路侦察器具有一个不闭合的铁芯磁路,上面绕有励磁绕组,相当于变压器的一次侧绕组,如图 6－17 所示,把短路侦察器铁芯开口处对准电动机铁芯槽口,则被检查的电机绕组相当于变压器的二次侧绕组。测试时,将短路侦察器励磁绕组接通交流电源,沿着各个槽口逐槽移动,当它经过有匝间短路的线圈时,相当于变压器二次绕组短路,电流表所指示的一次侧电流必然显著增大,从而查出有匝间短路的线圈。使用短路侦察器时,也可用一片厚 0.5 mm 的铁片或旧锯条安放在被测绕组的另一个有效边所在的槽口上,如图 6－17 所示,若被测线圈有匝间短路,则此铁片就会振动。

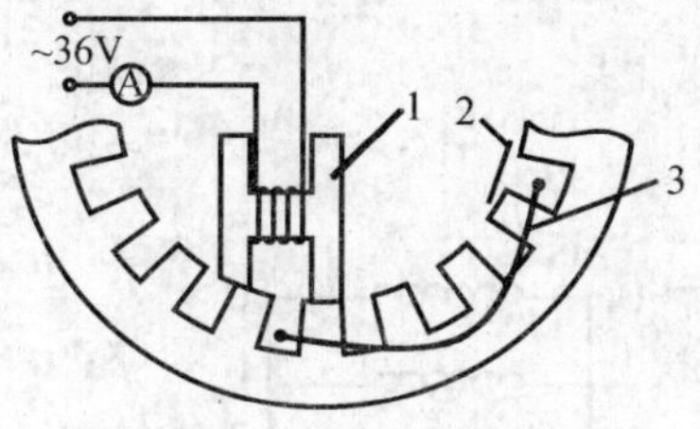

图 6－17 短路侦察器检查短路

1—短路侦察器;2—铁芯;3—线圈

使用短路侦察器时需注意以下几点:电动机为三角形接法时,应将三角形连接点拆开;绕组为多路并联时,必须把各支路拆开;被测绕组为双层绕组时,则被测槽中有两个线圈,它们分别隔一个线圈节距跨于该槽左、右两边,这时要将短路侦察器(或铁片)在左、右两槽口都试一下,以便确定有匝间短路的线圈。

活动四 绕组接错与嵌反时的检修

绕组接错或嵌反一般为以下几种情况:某极相组中一个或几个线圈嵌反或头尾接错,极相组接错,绕组外部接线接反等。

1. 绕组接线的检查方法

(1) 钢球检查法。将电动机转子取出,用一粒钢球放在定子铁芯内圆周表面上。当定子接通三相低压电源时,如钢球沿定子内圆周表面旋转,说明定子绕组接线正确;若钢球不滚动,则说明绕组有接错现象。

(2) 极性检查法。将低电压直流电(2～6 V)通入某相绕组,用指南针沿铁芯槽逐槽移动检查。如果绕组没有接错嵌反,则指南针每经过一极相组时,其指向发生一次变化;如果指南针经过邻近的极相组时,指向相同,表示极相组接错;如果指南针经过同一极相组时,其指向交替变化,则极相组中有个别线圈嵌反。这时可加以故障绕组的连接线,如果指南针的指向变化不明显,可适当提高电源电压。

2. 绕组连接时头、尾接反的检查方法

(1) 低电压交流电源法。首先用万用表查明每相绕组的两个出线端,把其中任意两相绕组串联后，再与电压表(或万用表的交流电压挡)连接，第三相绕组与 36 V 低压交流电源接通，如图 6 - 18 所示。通电后，若电压表有读数，说明连接在一起的两个出线端中的一个是首端，另一个是尾端，如图 6 - 18(a)所示；若电压表无读数，则说明连接在一起的两个出线端同为首端或尾端，如图 6 - 18(b)所示。然后任定一出线端为首端，用同样的方法即可定出第三相绕组的首端和尾端。

(2) 万用表检查法。检查时将三相绕组并联，如图 6 - 19 所示，用万用表的毫安挡进行测试。当用手转动电动机转子时，如万用表指针不动，说明绕组首、尾端接线正确；反之，如万用表指针摆动，则说明绕组首端和尾端接线有错。

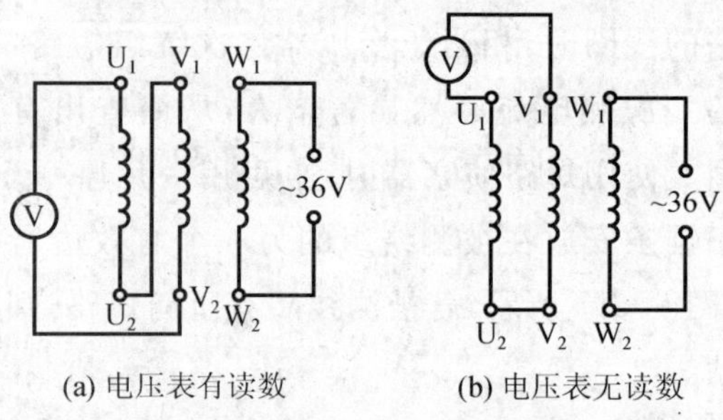

图 6 - 18　低压电源检查首端和尾端

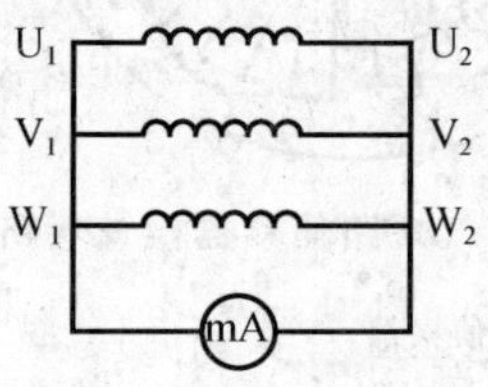

图 6 - 19　万用表检查首、尾端

项目四

电动机定子绕组的制作与下线

活动一 线模的制作

线圈是在线模上绕制的，线模的尺寸决定线圈的大小。线圈过小，下线困难；线圈过大，浪费材料。

线模有活络线模和固定线模两类。活络线模通用性好，但制造复杂，一般情况下采用固定线模。木制固定线模由模心和夹板叠成，如图 6-20 所示。

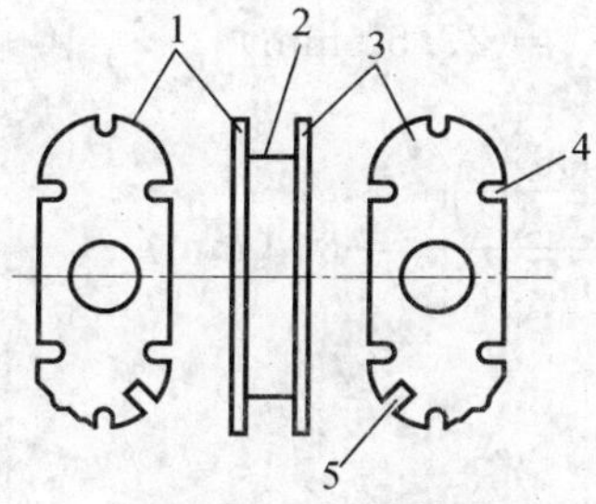

图 6-20 固定式线模

1—上夹板；2—模心；3—下夹板；4—扎线槽；5—引线槽

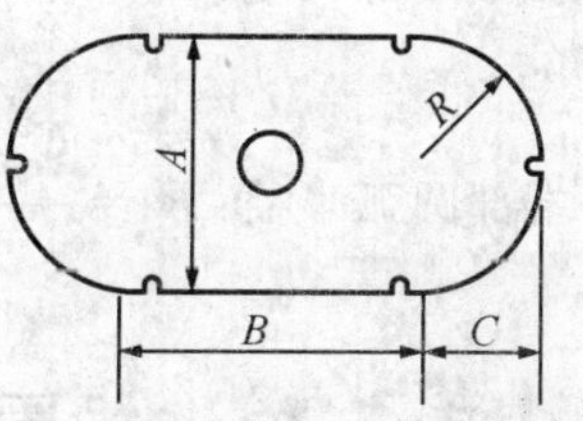

图 6-21 弧形端部模心尺寸

模心的尺寸可按照电动机的型号在《电工手册》等有关技术资料中查到；也可以从拆下的完整绕组中，取其绕组中最小的一匝，参考它的形状及周长确定。模心的尺寸还可以根据定子铁芯尺寸确定。设定子铁芯内径为 D，长度为 L，定子槽深为 h，槽的平均宽度为 b，定子槽数为 Z，线圈节距为 y，则如图 6-21 所示的模心宽度 A 为

$$A = \frac{\pi(D+h)y}{Z} \tag{6-6}$$

模心直线部分长度 B 为

$$B = L + 2d \tag{6-7}$$

式中，d 为线圈有效边伸出铁芯的长度，一般 d 为 14 ～ 30 mm。

弧形端部长度 C 为

$$C = \frac{A}{3} - \frac{b}{2} \tag{6-8}$$

端部圆弧半径 R 为

$$R = \frac{C^2 + \left(\frac{A}{2}\right)^2}{2C} \tag{6-9}$$

夹板的外形与模心相同，每边外缘比模心一般大 10 mm 左右。若线圈的匝数多、导线粗，夹板外缘每边比模心可超过 10 mm。

【例 6.4】 三相交流异步电动机型号为 Y90L—4，定子铁芯槽数 $Z=24$ 槽，内径 $D=80$ mm，长度 $L=120$ mm，槽深 $h=22$ mm，槽的平均宽度 $b=10.5$ mm，绕组为单层链式绕组，$y=5$ 槽，取 $d=15$mm。试计算模心尺寸。

解：模心宽度：$A=\frac{\pi(D+h)y}{Z}=\frac{3.14\times(80+22)\times 5}{24}=66.7\ (\text{mm})$

模心直线部分长度：$B=L+2d=(120+2\times 15)=150\ (\text{mm})$

弧形端部长度：$C=\frac{A}{3}-\frac{b}{2}=\left(\frac{66.7}{3}-\frac{10.5}{2}\right)=27.5\ (\text{mm})$

端部圆弧半径：$R=\frac{C^2+\left(\frac{A}{2}\right)^2}{2C}=\frac{27.5^2+\left(\frac{66.7}{2}\right)^2}{2\times 27.5}=34\ (\text{mm})$

活动二 线圈绕制

小型三相异步电动机的线圈都是在手摇绕线机上绕制的。绕制线圈时，应尽量把同一极相组的线圈一次绕完，如图 6-22 所示。这样可以减少线圈之间的连接头，绕组质量好，下线的工作效率高。

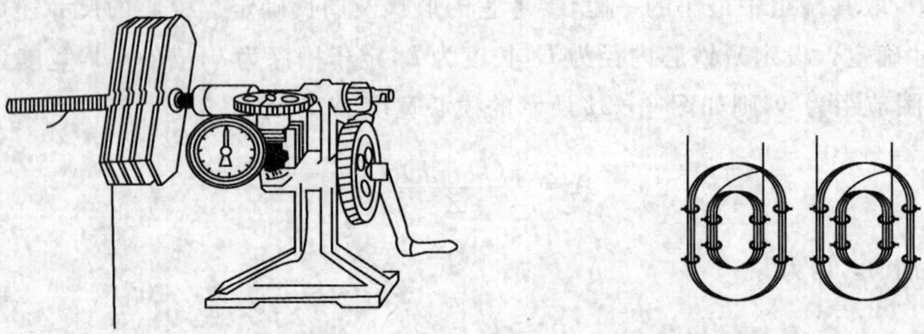

(a) 绕制线圈　　(b) 绕好、扎好的同心绕组绕圈

图 6-22　绕线

绕制线圈时，应注意以下几点：

(1) 绕制时导线必须排列整齐。注意导体排列整齐，避免交叉和打结，以便在下线时能顺利地将导线放入槽中。

(2) 按设计要求。匝数必须准确，导线直径必须符合要求，绕线时必须保护导线的绝缘不受损坏，绕制好的线圈的两个有效边要用线扎好以防散开。

(3) 线圈的引出线端不能过短。线圈引出线以能达到对面有效边一半的长度为宜，留得过短，下线后可能造成连接困难。

(4) 接头放在端部。当绕制线圈的导线不够长时，连接下一段导线的接头一定要放在端部，且接头应铰接焊牢，套上绝缘套管；不允许线圈的有效边上有导线的接头。

活动三 下线

在线圈绕制完成后，下线的工艺步骤是：准备下线工具→制作槽绝缘、相间绝缘、层间绝缘和槽楔→按规律将线圈嵌入定子槽内→封槽→绕组连接→端部整形。

1. 准备下线工具

小型异步电动机常用的下线工具如图 6-23 所示。划线板的作用是帮助线圈导线进槽和理顺进入槽中的导线；划线板用厚度约为 3 mm，长为 150 ～ 200 mm，宽为 10 ～ 15 mm 的红钢纸或布纹层压板，或楠竹或不锈钢制作。划针的作用是包裹槽中绝缘，有时也用来清除槽中残留的锈斑、绝缘物等，用直径为 3 ～ 4 mm、长为 200 ～ 250 mm 的不锈钢丝制作。

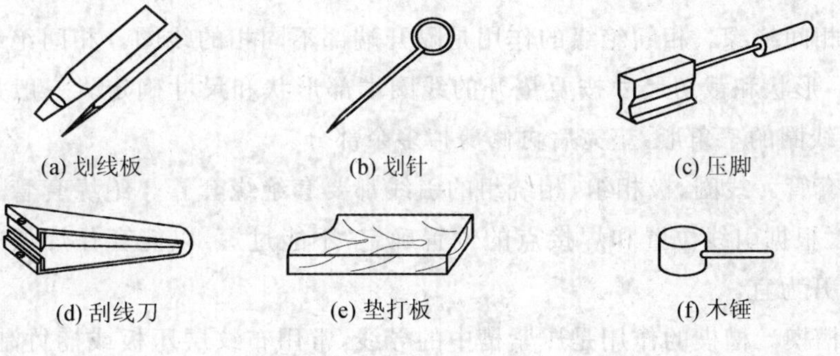

图 6-23 常用的下线工具

压脚的作用是压紧、压平槽中的导线，用不锈钢或黄铜制作，尺寸要根据定子铁芯槽的尺寸确定。压脚宽度应比铁芯槽上部宽度窄 0.6～0.7 mm。压脚应光滑无棱，以免在压线时损伤绝缘。

刮线刀的作用是刮掉需要焊接的导线上的绝缘层。刮线刀的刀片可用铅笔刀的刀片或用优质碳钢制作，刀架用 1.5 mm 左右的铁皮制作，用螺钉将刀片固定在刀架上，如图 6-23(d)所示。

木锤和垫打板用于端部整形。在整形时，不能用铁锤直接敲打线圈，必须用垫打板垫在线圈端部上，用铁锤敲打垫打板进行整形。局部细节处则用木锤敲打。

除准备上述下线工具外，电工的常用工具，如尖嘴钳、胶钳、电工刀、电烙铁等，生活中使用的剪刀、裁纸刀等也应准备。

2. 准备绝缘材料

准备绝缘材料包括裁切槽绝缘、层间绝缘、相间绝缘，制作槽楔，准备绝缘套管。

(1) 裁切槽绝缘。槽绝缘因宽度不同有使用引槽纸和不使用引槽纸两种设置方式。不使用引槽纸时，槽绝缘的宽度应比槽截面的周长长 10～30 mm，如图 6－24(a)所示。使用引槽纸时，槽绝缘纸的宽度应与槽截面的周长相同，如图 6－24(b)所示。不管采用哪种设置，槽绝缘纸都应伸出槽端头 14～30 mm，因此，槽绝缘纸的长度应比铁芯长度长 14～30 mm。

(a) 不使用引槽纸　　(b) 使用引槽纸

图 6－24　槽绝缘的设置

(2) 裁切层间绝缘。电动机的绕组为双层或多层绕组时，需要层间绝缘。层间绝缘纸的宽度为平均槽宽的两倍，长度比槽绝缘纸的长度长 10～20 mm，以保证上、下两层线圈的端部都能隔开。

(3) 裁切相间绝缘。相间绝缘的作用是隔开端部不同相的线圈。相间绝缘使用的材料与槽绝缘相同，形状和裁切尺寸按要垫开的线圈端部形状和尺寸确定。一般是先裁切成足够隔开不同相线圈的三角形，垫完后再修剪掉多余部分。

(4) 绝缘套管。线圈、极相组、相绕组的引线都要套绝缘套管。绝缘套管一般使用黄蜡管，套管的长度根据引线位置和焊接点的位置确定，不能过短，以能套住焊点和使引线与其他导体完全隔开为宜。

(5) 制作槽楔。槽楔的作用是压紧槽中的导线，常用布纹层压板或楠竹制作，其尺寸应根据槽中导线的情况和槽口的宽度确定。

3. 嵌线

先将线圈的导线理平、理顺并擦上石蜡，然后以出线盒为基准来确定第 1 槽的位置。嵌线前先用右手把要嵌的线圈一条边捏扁，用左手捏住线圈的一端，向相反方向扭转，使线圈的槽外部分略带扭纹形，防止线圈松散，如图 6－25(a)所示。线圈边捏扁后放到槽口的槽绝缘中间，右手捏住线圈朝里插入槽内，左手拉动线圈边，如图 6－25(b)所示。如槽内不用引槽纸，应在槽口临时放两张薄膜绝缘纸，以保护导线绝缘不被槽口擦伤。导线进槽后，取出薄膜绝缘纸，如果线圈边捏得好，一次就可以把大部分导线拉入槽内，剩下少数导线可用划线板划入槽内。用划线板理顺槽内导线时，划线板的操作方法如图 6-26 所示。嵌好一个线圈的一条有效边后，另一条有效边暂不入槽时应吊起来，俗称吊把。吊把时在线圈与铁芯之间垫一张纸，以免线圈边与铁芯相碰而擦伤绝缘，如图 6-25(c)所示。导线进槽应按线圈的绕制顺序，不要使导线交叉错乱，槽内部分必须整齐平行，否则不仅影响全部导线的嵌入，而且还会造成导线间相擦而损伤绝缘。嵌线时，还要注意槽内绝缘是否偏移到一侧，防止露出的铁芯与导线相碰，造成绕组接地故障。

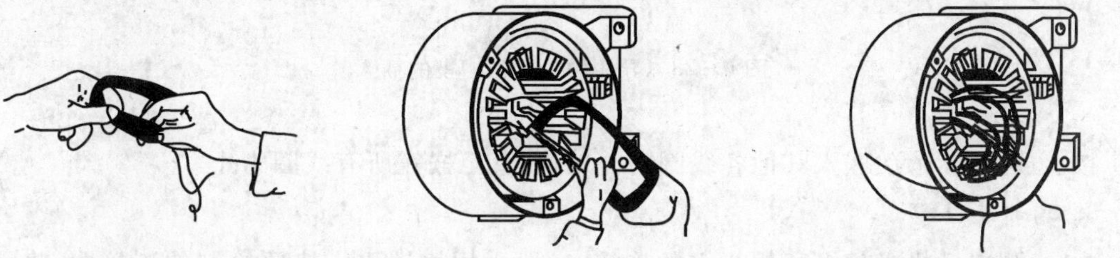

(a) 把线圈的一边捏扁　　(b) 把导线嵌入槽内　　(c) 暂不嵌入的线圈边吊把

图 6-25　下线手法

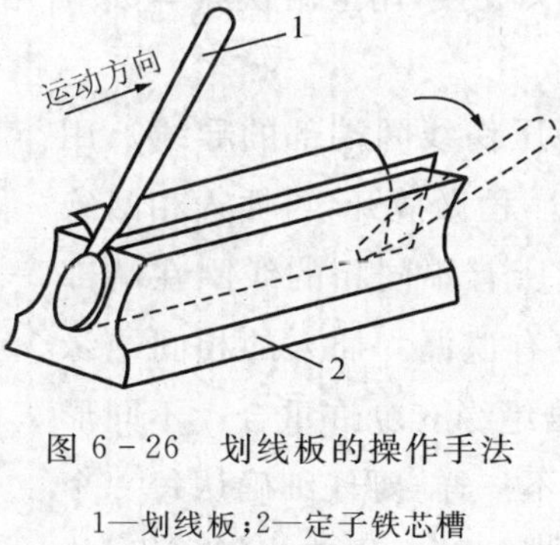

图 6-26　划线板的操作手法

1—划线板；2—定子铁芯槽

4. 封槽

下完一个线圈边后，就应封槽，即用槽绝缘包好槽内导线，插入槽楔。封槽时，先剪去高出槽口的绝缘纸，如图 6-27(a)所示。然后用划针包裹导线、插入槽楔，如图 6-27(b)、(c)所示。包裹导线和插入槽楔的操作方法如图 6-28 所示。

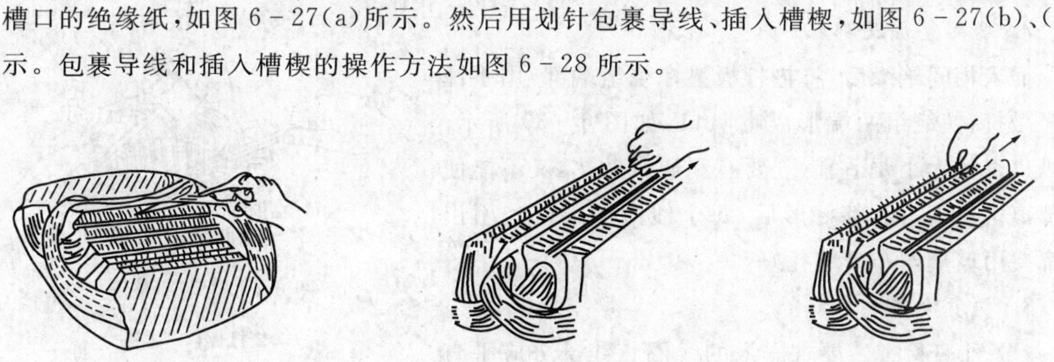

(a) 剪去高出槽口的绝缘　　(b) 用划针将槽一侧的绝缘包裹导线　　(c) 另一侧的绝缘包裹导线

图 6-27　封槽的操作

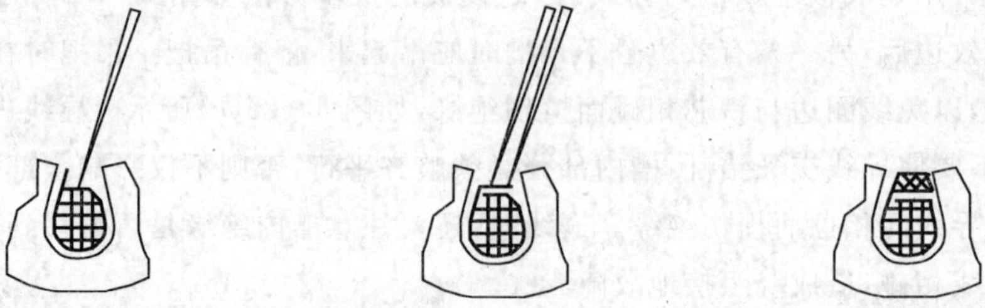

(a) 包裹一侧　　(b) 包裹另一侧　　(c) 插入槽楔

图 6-28　导线的包裹和槽楔的插入

按上述方法，依次嵌入其他各线圈的有效边，直至嵌完所有线圈为止。

5. 端部连接

中、小型电动机极相组和相绕组的连接，一般采用烙铁焊。按照绘制的连接图，将需要连接的两个线圈的出线留下适当的长度，用刮线刀去除线端的绝缘层后镀锡，镀锡后套上绝缘套管；然后将需要连接的两线头铰接，用电烙铁焊牢；最后用套管套住焊点。

6. 插入相间绝缘

把定子竖立起来(注意不要压伤线圈端部的导线)，用划线板插入不同相导线的接触处，稍微撬开，再插入相间绝缘，如图 6-29 所示。注意要把所有不同相的线圈在端部的接触处都插入相间绝缘，不应有遗漏。插入的相间绝缘要插到底，与槽口的层间绝缘、槽绝缘有少许重合。不同形式的绕组，相间绝缘的插入方法不一样，要仔细确认每一个线圈的相别。插入后，再按线圈端部轮廓修剪相间绝缘，使之高出线圈 3～4 mm。

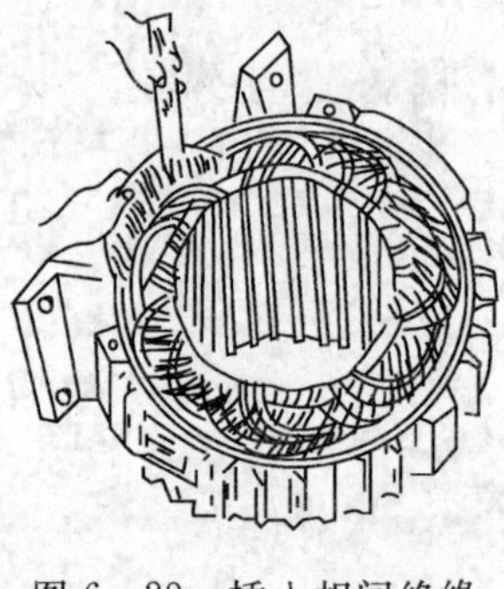

图 6-29　插入相间绝缘

将定子一侧的所有相间绝缘插入后，再插另一侧端部的相间绝缘。

7. 端部整形及绑扎

插入相间绝缘后，将垫打板垫在绕组端部，用手锤轻轻敲打，使绕组两端形成喇叭口，如图 6-30 所示。喇叭口直径大小要适宜，既要有利通风散热，又不能使端部离机壳太近。整好形后，每个线圈的端部连引出线都要用玻璃丝布带绑扎好。

图 6-30　端部整形

1—垫打板；2—木锤

8. 初步检查

(1) 外表检查。要求嵌入的线圈直线部分应平直整齐，端部没有严重交错现象；导线绝缘损伤部位的包扎和接头处的包扎应正规；相间绝缘应当垫好，端部绑扎应当牢固，端部的形状和尺寸应当符合要求；槽楔应压紧槽内的导线，且不超过铁芯的内圆面，伸出铁芯两端的长度要近似相等，槽楔端部不应破裂；槽绝缘两端破裂的修复应当可靠，定子铁芯少于 36 槽的电动机槽绝缘两端破裂处不能超过 3 处，定子铁芯大于 36 槽的电动机不能超过 4 处。

（2）检查绕组。检查绕组有无接错或嵌反可以用指南针法。也可以在三相绕组接通 60～100 V 的三相交流电源，在定子铁芯的内圆上放一颗小钢珠，钢珠沿着内圆旋转，表明绕组没有嵌反或接错；如钢珠吸住不动，表明绕组可能有接错或嵌反，或绕组有短路、断路等故障。

（3）测定直流电阻。绕组如果没有接错或嵌反，就可以用低阻欧姆表或电桥测定直流电阻。在正常情况下，三相绕组的直流电阻应该相同，但由于绕线时的拉力不匀，或电磁线制造时的公差，以及焊接接头的接触电阻不完全相同等，三相绕组的直流电阻允许存在一定的不平衡度。三相绕组直流电阻不平衡度不得超过 4%，即

$$\frac{\text{最大值}-\text{平均值}}{\text{平均值}}\times 100\% \leqslant 4\%$$

如三相绕组直流电阻不平衡度大于 4%，可能绕组有短路、断路等故障。

项目五

单相交流异步电动机的绕组

单相交流异步电动机除凸极结构外，其余如电阻启动式、电容启动式、电容启动和运行式等单相交流异步电动机，均采用分布绕组。分布绕组的工作绕组和启动绕组在空间位置上互差 90°电角度，嵌入定子铁芯槽中后，再按一定规律连接。单相交流异步电动机的绕组形式有单层绕组、双层绕组、正弦绕组等几种。

活动一 单层绕组

电阻启动、电容启动和运行式单相交流异步电动机的绕组，多采用单层绕组。单层绕组又分链式、交叉式、同心式等几种形式。

1. 电阻、电容启动式单相交流异步电动机的绕组

电阻、电容启动式单相交流异步电动机采用链式或同心式绕组，工作绕组占总槽数的 2/3，启动绕组占总槽数的 1/3；启动绕组的匝数少，只有工作绕组匝数的 1/3～1/2；启动绕组的导线较细，只有工作绕组导线截面积的 1/3～1/2。单相交流异步电动机排列绕组时，分极的方法与三相交流异步电动机一样，即 $\tau=\dfrac{Z}{2p}$。电阻、电容启动式单相交流异步电动机分相与三相交流异步电动机不同，不是采用 60°电角度相带的分相方法，而是采用工作绕组为 120°电角度的相带，启动绕组为 60°电角度的相带的分相方法。线圈的连接，按"同相绕组中相同磁极下的线圈中电流方向相同，不同磁极下的线圈中电流方向相反"的原则连接。

【例 6.5】 24 槽四极电容启动式单相交流异步电动机，工作绕组采用同心式，画出绕组展开图。

解：该电动机的极距为

$$\tau=\frac{Z}{2p}=\frac{24}{4}=6\text{ 槽}$$

由于工作绕组占总槽数的 $\dfrac{2}{3}$，故工作绕组每极每相槽数为 $q_1=\dfrac{2}{3}\tau=\dfrac{2}{3}\times6=4$ 槽；启动绕组每极每相槽数为 $q_2=\dfrac{1}{3}\tau=\dfrac{1}{3}\times6=2$ 槽。绕组展开图如图 6－31 所示。

2. 电容运行式单相交流异步电动机的定子绕组

电容运行式单相交流异步电动机的启动绕组与工作绕组一样，要长期运行，因而工作绕

组与启动绕组所占的槽数、所用的导线都相同。电容运行式单相交流异步电动机的启动绕组和工作绕组一般采用交叉式。

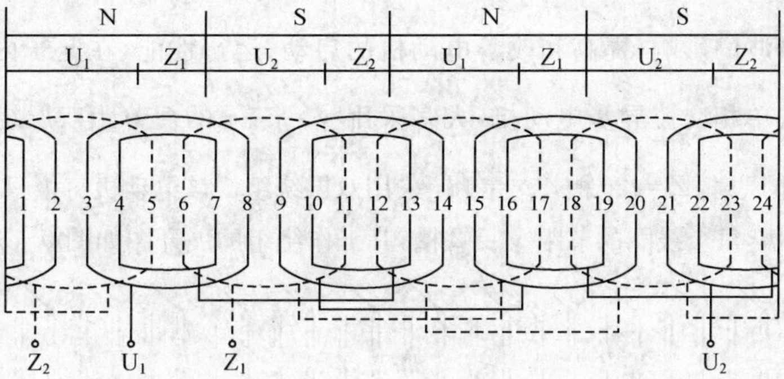

图 6-31　24 槽 4 极电容启动式单相异步电动机绕组展开图

【例 6.6】　电容运行式单相交流异步电动机定子槽数 $Z=24$ 槽，磁极 $2p=4$，采用交叉绕组，画出绕组展开图。

解：电动机的极距为

$$\tau=\frac{Z}{2p}=\frac{24}{4}=6\text{ 槽}$$

由于工作绕组与启动绕组所占的槽数相同，故每极每相槽数应相同，即

$$q=\frac{1}{2}\tau=\frac{1}{2}\times 6=3\text{ 槽}$$

绕组展开图如图 6-32 所示。

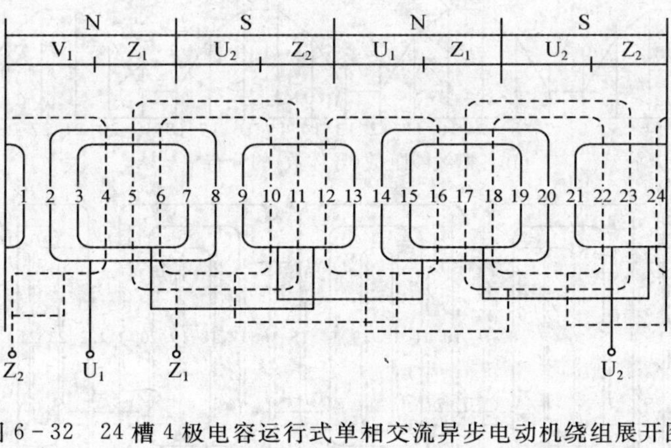

图 6-32　24 槽 4 极电容运行式单相交流异步电动机绕组展开图

活动二 单相双层绕组

为减小高次谐波的影响，提高和改善电动机的启动、运行性能，在定子内径较大、磁极数较多的电容运行式单相交流异步电动机，大多采用 $y=\frac{2}{3}\tau$ 的短节距双层绕组。

例如，常用的吊风扇，$Z=36$ 槽，$2p=18$，采用双层绕组。该电动机每极只有 2 槽，工作绕组和启动绕组各占 1 槽，每个线圈的节距 $y=2$ 槽，其工作绕组的展开图如图 6－33 所示。

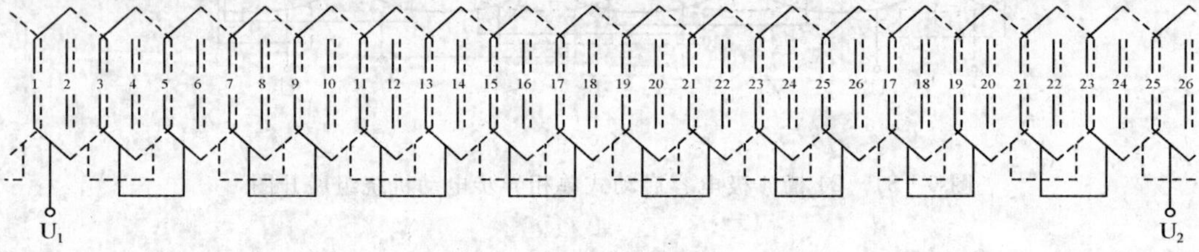

图 6－33　36 槽 18 极吊风扇工作绕组展开图

活动三 正弦绕组

定子各槽中线圈的匝数按正弦规律分布的绕组，称为正弦绕组，如图 6－34(a)所示。采用正弦绕组，可使气隙中的磁场分布接近正弦曲线，改善电动机感应电动势的波形，从而改善电动机的启动和运行性能。在洗衣机和电冰箱的电动机中，正弦绕组得到广泛的应用。

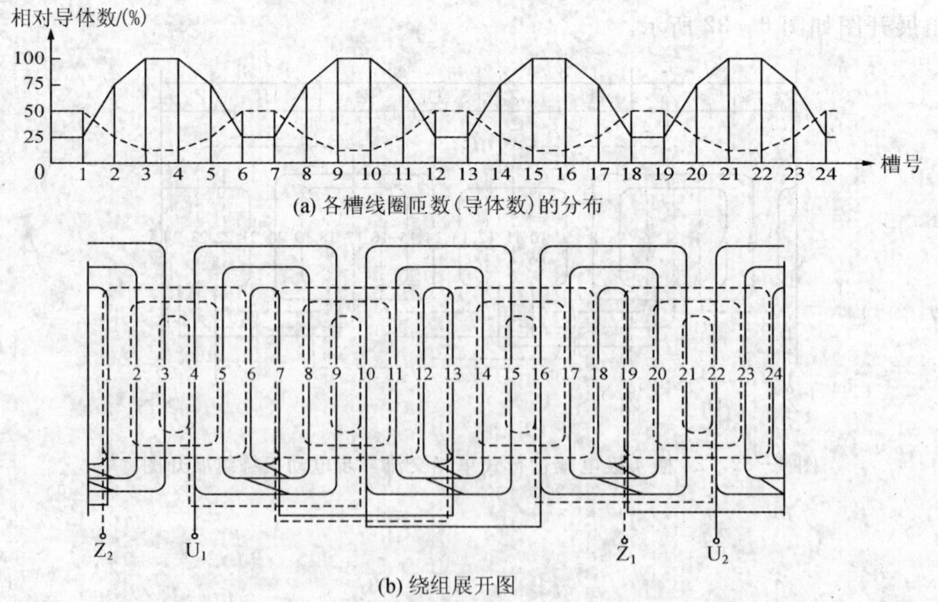

图 6－34　单相交流异步电动机的正弦绕组

正弦绕组的展开图如图 6－34(b)所示。采用正弦绕组的电动机，在一个定子槽中既有工作绕组，又有启动绕组。一般将启动绕组放在上层，便于维修。

正弦绕组多采用同心式，所以也称为同心正弦绕组。

课题测试

一、填空题

1. 极距 τ 是指每一磁极______，极距通常用______来表示。已知 48 槽 8 极的电动机，极距 τ 为______。

2. 线圈节距是指一个线圈______。

3. 节距与极距比较，绕组可有______、______和______3 种，一般采用______绕组和______绕组，而______绕组一般不用。

4. 两极电动机定子的电角度为______，四极电动机定子的电角度为______。

5. 极距用电角度来表示，$\tau=$______；三相绕组的相带用槽数表示时，$q=$______；用电角度表示时，$q=$______。

6. 三相单层绕组是指一个槽内安放______个线圈边，整个绕组的线圈数等于定子总槽数的______。根据线圈端部的不同，单层绕组可分为______、______和______3 种。

7. 某电动机为三相单层链式绕组，已知 $Z=48$ 槽，$2p=8$，则 $q=$______，$\tau=$______。

8. 某电动机为三相单层链式绕组，已知 $Z=24$ 槽，$2p=4$，假设 U 相绕组的首端为第 2 槽，则 V 相和 W 相绕组的首端分别为第______槽和______槽。

9. 24 槽 4 极同心绕组的 U_1 相带为 1，2 槽，则 W_1 相带的槽号为______。

10. 36 槽 4 极交叉式绕组，若第一个大线圈的一个有效边放在 2 槽，则第一个小线圈的一个有效边应放入______，另一有效边放入______。

11. JO_2—112S—2 三相异步电动机为单层同心式绕组，$Z=30$ 槽，则 $q=$______，$\tau=$______，属于 U 相绕组的槽号为______（从 1 号槽开始）。

12. 双层绕组是指一个槽中分______、______层两个线圈边的绕组。整个绕组的线圈数______槽数。

13. 用兆欧表测量绕组之间的绝缘电阻时，若测量值为______，说明绕组相间绝缘被击穿；若测量______，则说明绕组受潮。

14. 若绕组对地的绝缘损坏，用校验灯检查时，电源的零线应接电动机的______，灯泡与电源串联后接电动机的______。

15. 用万用表检查绕组时，若万用表的指针不动，则绕组有______；若指针指“0”，则绕组有__________。

16. 用电流法检查多根导线并绕和多路并联的绕组时，将三相绕组并联后通入电流，电流__________的一相有断路；若分别向三相绕组通电，则电流__________的一相有断路。

17. 电桥法测量绕组电阻时，低于三相绕组电阻平均值的一相可能有__________，高于三相绕组电阻平均值的一相可能有__________。

18. 短路侦察器用来检查绕组的__________故障，当短路侦察器经过有__________故障的绕组时，电流表的读数会增大。

19. 若绕组接线没有错误，当定子绕组通入三相电流时，放在定子铁芯内腔上的钢球会__________；当向绕组通入直流电流时，则小磁针会__________。

20. 24 槽 4 极单层链式绕组下线时的吊把数为__________，下线的规律是__________。

二、判断题（正确的在括号内打“√”，错误的打“×”）

1. 三相定子绕组的磁极数越多，则其对应的极距 τ 就越大。 （ ）
2. 三相单层绕组的 3 种结构形式产生的电磁效果基本上是一样的，因此凡是采用单层绕组的电动机从原理上讲用哪种结构形式都可以。 （ ）
3. 同心式绕组大线圈的节距比小线圈的节距多 2 槽。 （ ）
4. 单层绕组的线圈数等于定子槽数的一半。 （ ）
5. 6 极电动机定子圆周的电角度为 1 080°。 （ ）
6. 三相绕组不论每极每相槽数的多少，其相带的电角度都是 60°。 （ ）
7. 当用兆欧表测量绕组相间绝缘电阻时，若指针不动，说明绕组断路。 （ ）
8. 短路侦察器经过断路绕组时，电流表的读数会增大。 （ ）
9. 短路侦察器经过有短路故障的绕组时，绕组另一有效边所在槽上的钢锯片会振动。 （ ）
10. 24 槽 4 极链式绕组的下线规律是“下二空二，下二空二”。 （ ）
11. 单层绕组的每极每相槽数是 3，则下线时的吊把数为 3。 （ ）

三、选择题（将正确答案的字母填入括号内）

1. 一台三相异步电动机定子铁芯槽是 24 槽，旋转磁场的极数是六极，则极距是（ ）。

   A. 12 槽　　B. 8 槽　　C. 4 槽　　D. 2 槽

2. 节距 y 是指一个线圈两有效边之间的距离，在选择节距时应该（ ）。

   A. 越大越好　　B. 越小越好

   C. 接近极距 τ，但不超过 τ　　D. 接近极距 τ，或超过 τ

3. 设有一个线圈的一个有效边嵌放在第 1 槽，另一个有效边嵌放在第 8 槽，则其节距为（ ）。

   A. 1 槽　　B. 7 槽　　C. 8 槽　　D. 9 槽

4. 四极三相异步电动机定子圆周对应的电角度为（ ）。

A. 360° B. 720° C. 1 080° D. 1 440°

5. 三相异步电动机定子绕组若为单层绕组，则一般采用（　　）。

A. 整距绕组 B. 短距绕组 C. 长距绕组

6. 由于交叉式绕组是由一组大线圈和一组小线圈组合而成的，因此它主要用于（　　）。

A. $q = 2$ 的绕组中 B. $q = 3$ 的绕组中 C. $q = 4$ 的绕组中

7. 在三相单层绕组的 3 种不同结构形式中，各绕组的元件的节距与结构都完全相同的绕组是（　　）。

A. 链式绕组 B. 同心式绕组 C. 交叉式绕组

四、问答及绘图题

1. 构成三相定子绕组的基本原则有哪些？

2. 三相单层绕组有何结构特点？若按线圈的形式分类，单层绕组可分为哪几种？各有什么特点？

3. Y132M—6 三相交流异步电动机定子绕组数据为：单层链式，$2p = 6$，$Z = 36$ 槽，$y = 6$ 槽。

(1) 计算 τ，q；

(2) 画出 U 相绕组展开图；

(3) 确定 V 相及 W 相首尾端的槽号。

4. Y60M—8 三相交流异步电动机定子绕组数据为：单层链式，$Z = 48$ 槽，$y = 5$ 槽。

(1) 计算 τ，q；

(2) 画出 U 相绕组展开图（只需标出 U 相的槽号，V 相、W 相的槽号可以省略不画）；

(3) 确定 V 相及 W 相首尾端的槽号。

5. JO_2—41—2 三相交流异步电动机定子绕组数据为：单层同心式，$2p = 2$，$Z = 24$ 槽，$y_{大} = 11$ 槽，$y_{小} = 9$ 槽。画出三相绕组展开图。

6. Y132S—4 三相交流异步电动机定子绕组数据为：单层交叉式，$Z = 36$ 槽，节距为 $1 \sim 9$，$2 \sim 10$，$11 \sim 18$。

(1) 计算 τ，q；

(2) 画出 W 相绕组展开图；

(3) 确定 U 相及 V 相首、尾端的槽号。

7. 分别画出 Y132M—6 及 Y200L—2 三相交流异步电动机定子绕组的圆形接线图（用极相组表示）。

模块七

同步电机

项目一　同步电机的特点和分类

项目二　同步电机的结构和工作原理

项目三　同步发电机的励磁系统

项目四　同步电动机的启动

项目五　同步发电机的并联运行

项目一

同步电机的特点和分类

活动一 同步电机的特点

同步电机属于交流电机，电机转子的转速始终与旋转磁场的转速 $n_1=\frac{60f}{p}$ 相等，两者之间的相对速度为“0”，故称做同步电机。作为发电机运行是同步电机最主要的运行方式，几乎所有电网都是由三相同步发电机供电的。同步电动机的功率因数可以调节，在不要求调速的场合，应用大型同步电动机可以提高电网的功率因数，从而提高电网的运行效率，这是同步电机的另一个重要用途。近年来，小型同步电动机在变频调速系统中开始得到较多的应用。

活动二 同步电机的分类

同步电机按用途分为同步发电机、同步电动机和调相补偿机。

1. 同步发电机

将其他形式的能转换为电能的同步电机称为同步发电机。同步发电机应用的范围最为广泛，它是现代发电站的主体设备，目前世界上大部分发电站都采用同步发电机发电。

按拖动发电机的原动机的形式，同步发电机可分为汽轮发电机、水轮发电机、燃油发电机等几种。

(1) 汽轮发电机。以汽轮机为原动机拖动同步发电机产生电能的设备，为汽轮发电机。汽轮发电机的转速为 1 500 r/min 或 3 000 r/min，功率为 300～600 000 kW，电压为 400～27 000 V。目前，我国生产的汽轮发电机有氢外冷的 QFQ 系列、氢内冷的 QFN 系列、双水内冷的 QFS 系列等。

(2) 水轮发电机。以水轮机为原动机拖动同步发电机产生电能的设备，称为水轮发电机。水轮发电机的转速为 50～1 500 r/min，功率为 30～900 000 kW，电压为 400～20 000 V。目前，我国生产的水轮发电机是 TS 系列。

(3) 燃油发电机。以柴油或汽油机为原动机拖动同步发电机产生电能的设备，称为燃油发电机。燃油发电机的转速为 250～3 500 r/min，功率从几千瓦到几千千瓦，电压为220～6 300 V。燃油发电机成本高，常用做备用电源或移动电源。

2. 同步电动机

将电能转换为机械能的同步电机，为同步电动机。通过调节同步电动机的励磁电流，可以调节同步电动机的功率因数，具有改善电网功率因数的作用。同步电动机的转速不随负载的变化而改变，因此多应用于不需要调速而功率又较大的场合。

3. 调相补偿机

调相补偿机实际上是一台空载运行的同步电动机，主要用于变电站或大型工、矿企业的供电系统中。调相补偿机专门用来调节电网的无功功率，补偿电网的功率因数。

活动三　同步电机的铭牌值及铭牌数据

同步电机和其他电机一样，也有铭牌值。它的铭牌值主要包括以下几种：

(1) 额定电压 U_N：指发电机额定运行时，定子输出端的绕组线电压，单位为 V 或 kV。

(2) 额定电流 I_N：指发电机额定运行时，定子绕组的线电流，单位为 A 或 kA。

(3) 额定容量 S_N 或额定功率 P_N：指电机输出功率的保证值，发电机用额定容量，单位为 VA 或 kVA 或 MVA；电动机用额定功率，单位为 W 或 kW 或 MW。

(4) 额定功率因数 $\cos\varphi_N$：指额定运行时，同步电机的功率因数。

(5) 额定频率 f_N：指额定运行时，电枢输出端电压的频率，我国标准工业频率规定为 50 Hz。

(6) 额定转速 n_N：指额定运行时，同步电机的转速，即同步转速。

除上述额定值外，同步电机铭牌上还常列出一些其他的运行数据，如额定负载时的温升、励磁容量、励磁电压等。

铭牌数据是同步电机安全、可靠运行的基本参考数据。

项目二

同步电机的结构和工作原理

同步电机和其他类型的旋转电机一样，由静止部分和转动部分组成。按转动部件的不同，可分为旋转磁极式同步电机和旋转电枢式同步电机。如图 7-1(a) 所示，旋转磁极式同步电机的定子铁芯的内圆均匀分布定子槽，槽内嵌放着按规律排列的三相对称绕组 U_1U_2，V_1V_2 和 W_1W_2。这种同步电机将定子称做电枢，定子铁芯和定子绕组分别称为电枢铁芯和电枢绕组。转子铁芯上装有制成一定形状的成对磁极，磁极上绕有励磁绕组，通以直流电流时，将会在电机的气隙中形成极性相间的分布磁场，称为励磁磁场(也称主磁场、转子磁场)。

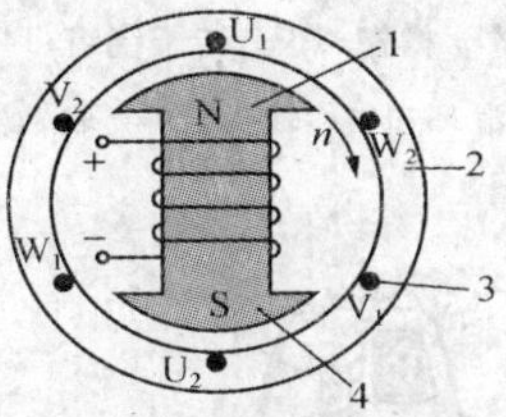

(a) 旋转磁极式同步电机

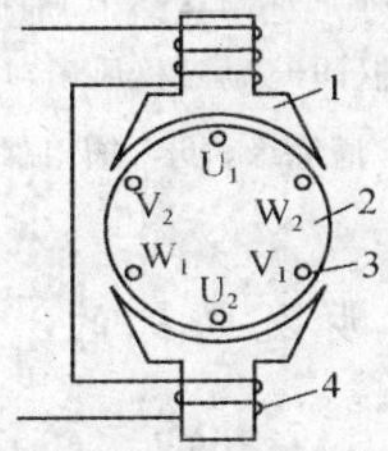

(b) 旋转电枢式同步电机

图 7-1 旋转磁极式和旋转电枢式同步电机

1— 磁极；2— 电枢；3— 电枢绕组；4— 励磁绕组

如图 7-1(b) 所示，旋转电枢式同步电机的磁极安装于定子上，而三相绕组对称分布于转子表面的槽内。

气隙处于定子内圆和转子表面之间，气隙的大小和形状对电机内部磁场的分布和同步电机的性能有重大影响。

同步电机旋转的绕组通过滑环和电刷与静止的外电路连接，在滑环和电刷之间形成火花，通过的电流越大，火花也越大。旋转磁极式同步电机在滑环和电刷中只通过较小的励磁电流，对减小滑环和电枢之间的火花有利，因此，大多数同步电机都采用旋转磁极式。

活动一 同步发电机的结构和工作原理

旋转磁极式同步发电机根据磁极的结构形式不同，有隐极式和凸极式两种。转速高的同步发电机多采用隐极式，转速低的同步发电机多采用凸极式。

1. 隐极式发电机的结构

隐极式转子上没有凸出的磁极，沿着转子本体圆周表面上开有许多槽，这些槽中嵌放着励磁绕组。在转子表面沿轴向约 1/3 处设有开槽，构成所谓大齿，是磁极的中心区。励磁绕组通入励磁电流后，沿转子圆周也会交替出现 N 极和 S 极。在大容量高转速汽轮发电机中，转子圆周线速度极高，最大速度可达 170 m/s。为了减小转子本体及转子上的各部件所承受的巨大离心力，汽轮发电机大多做成细长的隐极式圆柱体转子，如图7－2 所示。

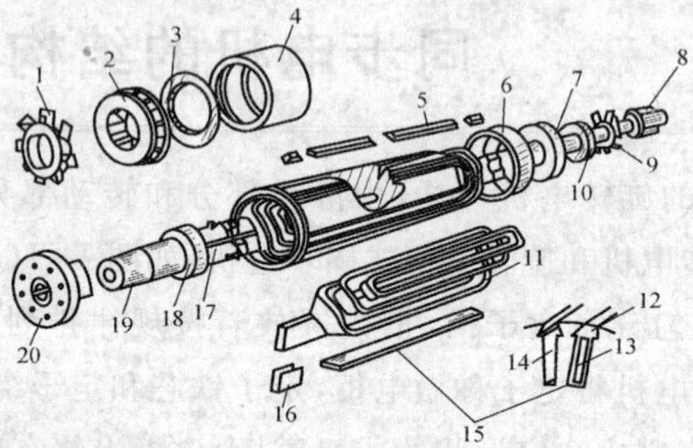

图 7－2　两极汽轮发电机转子结构

1— 轴向风扇；2— 径向风扇；3— 中心环；4— 护环；5— 槽楔；6— 护环；7— 风扇；8— 励磁机电枢；9— 励磁机风扇；10— 滑环；11— 转子绕组；12— 槽楔；13— 转子绕组；14— 转子槽；15— 槽绝缘；16— 槽口保护套；17— 励磁引线；18— 滑环；19— 轴头；20— 联轴器

2. 凸极式同步发电机的结构

凸极式转子上有明显凸出的成对磁极和励磁线圈，当励磁线圈中通过直流励磁电流后，交替出现N极和S极。对水轮发电机来说，由于水轮机的转速较低，要产生工频电能，要求的发电机的磁极数较多，做成凸极式结构的工艺较为简单，如图 7－3 所示。另外，中、小型同步发电机多半也做成凸极式。

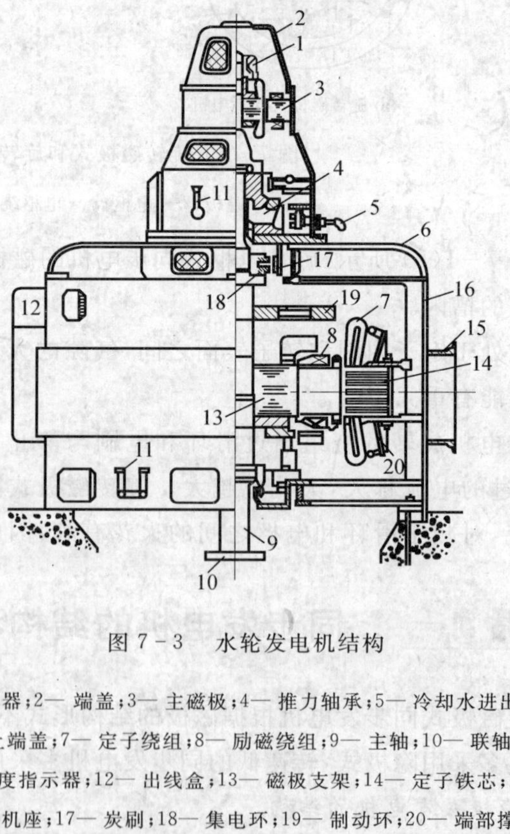

图 7－3　水轮发电机结构

1— 换向器；2— 端盖；3— 主磁极；4— 推力轴承；5— 冷却水进出水管；6— 上端盖；7— 定子绕组；8— 励磁绕组；9— 主轴；10— 联轴器；11— 油面高度指示器；12— 出线盒；13— 磁极支架；14— 定子铁芯；15— 风罩；16— 机座；17— 炭刷；18— 集电环；19— 制动环；20— 端部撑架

3. 同步发电机的工作原理

如图 7－4(a) 所示，同步发电机的励磁绕组通以直流励磁电流，建立起主磁场。主磁极在原动机的拖动下以同步速度 $n_1 = \frac{60f}{p}$ 转动，并顺次切割定子各相绕组，在三相对称的电枢绕组产生随时间按正弦规律变化的交变感应电动势。

由于三相对称绕组在位置上彼此互差 120° 电角度，三相绕组的感应电动势的相位也彼此互差 120°。设 U 相绕组的感应电动势的初相角为“0”，则三相绕组的感应电动势分别为

$$e_U = E_m \sin \omega t$$

$$e_V = E_m \sin\left(\omega t - \frac{2\pi}{3}\right)$$

$$e_W = E_m \sin\left(\omega t - \frac{4\pi}{3}\right)$$

三相感应电动势的波形如图 7－4(b)所示。若三相绕组接上负载，发电机向负载输出三相交流电能，完成机械能向电能的转换。

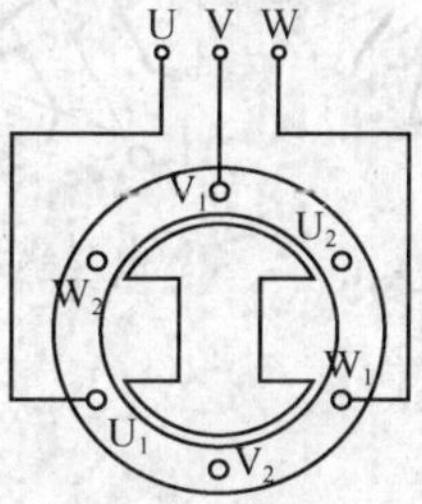

(a) 工作原理示意图

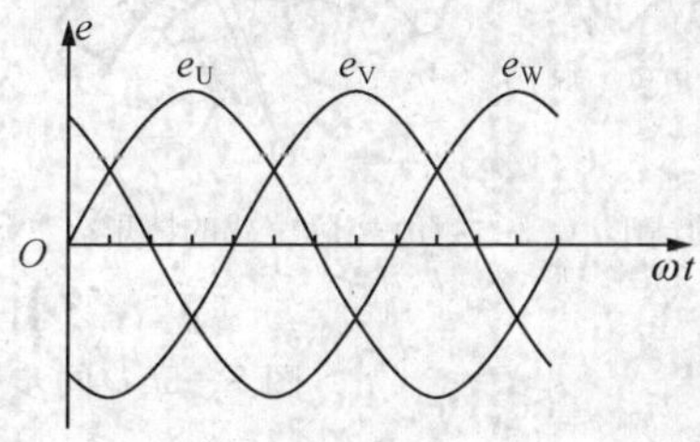

(b) 三相感应电动势的波形

图 7－4 同步发电机工作原理

感应电动势的频率与原动机拖动发电机时，发电机转子的转速 n_1 和磁极对数 p 的关系是

$$f = \frac{pn_1}{60}$$

活动二 同步电动机工作原理

同步电动机的工作原理如图 7－5 所示。定子的对称三相绕组(也称电枢绕组)接到三相交流电源上，便有三相对称电流流过而在空间形成旋转磁场。该磁场以同步转速在 $n_1 = \frac{60f}{p}$ 气隙空间旋转。转子励磁绕组接入直流电源后，就有直流电流流过并产生大小和极性不变的恒定磁场。根据同名磁极相斥、异名磁极相吸的原理，当转子磁极的 S 极与电枢旋转磁场的 N 极对齐时，转子磁极将被电枢旋转磁极吸引而产生电磁转矩，拖动转子跟着旋转磁场以同方向、同转速旋转。

理想空载时，转子磁极与定子旋转磁极处处对正，转子磁极的轴线与定子磁极的轴线重

合，如图 7－5(a) 所示。实际上，在空载时转子的转动总要受到一些阻力，转子磁极总要比旋转磁极落后一个小小的角度 φ_0，但转子的转速不变，如图 7－5(b) 所示。

转子磁极比旋转磁极落后的角度 φ_0，称做功率角。当同步电动机带上负载后，转子磁极仍随旋转磁极以相同的转速、相同的转动方向转动，但功率角 φ_0 增大，如图 7－5(c) 所示。

随着同步电动机负载的增加，功率角 φ_0 增大；达到满载时，转子还能以同步速度随旋转磁场一起转动。当同步电动机的负载过大，旋转磁极对转子磁极的吸引力小于负载对转子的拉力时，转子磁极不能随旋转磁极一起转动，电动机停止转动，这种现象称做失步，如图 7－5(d) 所示。

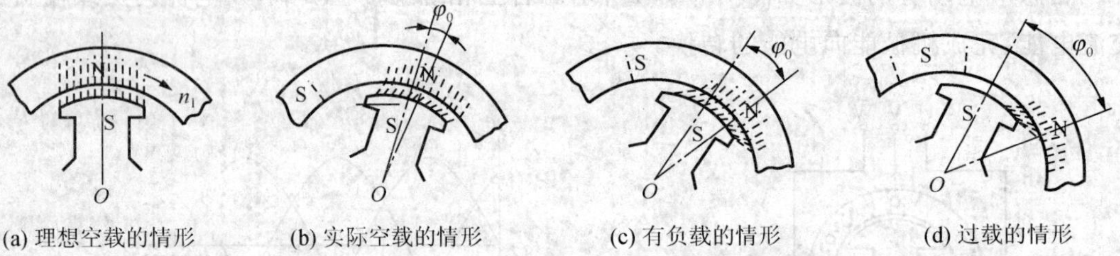

图 7－5　同步电动机的工作原理

项目三

同步发电机的励磁系统

同步发电机获得励磁电流的方法称为励磁方式。目前，同步发电机采用的励磁方式分为两大类：一类是用直流发电机作为同步发电机励磁电源的直流励磁机励磁系统；另一类是用整流装置将交流电变成直流电后，作为同步发电机励磁电源的整流器励磁系统。

活动一 直流励磁机励磁系统

直流励磁机通常与同步发电机同轴，采用并励式或者他励式直流发电机。如图 7－6 所示，励磁机产生的直流电流，直接供给同步发电机的励磁绕组。改变励磁机的励磁电流，励磁机的端电压会改变，从而使同步发电机的励磁电流、输出电压和功率因数等发生变化。

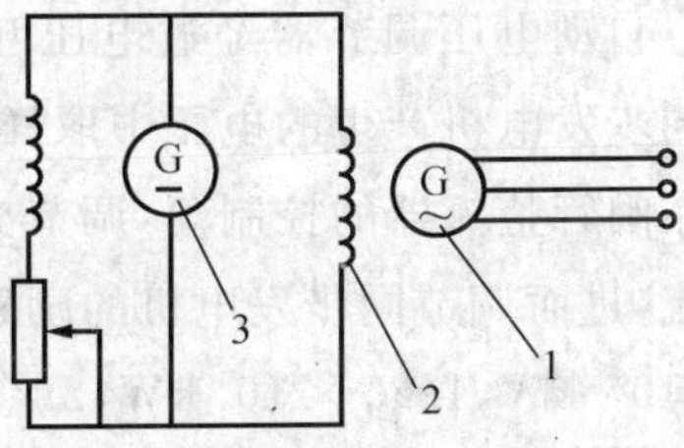

图 7－6 同轴直流发电机励磁

1—同步发电机；2—同步发电机励磁绕组；3—并励式直流发电机

随着同步发电机的容量增大，制造大电流、高转速的同轴直流发电机比较困难，故直流励磁机励磁系统只在中、小容量的同步发电机中使用。

活动二 整流器励磁系统

整流器励磁系统将交流电流经整流器整流后，供给同步发电机的励磁绕组。根据交流电的来源和整流器的形式，常用的有自励、他励和谐波励磁等。

1. 自励式

如图 7－7 所示，自励式励磁系统的交流电流从同步发电机所产生的三相交流电中获取，经晶闸管整流后，供给同步发电机的励磁绕组。同步发电机的励磁电流通过改变晶闸管的控制角来调节。

2. 他励式

在同步发电机的同一轴上有 3 台交流发电机，即主发电机、交流主励磁机和交流副励磁机，如图 7－8 所示。副励磁机的励磁电流开始时由外部直流电源提供（有时副励磁机采用永磁发电机），待电压建立起来后再转为自励。副励磁机的输出电流，一是经过晶闸管整流器整流后供给主励磁机的励磁绕组；二是经硅整流器整流后供给自身的励磁绕组。交流主励磁机的交流输出电流经过三相桥式硅整流器整流后，供给主发电机的励磁绕组。

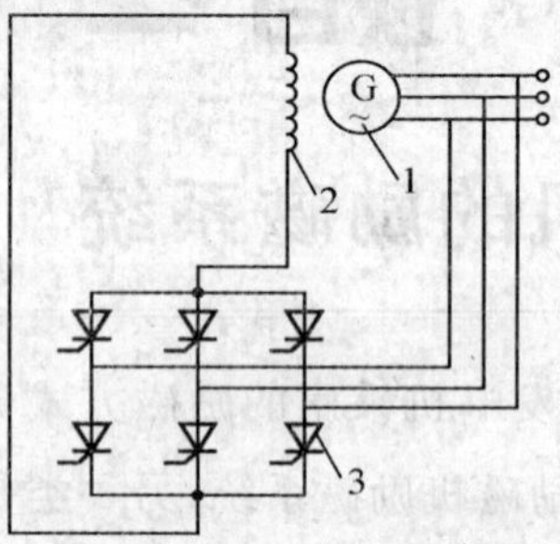

图 7-7　自励式励磁系统

1—同步发电机；2—发电机励磁绕组；
3—晶闸管整流器

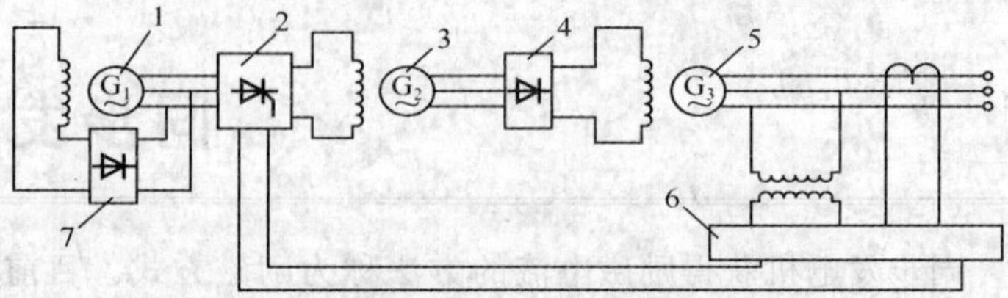

图 7-8　交流励磁机励磁系统

1—交流副励磁机；2—晶闸管整流器；3—交流主励磁机；
4—硅整流器；5—主发电机；6—自动电压调节器；7—硅整流器

自动电压调节器经过电压互感器和电流互感器从同步发电机产生的电压中取样和处理后，控制和改变晶闸管整流器的控制角，调节交流主励磁机的励磁电流，进而调节同步发电机的励磁电流。我国制造的 1×10^6 kW，1.25×10^6 kW，2×10^6 kW，3×10^6 kW 的汽轮发电机，都采用他励式励磁系统。

3．谐波励磁

谐波励磁系统是在发电机的定子槽中附加独立谐波绕组，将储存于气隙磁场中的谐波功率引出来供给主机励磁，如图 7-9 所示。根据励磁功率需要，谐波绕组可分为单相或三相。

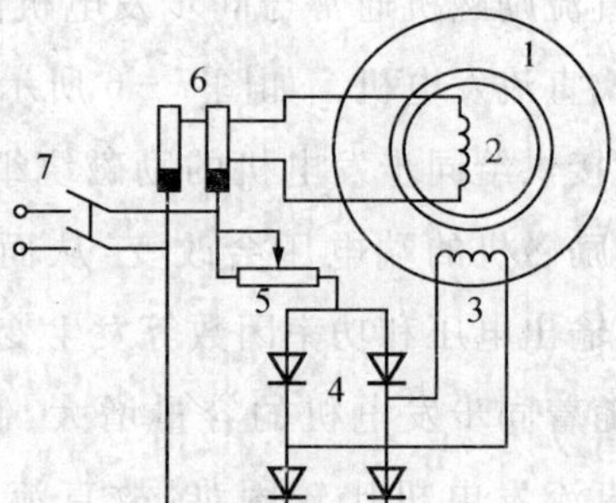

图 7-9　谐波励磁系统

1—同步发电机；2—发电机励磁绕组；
3—谐波绕组；4—桥式整流器；
5—调节电阻；6—集电环；
7—直流电源

谐波励磁系统利用了谐波，节约了设备的投资，提高了发电机的效率。当发电机的负载变化时，谐波电动势也会随之变化，能起到自动稳定同步发电机输出电压的作用。谐波绕组是静止的，整流设备的安装和维修比较方便。谐波励磁目前在小容量的同步发电机中采用。

项目四

同步电动机的启动

活动一 同步电动机不能自行启动的原因

当同步电动机定子接到交流电源时，定子绕组就有三相电流流过而建立起旋转磁场。设在通电时，定子旋转磁极与转子磁极相互作用而产生一顺时针方向的电磁转矩，欲拖动电动机转子按顺时针方向旋转，如图 7-10(a) 所示；但由于旋转磁极的转速很高，转子因惯性还未旋转时，另一旋转磁极到达该位置并与转子磁极相互作用，此时又将产生一逆时针方向的转矩，欲推动转子按逆时针方向旋转，如图 7-10(b) 所示。在电流的一个周期内，同步电动机的平均启动转矩为"0"，因此同步电动机不能自行启动。

(a) 刚通电时，定子磁极与转子磁极的位置　　(b) 通电半个周期时，定子磁极与转子磁极的位置

图 7-10 同步电动机的启动

活动二 同步电动机的启动方法

同步电动机不能自行启动，它必须借助其他设备来完成启动过程。常用的启动方法有异步启动法、调频启动法和辅助启动法 3 种。

1. *异步启动法*

在同步电动机的转子上加装一套笼型交流异步的转子绕组，这样在接通电源时，定子与笼型绕组构成了一台异步电动机。在异步电动机的启动转矩作用下，转子启动并逐步升高转速。当转子的转速达到空载转速时，给同步电动机的励磁绕组通入直流电流励磁，旋转磁场对转子磁场作用的变化很小，逐步将转子转速升高到同步速度；当转子转速达到同步转速时，笼型转子绕组与旋转磁场之间没有相对运动，笼型转子绕组中感应电流为“0”，笼型转子绕组完成启动任务。

除高速、大功率同步电动机外，一般情况下，同步电动机的启动大多数采用异步启动法进行启动。在条件许可的情况下，应选择全压异步启动。异步启动法的特点是启动转矩大、附属设备少、操作简单、维护方便，但要求电网容量大。

2. 调频启动法

同步电动机没有启动转矩的主要原因是：磁场转速高，而转子因惯性来不及转动。如果在启动时能降低旋转磁场的转速，就能让同步电动机自行启动。将能够从“0”调节到额定频率的变频电源与定子绕组连接，这样，在调节电源频率时，使磁场旋转速度从“0”逐步升高到额定同步转速的过程中，转子转速始终保持与磁场转速同步。

调频启动法要求启动技术较为复杂，需要变频发电机组或晶闸管变频器。调频启动法适用于大容量、高速同步电动机的启动。

3. 辅助启动法

用一台异步电动机或其他动力机械，把同步电动机的转子加速到接近同步转速时脱开，再向同步电动机通入定子电流和励磁电流，使同步电动机在转速较高的情况下启动。这种启动方法称做辅助启动法。

辅助启动法使用的异步电动机的磁极对数通常与同步电动机的磁极对数相同，容量为同步电动机的 5%～15%。启动时，异步电动机将同步电动机的转子拖动到接近同步转速时，切断异步电动机的电源，接通同步电动机的电源。

辅助启动法使用的异步电动机的磁极对数也可以比同步电动机的磁极对数少。启动时，异步电动机拖动同步电动机的转速超过同步电动机的同步转速时，切断异步电动机的电源；同步电动机的转速下降到同步转速时，立即合上同步电动机的电源。

辅助启动法需要一台辅助电动机，设备多、操作复杂，已基本不采用。

项目五

同步发电机的并联运行

在现代的发电厂、发电站中，一般采用多台发电机并联的运行方式，以便于减少备用容量，提高发电效率和质量。把同步发电机并联至电网的操作称为投入并联，或称为并列、并车。在投入并联时，必须避免产生巨大的冲击电流，以防止同步发电机受到损坏、电网遭受干扰。

活动一 投入并联运行的条件

同步发电机的并联运行必须符合下列条件：

(1) 发电机的电压应与电网的电压有相同的大小、相位、波形和频率。

(2) 发电机的相序应与电网的相序相同。

(3) 在并联合闸瞬间，发电机与电网之间的电位差为“0”。

在实际中，要满足电压相等、相位相同和频率相同是十分困难的。所以，只要求电压有效值相差不超过 5%～10%，频率相差不超过 0.2%～0.5%，相位相差不超过 10°，即可并联合闸。

上述条件中，相序一致是要绝对保证的条件。

活动二 投入并联的方法

投入并联的准备工作是检查并联运行条件和确定合闸时刻。通常用电压表测量电网电压 U，调节发电机的励磁电流使得发电机的输出电压为 U。再借助同步指示器检查，并调整频率和相位以确定合闸时刻。

1. 准整步法

同步发电机投入并联时，符合规定的全部并联条件，称为准同步并联。同步发电机投入并联时，如果允许其中的电压、相位与频率存在一定的偏差，称为准整步并联。

为判断是否满足并联条件，应采用同步指示器，最简单的同步指示器是同步灯，如图 7－11所示。

(1) 灯光熄灭法。三组指示灯分别接在开关两侧，如图 7－11(a)所示。当电压表的读数为“0”，指示灯全部熄灭时，说明开关两侧的电压相等且相位相同，符合并联条件，应立即合闸。

图 7－11　准整步的同步灯接法

(2) 灯光旋转法。指示灯的接法如图 7－11(b)所示。在相序相同时，灯光依次亮、半亮、熄灭，好像灯光按次序旋转一样。当灯光旋转时，应投入并联。

2. 自整步法

如图 7－12 所示，在相序一致的情况下将同步发电机的励磁绕组通过适当的电阻短接，用原动机把发电机拖动到接近同步转速(相差 2%～5%)。在没有接通励磁电流的情况下将同步发电机投入并联，并立即接通同步发电机的励磁绕组和调节励磁电流，依靠定子磁场和转子磁场之间的电磁转矩将转子拉入同步转速，完成同步发电机并联操作，这种将同步发电机投入并联的方法称做自整步法。

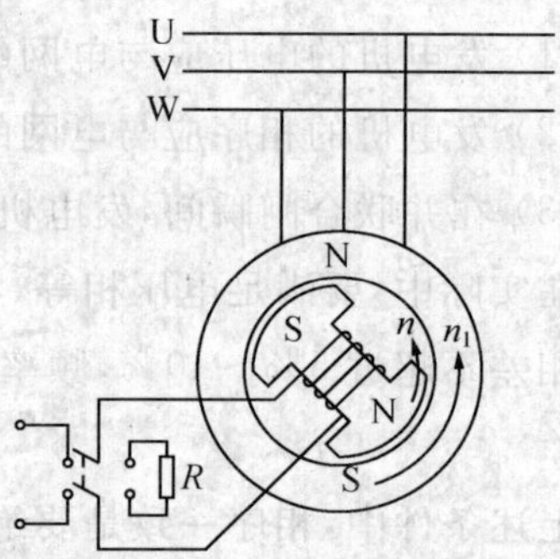

图 7－12　自整步法线路图

需要注意的是，在原动机拖动同步发电机到接近同步转速的过程中，发电机的励磁绕组必须通过一限流电阻短接。因为直接开路，将在其中感应出危险的高压；直接短路，将在定、转子绕组间产生很大的冲击电流。

自整步法的优点是：操作简单，方便快捷；缺点是：合闸时有冲击电流。这种方法用于事故状态下的并联投入。

课题测试

一、填空题

1. 同步电机的“同步”是指＿＿＿＿＿＿与＿＿＿＿＿＿相等。同步电机按其用途不同可分为＿＿＿＿＿＿、＿＿＿＿＿＿、＿＿＿＿＿＿3 种。

2. 汽轮发电机磁极对数 $p=1$，我国交流电频率为 50 Hz，汽轮发电机转速应为

________ r/min。

3. 同步发电机转速为 150 r/min，要求发出 60 Hz 交流电，此发电机有________个磁极。

4. 同步电机按结构分类，有两种形式：一种是旋转电枢式，即把三相交流绕组装在________上，磁极装在________；另一种是旋转磁极式，其转子可分为________式和________式两种。

5. 转速高的旋转式同步电机，转子圆周线速度大，应采用________式转子。

6. 给同步发电机励磁绕组提供励磁电流的方法有________和________。

7. 同步发电机采用自励磁方式是将________引出，经晶闸管整流装置转换为________提供给________。

8. 同步发电机并联运行时必须对________、________作出严格监控，直到完全符合条件时才能合闸并网。

9. 同步电动机发生失步现象时，________很大，应________，以免损坏电动机。

10. 同步电动机一般没有启动转矩，这是由于转子的________造成的。同步电动机的启动方法有________、________和________等。

11. 采用异步法启动的同步电动机，启动时励磁绕组________，不能将励磁绕组直接短路。在向定子绕组通电之前，应在励磁回路中________。

12. 同步电动机转子上安装的类似异步电动机笼型绕组的启动绕组，其作用是________。

13. 同步调相补偿机的作用是________。

二、判断题（正确的在括号内打“√”，错误的打“×”）

1. 三相同步电机的主要用途是发电。（ ）

2. 同步电动机的负载增加，电动机的电流增加，转速下降。（ ）

3. 我国交流电的频率为 50 Hz，因而我国同步发电机的转速只有 3 000 r/min，1 500 r/min，1 000 r/min，750 r/min 等若干固定的转速等级，而不能有其他任意转速。（ ）

4. 同步电动机大多采用旋转电枢式结构。（ ）

5. 满足发电机电压和电网电压有效值、极性和相位、相序相同，就可以将发电机与电网并联运行。（ ）

6. 同步电动机采用异步启动法启动，当转速为“0”时，笼型绕组中电流最小；当转速为同步转速时，笼型绕组中电流最大。（ ）

7. 同步电动机采用异步启动法启动，当启动电流太大时，应采用降压启动，减小启动电流。（ ）

三、选择题(将正确答案的字母填入括号内)

1. 容量大的同步发电机,一般为(　　)。

A. 三相绕组安装在转子上,磁极安装在定子上

B. 三相绕组、磁极均安装在定子上

C. 三相绕组安装在定子上,磁极安装在转子上

D. 三相绕组、磁极均安装在转子上

2. 转速为 $n = 250$ r/min,频率 $f = 50$ Hz 的同步发电机的磁极对数是(　　)。

A. 50　　B. 24　　C. 12　　D. 6

3. 同步电动机的启动转矩(　　)。

A. 等于额定转矩　　B. 大于额定转矩

C. 小于额定转矩　　D. 为"0"

4. 调相补偿机可以提高电网的(　　)。

A. 电压　　B. 利用率

C. 效率　　D. 功率因数

5. 调相补偿机为改善功率因数,减小损耗,一般安装在(　　)。

A. 发电区　　B. 配电区

C. 用电区　　D. 任何位置均可

四、问答题

1. 为什么同步电机大多采用旋转磁极式结构?

2. 同步电动机为什么不能自行启动?采用哪些方法可使同步电动机启动?

3. 什么是同步电动机的"失步"现象?"失步"的原因是什么?

4. 同步发电机并联运行的条件是什么?

模块八

直流电机

项目一

直流电机的基本原理

活动一 直流发电机的基本工作原理

图 8-1 所示为直流发电机的原理图。在静止的磁极 N,S 之间,有一个能转动的圆柱形铁芯,叫电枢,其上绕着一匝线圈,线圈两端分别连接在两个相互绝缘的半圆形铜片上,这半圆形铜片叫换向片,这些换向片组成换向器。换向器上压着静止不动的电刷,线圈通过电刷与外电路相连。

当线圈随着电枢逆时针旋转时,线圈切割磁感线,产生感应电动势,在如图 8-1(a)所示瞬间,ab 边位于 N 极下,cd 边位于 S 极下,感应电动势如图所示,电流从电刷 A 流出,从电刷 B 流入,A 为正极,B 为负极。

当电枢转过 90°时,线圈两边位于磁场物理中性面上,这时不切割磁感线,感应电动势为零,电刷同时接触两个换向片,线圈被短接,但线圈中无电流通过。

线圈转过物理中性面后,ab 边位于 S 极下,cd 边位于 N 极下,如图 8-1(b)所示。这时感应电动势的方向为从 a 到 b 及从 c 到 d,线圈两边中的电流方向正好与图 8-1(a)所示情况相反。观察两图可看出,处于 N 极下的线圈边,电流总是从线圈流向外电路,而处于 S 极下的线圈边,电流总是从外电路流向线圈里。由于电刷 A 总是与 N 极下的线圈边相接,电刷 B 总是与 S 极下的线圈边相接,所以,A 总是正极,B 总是负极。这样,通过电刷与换向器,就把线圈中交变的感应电动势,变为对外电路来说方向恒定不变的电动势。

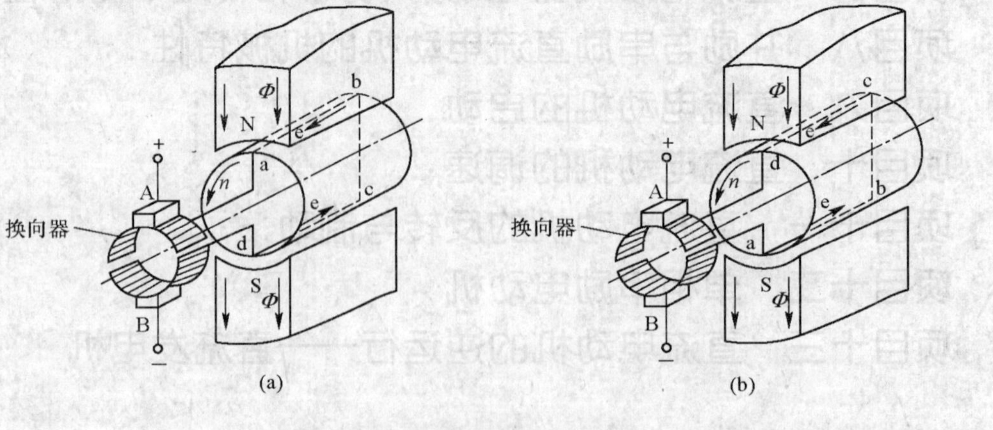

图 8-1 直流发电机工作原理图

外电路获得的电动势方向虽然不变，但数值却在零与最大值之间变化，波形如图 8-2(a)所示，这样的电动势不符合实际要求。为了减小电动势的波动，在电枢上可以增加线圈数和换向片数，通过这些线圈的电动势的叠加，可以使波动程度降低。图 8-2(b)所示是两个线圈的电动势的叠加，所得波形的波动程度已显著降低。实际应用中的直流电机，线圈数是很多的，电动势的波动很小，可以认为是恒定不变的直流电动势。

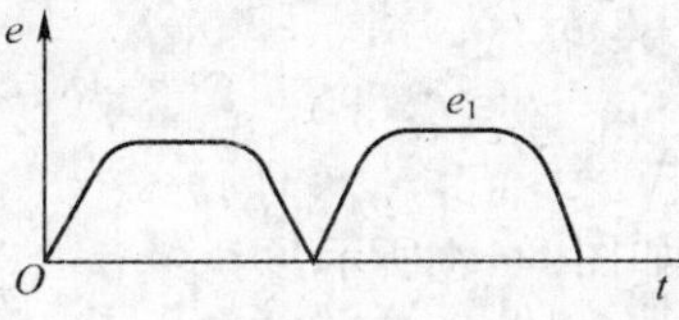

(a) 单个线圈所产生电动势波形

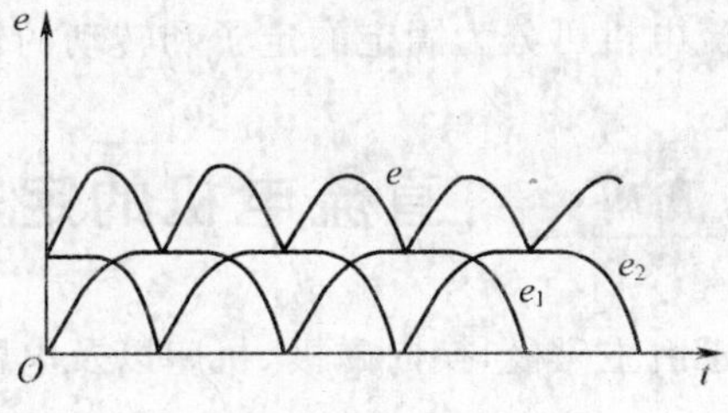

(b) 两个线圈所产生电动势波形

图 8-2 直流发电机电动势波形图

活动二 直流电动机的基本工作原理

图 8-3 所示为直流电动机的原理图。把电刷 A,B 接上直流电源，电流从 A 流入线圈，从 B 流出，用左手定则可判断出，线圈 ab 边受力向左，cd 边受力向右，形成一个转矩，使电枢逆时针转动，如图 8-3(a)所示。当线圈两边分别转到另一磁极下时，它们所接触的电刷也已改变，线圈中电流的方向与原来相反，如图 8-3(b)所示。用左手定则可判断出，ab 边受力向右，cd 边受力向左，电枢仍按逆时针转动。这样，通过电刷与换向器，使得处于 N 极下的线圈边内的电流总是从电刷向线圈流入，而处于 S 极下的线圈边内的电流总是从线圈向电刷流出，从而使电枢总是获得逆时针转动的转矩，而保持转动方向不变。

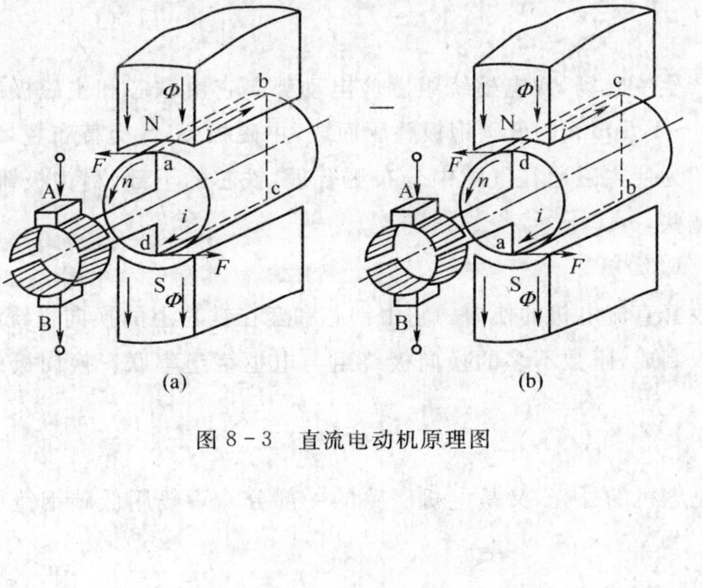

图 8-3 直流电动机原理图

项目二

直流电机的结构与分类

直流电机可分为固定的定子和转动的转子(又称电枢)两大部分。

活动一 直流电机的定子部分

定子由主磁极、换向磁极、机座以及电刷装置等组成,如图 8-4 所示。

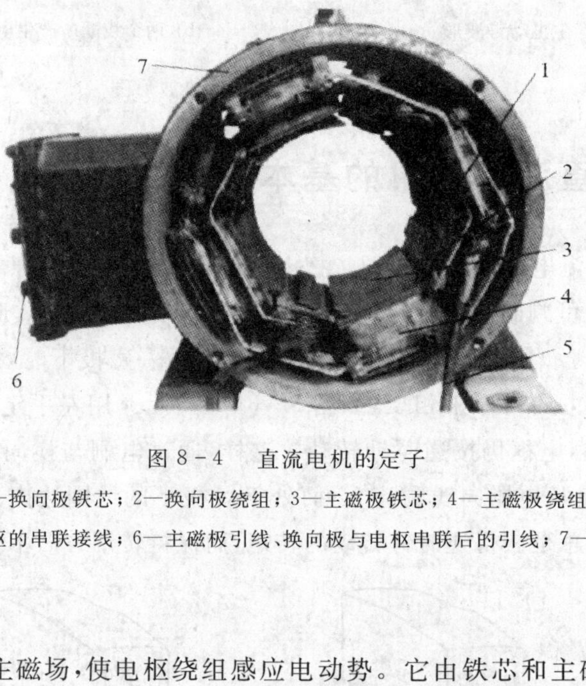

图 8-4 直流电机的定子

1—换向极铁芯;2—换向极绕组;3—主磁极铁芯;4—主磁极绕组;

5—换向极与电枢的串联接线;6—主磁极引线、换向极与电枢串联后的引线;7—定子机座

1. 主磁极

主磁极用来产生主磁场,使电枢绕组感应电动势。它由铁芯和主磁极绕组(励磁绕组)组成。铁芯用 0.5~1.5 mm 的低碳钢板叠压而成,主磁极 N,S 交替布置,均匀分布并用螺钉固定在机座上。为使主磁通在气隙中分布更合理,铁芯的下部(称为极靴)比套绕组的部分(称为极身)要宽些。

2. 换向极

换向极用来改善直流电机的换向。它由铁芯和套在铁芯上的换向极绕组组成。铁芯常用整块钢或厚钢板制成,匝数不多的换向极绕组与电枢绕组串联。换向极的极数一般与主磁极的极数相同。

3. 机座

定子机座既是电机的外壳,又是电机磁路的一部分。一般用低碳钢铸成或用钢板焊接而成。机座的两端有端盖。中小型电机前后端盖都装有轴承，用于支承转轴。大型电机则采用座式滑动轴承。

4.电刷装置

电刷装置的作用是使转动部分的电枢绕组与外电路接通，将直流电压、电流引出或引入电枢绕组。它与换向器相配合，起整流或逆变器的作用。电刷装置由电刷、刷握、刷杆座和汇流条等零件组成，如图 8－5 所示。电刷一般采用石墨和铜粉压制烧焙而成，它放置在刷握中，由弹簧将其压在换向器的表面上，电刷杆数一般等于主磁极的数目。

图 8－5　直流电机的电刷装置

1—刷辫；2—电刷；3—刷握；4—汇流条

活动二　直流电机的转子部分

转子由电枢铁芯、电枢绕组和换向器等部件组成，如图 8－6 所示。

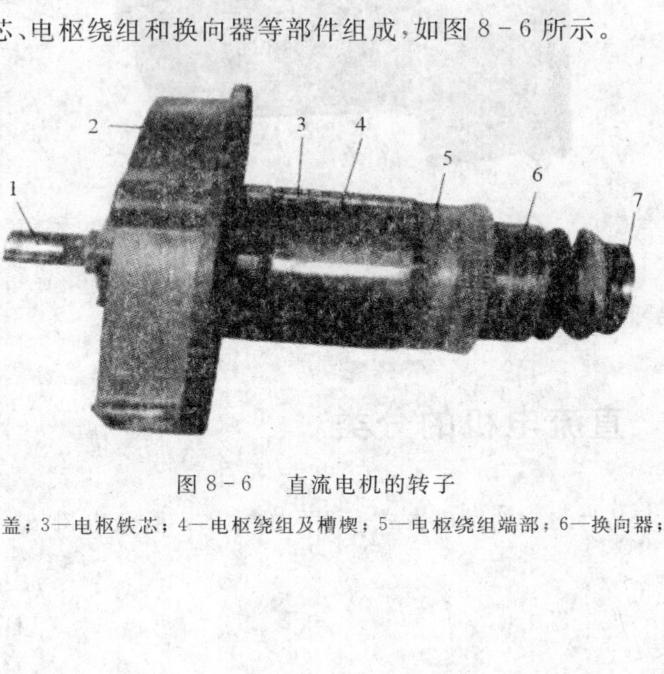

图 8－6　直流电机的转子

1—轴；2—端盖；3—电枢铁芯；4—电枢绕组及槽楔；5—电枢绕组端部；6—换向器；7—轴承

1. 电枢铁芯

电枢铁芯是电机磁路的一部分，电枢绕组放置在铁芯的槽内，为减少磁滞损耗及涡流损耗，电枢铁芯通常用 0.35mm 或 0.5mm 厚的硅钢片叠装而成。

2. 电枢绕组

电枢绕组是由许多按一定规律连接的线圈组成，它是直流电机的主要电路部分。它的作用是产生感应电动势和电磁转矩，从而实现机电能量的转换。电枢绕组是用绝缘铜线制成元件，然后嵌放在电枢铁芯槽内，每个线圈（元件）有两个出线端，分别接到换向器的两个换向片上。所有线圈按一定规律连接成一闭合回路。

3. 换向器

换向器是直流电机的重要部件。在直流发电机中，它将电枢绕组内部的交流电动势转换为电刷间的直流电动势；在直流电动机中，它将电刷上的直流电流转换为绕组内的交流电流。如图 8－7 所示，换向器由许多梯形铜排制成的彼此绝缘的换向片组成。换向片数与线圈元件数相同。

图 8－7　换向器

1—换向片；2—换向片片间绝缘；3—换向片与电枢绕组的连接处

活动三　直流电机的分类

直流电机的运行特性与它的励磁方式有很大的关系。直流电机按励磁方式不同，可分为以下几类。

1. 他励电机

他励电机的励磁电流是由独立的直流电源供给的，它的励磁电流仅取决于励磁电源的电压和励磁回路的电阻，与电枢端电压无关，如图 8－8 所示。

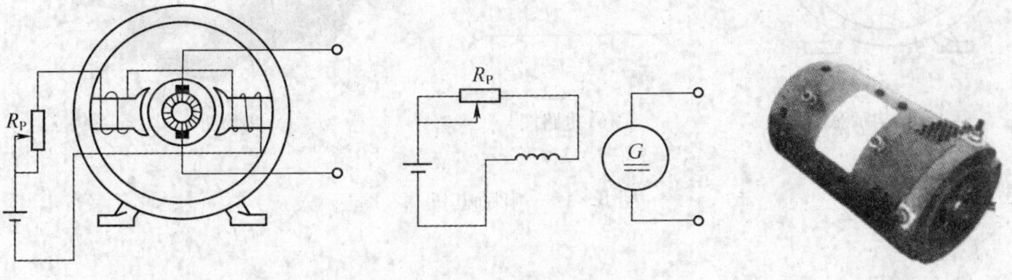

(a) 结构示意图　　(b) 电路图(发电机)　　(c) 实物图

图 8－8　他励电机

2. 并励电机

并励电机的励磁绕组与电枢绕组并联，如图 8－9 所示。并励电机的励磁电流不仅与励磁回路的电阻有关，而且还受电枢端电压的影响。由于并励绕组承受着电枢两端的全部电压，其值较高。为了减小绕组的铜损耗，并励绕组的匝数较多，并且用较细的导线绕成。

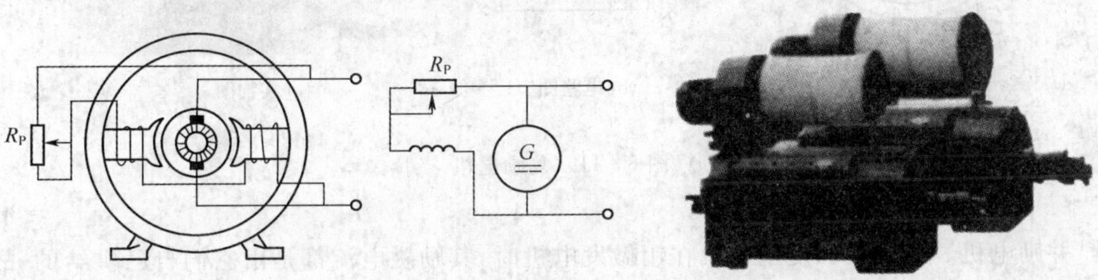

(a) 结构示意图　　(b) 电路图　　(c) 实物图

图 8－9　并励电机

3. 串励电机

串励电机的励磁绕组与电枢绕组串联。为了减小串励绕组的电压降及铜损耗，串励绕组用截面积较大的导线绕成，且匝数较少，如图 8－10 所示。

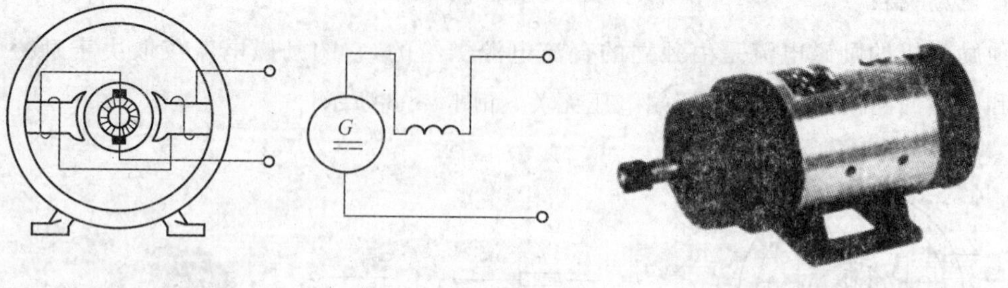

(a) 结构示意图　　(b) 电路图　　(c) 实物图

图 8-10　串励电机

4.复励电机

复励电机的磁极上有两个励磁绕组，一个与电枢绕组并联，另一个与电枢绕组串联，如图 8-11 所示。

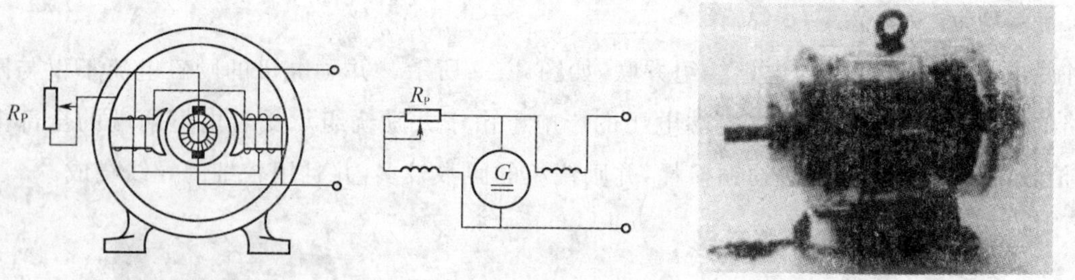

(a) 结构示意图　　(b) 电路图　　(c) 实物图

图 8-11　复励电机

并励电机、串励电机、复励电机在用做发电机时，其励磁电流都是由它们自己供给的，故统称为自励电机。

项目三

直流电机的电枢绕组

电枢绕组是直流电机的核心部分，它在电机实现能量转换的过程中起着重要作用。

活动一 常用概念

1. 绕组元件

电枢绕组是由许多个线圈以一定的规律连接起来的，每个线圈的两端分别接在两个换向片上，这样的线圈就叫绕组元件，元件的符号如图 8－12 所示。元件可以是单匝线圈，也可由多匝绕成，其中嵌放在槽中的两直线部分叫有效边，而两边弯曲部分，只起连接作用，叫端部。电枢绕组所有的元件数用 S 来表示。

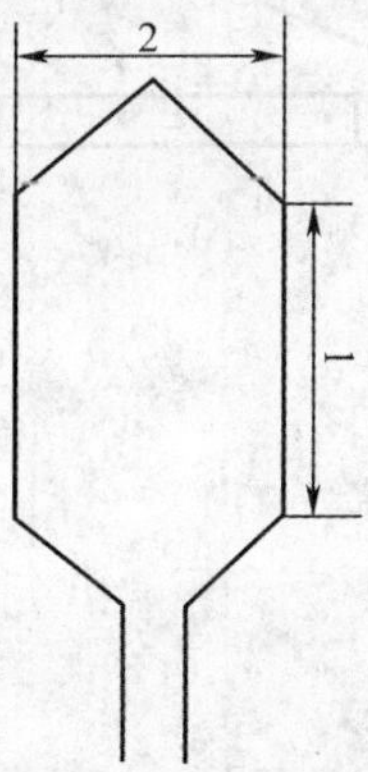

图 8－12 绕组元件的图形符号

1—有效边；2—端部

图 8－13 实槽与虚槽

2. 实槽与虚槽

在电枢表面实际存在的槽，叫实槽。在一个实槽中，往往并排嵌放几个元件边，我们把一个上层边和一个下层边看成一个虚槽。一个实槽中的虚槽数等于该实槽中并列的上层边(或下层边)的元件数，用 u 表示。如图 8－13(b)所示，一个实槽中放了 3 组元件上下层边，所以虚槽数是 3，即 $u=3$。如果用 Q_r 表示总的虚槽数，用 Q 表示实槽数，于是有

$$Q_r = uQ = S \tag{8-1}$$

因为同一个元件的两端接在两个换向片上，而各元件之间又是靠换向片彼此连接起来

的，每个换向片上有两个元件的一端，所以有

$$K=S \tag{8-2}$$

式中 K——换向片数；

S——元件数。

3.极距

一个磁极在电枢表面所占的距离称为极距。用虚槽数表示为

$$\tau_p=Q_r/2p \tag{8-3}$$

式中 τ_p——极距；

Q_r——虚槽数；

p——磁极对数。

4.节距

直流电动机的绕组节距如图 8-14 所示。

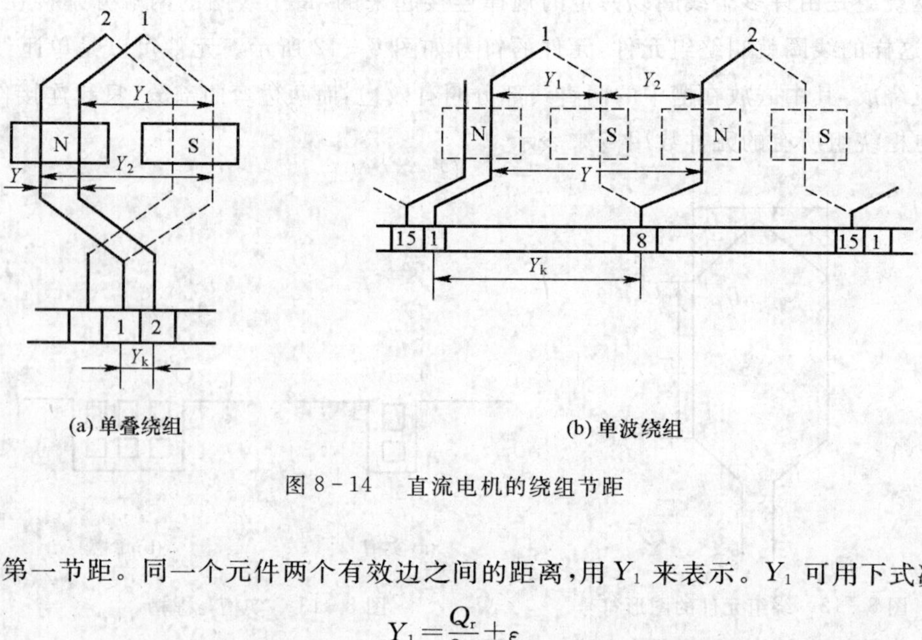

(a) 单叠绕组　　(b) 单波绕组

图 8-14　直流电机的绕组节距

(1)第一节距。同一个元件两个有效边之间的距离，用 Y_1 来表示。Y_1 可用下式决定：

$$Y_1=\frac{Q_r}{2p}\pm\varepsilon \tag{8-4}$$

式中 ε——用来使 Y_1 为整数的参数。

ε 为零时，为全节距；取负值时，为短节距；取正值时，为长节距。采用全节距时，得到的感应电动势最大，而短节距和长节距，都可改善电机换向，但长节距端部连线较多，需用铜线较多，所以多采用短节距。

(2)第二节距。前一元件的下层边到与它串联的第二元件的上层边之间的距离叫第二节距，用 Y_2 来表示。

(3)合成节距。两个串联在一起的绕组元件，其对应边之间的距离叫合成节距，用 Y 表示。

(4)换向节距。表示每一绕组元件的两端所连接的两片换向片间的距离叫换向节距Y_k,用换向片数来表示。换向节距Y_k与合成节距Y之间的关系为

$$Y=Y_k \tag{8-5}$$

活动二 单叠绕组

单叠绕组就是绕组元件的首端和尾端分别接到相邻的两片换向片上,前一元件的尾端与第二元件的首端接在同一换向片上,依次叠放而成,而且$Y=Y_k=\pm1$。当$Y=Y_k=+1$时,绕组为右行;取-1时,绕组为左行。左行绕组每个元件的首端和末端交叉,用铜较多,不常采用。

【例8.1】 下面以一台极数$2p=4$,$Q_r=S=K=16$的直流电机为例,说明它右行单叠绕组展开的画法。

解:(1)计算节距。

第一节距Y_1,由式(8-4)得

$$Y_1=\frac{Q_r}{2p}\pm\varepsilon=\frac{16}{4}=4$$

合成节距Y和换向节距Y_k

$$Y=Y_k=1$$

第二节距Y_2为

$$Y_2=Y_1-Y=4-1=3$$

(2)画虚槽和换向片。画出16个等长等距的虚槽(1根实线代表上层边,1根虚线代表下层边),并标上号码。再画出16个小方块代表换向片,标上号码。为了能连出形状对称的元件,换向片的编号应与槽的编号有一定对应关系(由Y_1来考虑),如图8-15所示。

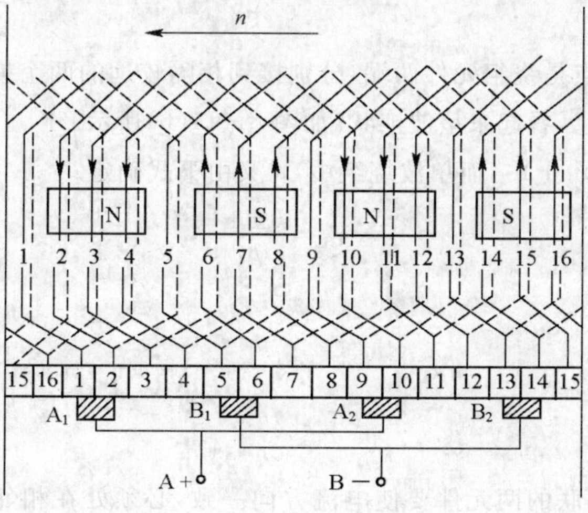

图8-15 单叠绕组展开图

(3)确定磁极的位置。磁极在圆周上对称分布,而且N,S极间隔排列,每个磁极的宽度大约等于0.7倍的极距。

(4)确定绕组元件的连接。由第1换向片经第1槽上层(实线),连到第5槽下层虚线(因$Y_1=4$),然后回到换向片2(因$Y_k=1$),第2换向片与第2槽上层连接,然后再连到第6槽下层,回到第3换向片。按此规律连接,最后16号上层边连到4号下层边,回到1号换向片。

(5)确定每个元件边里导体感应电动势的方向。从图8-15所示瞬间,1,5,9,13四个元件正好位于两个主磁极的中间,该处气隙磁密为零,所以不产生感应电动势,其余的元件可根据电磁感应定律的右手定则判断出它们的感应电动势的方向,N极下导体的电动势方向是向下的,S极是向上的。

(6)安放电刷。在直流电机里,电刷对数与磁极对数一样多。电刷要与中性面的元件引出端的换向片相接。由于元件的几何形状对称,因此把电刷的中心线对准主极的中心线,就能满足要求。根据各绕组元件中感应电动势的方向,可确定电刷极性,如图8-15所示。该电机作为发电机运行,则A_1和A_2为正电刷,B_1和B_2为负电刷。

至此,单叠绕组展开图已完成。下面来看看单叠绕组的并联支路图。按照图8-15所示各元件的连接顺序,可以得到如图8-16所示的并联支路图。

可见,单叠绕组并联支路数a等于主磁极对数p,即$a=p$。

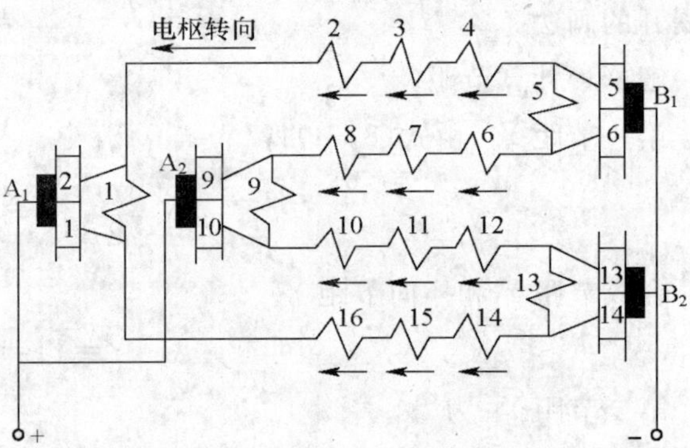

图8-16　单叠绕组的并联支路图

活动三　单波绕组

单波绕组的基本特点是绕组元件两端,分别接到相隔较远的两个换向片上,而且互相串联的两个元件也相隔较远,看起来呈波浪状,如图8-14(b)所示。

由图可以看出,$Y=Y_1+Y_2$,而单波绕组中,Y又由下式确定:

$$Y=Y_k=\frac{k\pm1}{p} \tag{8-6}$$

式中　Y——合成节距;

Y_k——换向节距;

k——换向片数;

p——磁极对数。

在单波绕组中,相串联的两元件要使电流方向一致,必须处在相邻的两对磁极下,整个电机有p对磁极,那么串联p个元件后,正好绕圆周一周,回到起始换向片相邻位置的换向片上，$Y=Y_k=\frac{k-1}{p}$时，落在起始换向片左侧一片上，叫左行绕组；$Y=Y_k=\frac{k+1}{p}$时，落在右侧一片上，叫右行绕组。因右行绕组前端部伸出线交叉，用铜较多，故很少采用。

【例 8.2】 下面以一台极数 $2p=4$，$Q_r=S=15$ 的直流电机为例，说明左行单波绕组展开图的画法。

解：首先，应计算出各节距，即

$$Y_1=\frac{Q_r}{2p}\pm\varepsilon=\frac{15}{4}+\frac{1}{4}=4$$

$$Y=Y_k=\frac{k-1}{p}=\frac{15-1}{2}=7$$

$$Y_2=Y-Y_1=7-4=3$$

其次，磁极、电刷的位置及绕组的连接方法等，都与单叠绕组相同，展开图如图 8-17 所示。

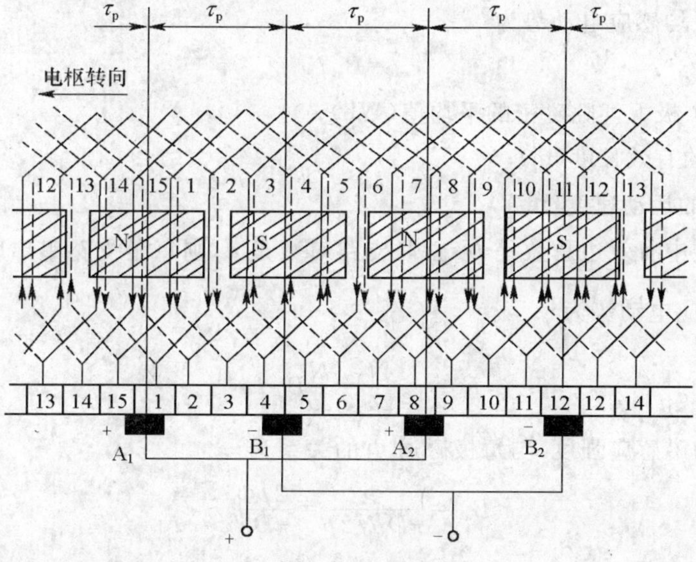

图 8-17　单波绕组展开图

单波绕组是把所有 N 极下的全部元件串联起来，组成一条并联支路；把所有 S 极下的全部元件串联起来，组成另一条并联支路，如图 8-17 所示。单波绕组的并联支路只有两条，$a=1$，而与磁极对数无关。

因单波绕组只有两条并联支路，理论上只需要两个电刷就可工作。但实际上，为了减小电刷上的电流密度，同时改善电机换向，仍然采用全额电刷，电刷杆数等于极数。

项目四

直流电机的电枢电动势

电枢电动势是电枢绕组的感应电动势，也就是电枢绕组每条并联支路里的感应电动势。当电机旋转时，每个元件都在运动着，其感应电动势的大小和方向都在变化着，但是每条支路里在任何瞬间所含元件数是相等的，保持一个动态平衡。这样，只要求出一根导体在一个极距范围下切割磁感线的平均感应电动势，再乘上一条支路里总的导体数，就能计算出电枢电动势，用 E_a 表示。

一根导体中平均感应电动势为

$$e_{av}=B_{av}lv \tag{8-7}$$

式中 B_{av}——一个极下气隙磁密的平均值(Wb)；

l——导线的有效长度(m)；

v——导线的运动速度(m/s)。

如果电枢绕组中有效边总数是 N，并联支路对数是 a，则每条支路里串联的有效边数为 $\frac{N}{2a}$，每条支路的感应电动势为

$$E_a=e_{av}\frac{N}{2a}=\frac{N}{2a}B_{av}lv \tag{8-8}$$

气隙中的平均磁感应强度，与每极磁通 Φ 的关系为

$$B_{av}=\frac{\Phi}{\pi D_a l/2p}=\frac{2p\Phi}{\pi D_a l} \tag{8-9}$$

式中 D_a——电枢直径；

l——绕组元件的有效边长度。

电枢每转过一周，表面上的导线有效边经过的距离为 πD_a，以 n 表示电枢转速，则有效边的速度 v 为

$$v=\frac{\pi D_a}{60}n \tag{8-10}$$

将式(8-9)和式(8-10)代入式(8-8)中，得

$$E_a=\frac{N2p\Phi}{2a\pi D_a l}\times l\times\frac{\pi D_a}{60}n=\frac{pN}{60a}n\Phi$$

可写做

$$E_a=C_e n\Phi \tag{8-11}$$

式中 C_e——电机的电动势常数，大小与电机的结构有关；

E_a——电枢电动势，单位为 V；

n——电枢转速，单位为 r/min；

Φ——每磁极的气隙磁通，单位为 Wb/m^2。

在直流发电机中，电流方向与电动势方向相同，电动势叫电源电动势；在直流电动机中，元件有效边切割磁感线而产生电动势，方向与电流方向相反，叫反电动势。

项目五

直流电机的电枢反应及换向

活动一 直流电机的电枢反应

直流电机的励磁绕组通以直流电时产生的磁场，叫主磁场，如图 8－18(a)所示。磁场的轴线与磁极的轴线是重合的，Y 与 Y' 重合。通过电枢轴中心并垂直于主磁极轴线的直线称为几何中性线如图 8－18 中的 $n—n$。通过电枢轴中心并与通过电枢铁芯的磁感线相垂直的直线，亦即经过电枢圆周上磁通为零处的直线称为物理中线，如图 8－18(a)中的 $m—m$。图中物理中性线与几何中性线重合。

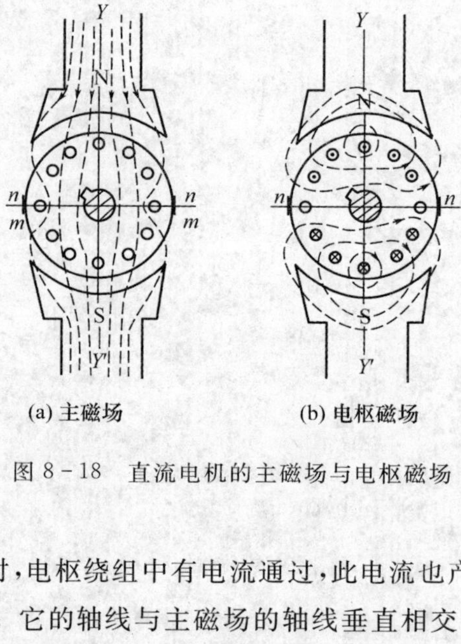

(a) 主磁场　　(b) 电枢磁场

图 8－18　直流电机的主磁场与电枢磁场

当电机在负载下运行时，电枢绕组中有电流通过，此电流也产生磁场，称为电枢磁场，分布情况如图 8－18(b)所示。它的轴线与主磁场的轴线垂直相交，又叫交轴磁场。当直流电机带负载后，由于主磁场和电枢磁场是同时存在的，因此电枢磁场对主磁场会产生影响。这种影响被称为电枢反应。

1. 直流发电机的电枢反应

当直流发电机带负载运行时，气隙中的磁场是主磁场与电枢磁场的合成磁场，如图 8－19(a)所示。合成磁场的物理中性线 $m—m$，顺着电枢的旋转方向转过了 β 角，β 角的大小取决于负载电流的大小。这样，几何中性线处的磁通密度不再是零，增大了换向器与电刷间的火花。

另外，在电枢磁场与主磁场合成时，每个磁极一边的磁通受到削弱，而另一边的磁通得到加强。如果削弱与加强的量相等，那么合成磁通在数量上等于主磁通。但实际上，电机工作时，磁路已接近饱和状态，磁通增加的量不足以补偿减小的量，故总磁通减小，磁场被削弱。这是电枢反应对直流发电机的第二个影响。

2. 直流电动机的电枢反应

直流电动机的电枢反应与直流发电机的情况不同，它的合成磁场如图 8-19(b)所示。合成磁场的物理中性线 $m—m$ 逆着电枢旋转方向转过了 β 角，也会造成电刷与换向器间的火花增大，另外主磁场也会被削弱。

电枢反应对于发电机和电动机都是不利的，应注意加以改善。

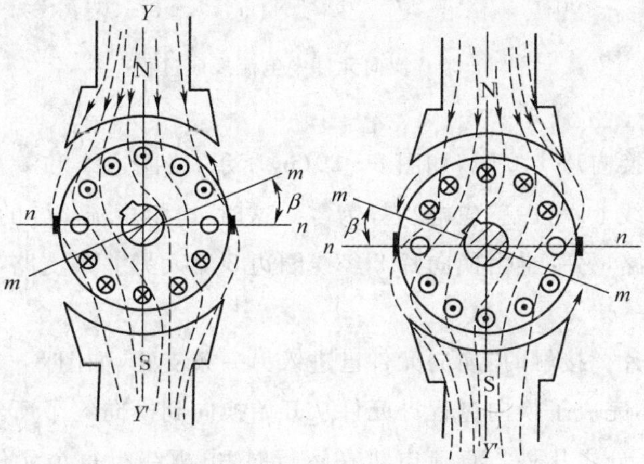

(a) 直流发电机　　(b) 直流电动机

图 8-19　直流电机的电枢反应

活动二　直流电机的换向

直流电机在工作时，每条支路里的元件数都相等，但就某一个元件来说，它却一会儿在某条支路里，一会儿又在另一条支路里。当它从一条支路经过电刷进入另一条支路时，电流方向会改变一次，这个过程称为换向。换向不良，会在电刷与换向片之间产生火花，火花大到一定程度时，有可能损坏电刷和换向器表面，从而使电机不能正常工作。

1. 换向的过程

现以图 8-20 所示单叠绕组为例来看某元件里电流换向的过程。假设电刷宽度等于换向片宽度，忽略换向片间绝缘厚度，电枢绕组从左向右运动。电刷接触换向片 1 的瞬间，各线圈边电流方向如图 8-20(a)所示，电枢电流 $2I_a$ 的一半经线圈边 1,4,2 流入一条支路，另一半经线圈边 3 流入另一条支路。

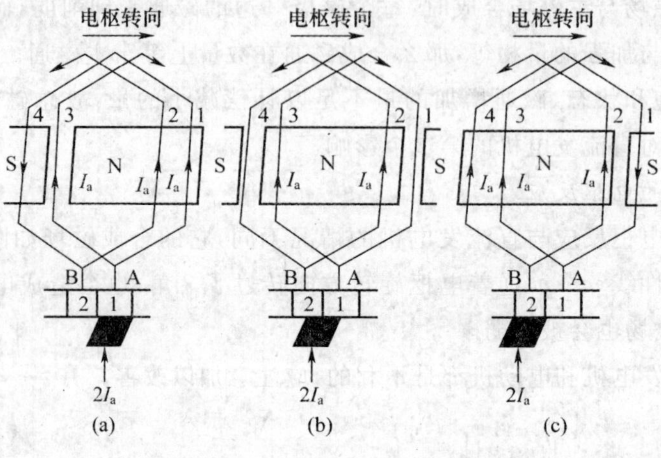

图 8-20　换向元件中电流换向过程

当电刷同时接触换向片 1,2 时，如图 8-20(b)所示，线圈边 1 和 4 被电刷短路，但因其处在磁极的几何中性线上，所以感应电动势为零。这时，电枢电流 $2I_a$ 的一半由换向片 1 经线圈边 3 流入一条支路，另一半由换向片 2 经线圈边 2 流入另一条支路，绕组元件 1,4 中电流很小。

当电刷仅与换向片 2 接触时，换向元件已进入另一条支路，如图 8-20(c)所示。其电流方向已与换向前相反，完成了换向过程。元件从开始换向到换向终了所经历的时间，叫换向周期 T，T 通常只有千分之几秒。直流电机在运行时，电枢绕组每个元件在经过电刷时，都要经历上述的换向过程。

2. 产生火花的原因

产生换向火花的原因很多，主要有下面几个：

(1)电磁方面。首先在直流电机中，因为存在着电枢反应，使几何中性面与电枢表面相交处的磁通不为零，元件经过此处时，因切割磁通而产生电动势，电刷短接此元件，在元件与电刷之间产生环流，引起电刷与换向片表面的电流密度不均匀而产生火花。

另外，在换向过程中，换向元件中的电流变化率很大，会产生自感电动势，自感电动势的方向与元件在几何中性线上因电枢反应而产生的感应电动势的方向相同，也会使电刷与换向片间产生火花。

(2)机械方面。换向器偏心，电机转动不平衡或装配不良引起振动，换向片间绝缘凸出，换向片凸出，电刷与换向器的接触面太小或接触不良，电刷上的压力不合适而造成电刷跳动，换向器表面不清洁、刷架不等分等原因，都能产生火花。

(3)化学方面。电机工作在振动较大或尘埃、烟雾、化学气体较多的地方，或工作在高空缺氧、缺水气等环境中，也会导致火花产生。

3. 改善换向的方法

针对引起火花的不同原因,可采用相应的办法来改善换向。

(1)选择适当电刷。不同牌号的电刷有不同的接触电阻。更换电刷时,应该采用与原来牌号相同的电刷,不宜随便更改。

(2)移动电刷位置。顺着磁场的偏转方向移动电刷,使电刷所短接的元件处在物理中性线上。这种方法已很少使用,因为负载变动,电枢电流会变化,磁场的物理中性面位置也变化,电刷的位置必须跟着移动,实际上是很难办到的。

(3)装置换向极。换向极装在相邻的两个主磁极之间,它的绕组与电枢绕组相串联,使换向极磁场的强弱能随电枢电流而变化。同时换向极的磁场方向必须与电枢磁场方向相反,以抵消电枢磁场对主磁场的影响。

项目六

直流电机的电磁转矩和电磁功率

活动一 直流电机的电磁转矩

电枢导体中有电流流过时，它在磁场中要受到电磁力的作用，产生电磁转矩 T。

一根导体所受的平均电磁力为

$$F_{av}=B_{av}li_a \tag{8-12}$$

式中 B_{av}——气隙中的平均磁感应强度；

l——导线的有效长度；

i_a——每个导体里流过的电流。

若电枢总电流为 I_a，电枢绕组并联支路对数为 a，则

$$i_a=\frac{I_a}{2a} \tag{8-13}$$

每个导体所产生的电磁转矩为

$$t=F_{av}\frac{D_a}{2} \tag{8-14}$$

式中 D_a——电枢直径。

电枢表面导体总数为 N，则总的电磁转矩为

$$T=tN$$

将式(8－12)、式(8－13)和式(8－14)代入上式得

$$T=B_{a}vl\ \frac{I_a}{2a}N\frac{D_a}{2}$$

将式(8－9)代入上式可得

$$T=\frac{pN}{2\pi a}\Phi I_a \tag{8-15}$$

可写成

$$T=C_T\Phi I_a \tag{8-16}$$

式中 C_T——电机的转矩常数，与电机结构有关，$C_T=\frac{pN}{2\pi a}$；

Φ——每极的气隙磁通，单位为 Wb；

I_a——电枢的总电流，单位为 A；

T——电机的电磁转矩，单位为 Nm。

电磁转矩，对于电动机来说是拖动转矩，它是电源供给电动机的电流与磁场作用而产生的；对于发电机来说是制动转矩，因为它的方向与电枢旋转方向相反，原动机必须克服制动转矩才能使电枢旋转而发出电来。

活动二 直流电机的电磁功率

直流电机的电枢电动势与电枢电流的乘积 $E_a I_a$，叫做电磁功率，用 P 表示为

$$P = E_a I_a \tag{8-17}$$

由式(8－11)可知 $E_a = \frac{pN}{60a} n\Phi$，代入上式得

$$P = \frac{pN}{60a} n\Phi I_a \tag{8-18}$$

若 n 用角速度 ω 表示，则有

$$n = \frac{60\omega}{2\pi}$$

代入式(8－18)中

$$P = \frac{pN}{60a} \frac{60\omega}{2\pi} \Phi I_a \tag{8-19}$$

由式(8－15)得知

$$T = \frac{pN}{2\pi a} \Phi I_a$$

所以

$$P = T\omega \tag{8-20}$$

比较式(8－17)和式(8－20)可得

$$E_a I_a = T\omega \tag{8-21}$$

式(8－21)说明，在直流电机中不计损耗，电功率($E_a I_a$)和机械功率($T\omega$)是等量转换的。

项目七

直流电动机的电动势、功率和转矩平衡方程式

本项目以并励直流电动机为例进行讨论。

1.电动势平衡方程式

直流电动机运行时，电枢接入电源电压 U，有了电枢电流 I_a 通过电枢绕组，根据左手定则可判断出电动机将产生电磁转矩 T_{em}，驱动电枢以转速 n 旋转；而旋转的电枢绕组又将切割主极磁场产生感应电动势 E，由右手定则可判断出电动势 E 与电枢电流 I_a 方向相反。设各物理量参考方向如图 8－21 所示，则电枢回路的电动势方程式为

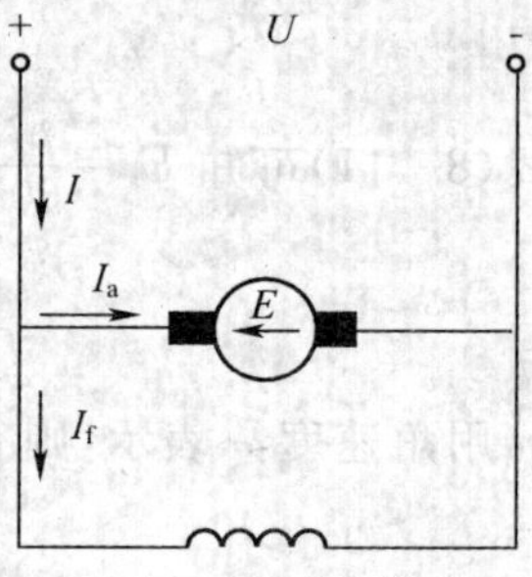

图 8－21　并励电动机原理接线图

$$U=E+I_aR_a \tag{8-22}$$

式中　R_a——电枢回路的总电阻。

并励电动机的电枢电流为

$$I_a=I-I_f \tag{8-23}$$

式中　I——输入电动机的电流；

I_f——励磁回路电流。

由于电动势 E 与电枢电流方向相反，故称 E 为“反电动势”，它的计算公式与发电机相同。

式(8－22)表明，电源电压 U 是用来克服反电动势 E 及电枢回路总电阻压降 I_aR_a 的。直流电动机的 $U>E$，这是判断直流电机运行在电动机状态的依据。

2.功率平衡方程式

图 8－22 所示为并励电动机的功率流程图。P_1 为电动机从电源输入的电功率，$P_1=UI$，输入的电功率 P_1 扣除小部分在励磁回路的铜损耗 P_{Cuf} 和电枢回路的铜损耗 P_{Cua} 后，得到电磁功率 P_{em}，$P_{em}=EI_a$。电磁功率 EI_a 全部转换为机械功率 $T_{em}\Omega$。当扣除机械损耗 P_{mec}、铁损耗 P_{Fe} 和附加损耗 P_{ad} 后，即为电动机转轴上输出的机械功率 P_2，故功率方程式为

$$P_{em}=P_1-(P_{Cua}+P_{Cuf}) \tag{8-24}$$

$$P_2=P_{em}-(p_{mec}+P_{Fe}+P_{ad})=P_{em}-P_0 \tag{8-25}$$

$$P_2=P_1-(P_{Cua}+P_{Cuf}+P_{mec}+P_{Fe}+P_{ad})=P_1-\sum P \tag{8-26}$$

式中　P_0——空载损耗；

$\sum P$——电机的总损耗。

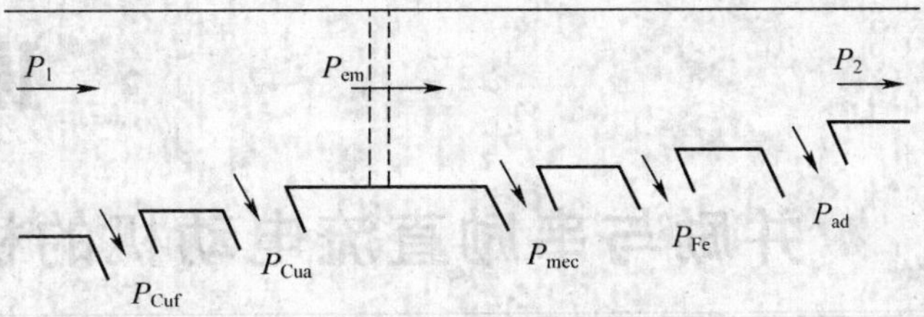

图 8-22 并励电动机功率流程图

3. 转矩平衡方程式

将式(8-25)除以电机的角速度,可得转矩方程式为

$$\frac{P_2}{\omega}=\frac{P_{em}}{\omega}-\frac{P_0}{\omega}$$

即

$$T_{em}=T_2+T_0 \tag{8-27}$$

电动机的电磁转矩 T_{em} 为驱动转矩,转轴上机械负载转矩 T_2 和空载转矩 T_0 为制动转矩。式(8-27)表明,在电动机转速恒定时,驱动的电磁转矩 T_{em} 与制动的机械负载转矩 T_2 和空载转矩 T_0 相平衡。

项目八

并励与串励直流电动机的机械特性

直流电动机的机械特性，是指电动机所接的电源电压 U、励磁回路电流 I_f、电枢电阻 R_a 都不变时，电动机的转速 n 与电磁转矩 T 之间的关系，即 $n=f(T)$。

活动一　并励直流电动机的机械特性

并励直流电动机的接线原理图如图 8－23 所示。当电源接通后，电枢回路及励磁回路就有电流通过，电动机产生转矩而转动起来。

从直流电动机的电动势平衡方程式可知

$$U=E+I_aR_a$$

而 $E=C_en\Phi$，代入上式得

$$n=\frac{U}{C_e\Phi}-\frac{R_a}{C_e\Phi}I_a \quad (8-28)$$

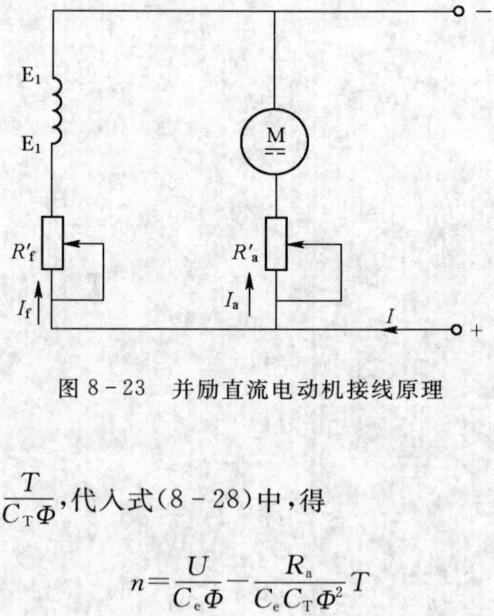

图 8－23　并励直流电动机接线原理

由 $T=C_T\Phi I_a$ 得 $I_a=\frac{T}{C_T\Phi}$，代入式(8－28)中，得

$$n=\frac{U}{C_e\Phi}-\frac{R_a}{C_eC_T\Phi^2}T \quad (8-29)$$

式(8－29)是并励直流电动机的机械特性方程式。当 U，I_f，R_a 为常数时，它反映了 n 与 T 之间的关系。式中第一项 $\frac{U}{C_e\Phi}$ 是当 $T=0$ 时电动机的转速；它是电动机既没有输出转矩

T_2，也没有空载损耗转矩 T_0 时的转速，叫做理想空载转速，用 n_0 表示。忽略电枢反应的影响以后，Φ 是个常数，因此 $\frac{R_a}{C_e C_T \Phi^2}$ 也为一常数，用 a 表示，则式(8-29)可写做

$$n = n_0 - aT \tag{8-30}$$

由式(8-30)可以看出，转速 n 与转矩 T 的关系为一直线关系，绘制成曲线如图8-24所示，该曲线叫做机械特性曲线。

当电枢回路的附加电阻及 R'_a 为零时，所对应的直线1，叫做固有机械特性，从直线1可以看出，电动机从空载到额定负载时，转速下降不多，称为硬机械特性。

当附加电阻 R'_a 不为零时，电枢回路的总电阻就是 $(R_a + R'_a)$，当 R'_a 越大时，特性曲线的斜率 $-\frac{R_a + R'_a}{C_e C_T \Phi^2}$ 越大，直线与水平线间则越倾斜，如图8-24中的直线2,3,4所示。它表明负载增大时，电动机转速下降较多，称为软机械特性。

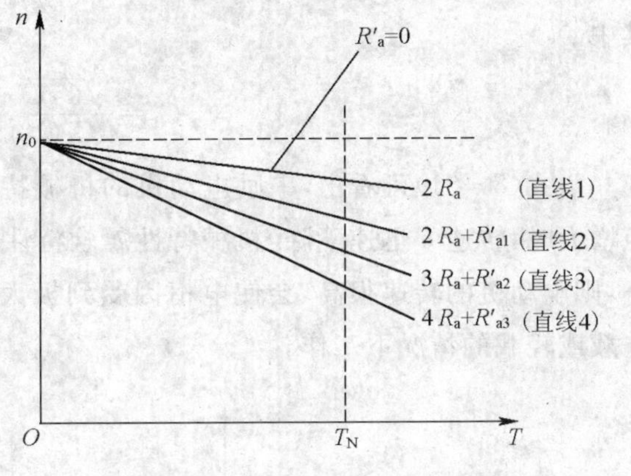

图8-24 并励直流电动机机械特性曲线

活动二 串励直流电动机的机械特性

把励磁绕组与电枢绕组串联，接上直流电源，就是串励直流电动机，串励直流电动机的接线原理图，如图8-25所示。当电源接通后，电枢绕组中流过的电流 I_a 也就是励磁回路的电流 I_f，即 $I_a = I_f$。

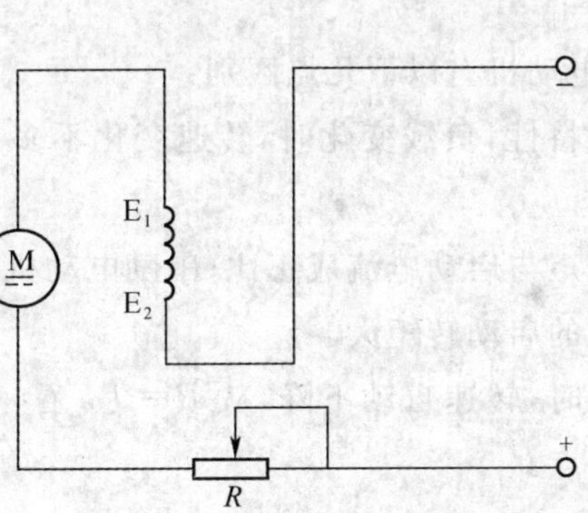

图8-25 串励直流电动机接线原理图

如果电动机的磁路没有饱和，那么励磁电流 I_f 与磁通 Φ 呈线性变化关系，即

$$\Phi = CI_f = CI_a$$

式中　C——比例常数。

则式 $T = C_T\Phi I_a$ 可写为 $T = C_T C I_a^2$，代入到式(8－28)中，得

$$n = \frac{U}{C_e\Phi} - \frac{R_a}{C_e\Phi}I_a = \frac{U - R_a\sqrt{\frac{T}{C_T C}}}{C_e C\sqrt{\frac{T}{C_T C}}} = \frac{U}{\frac{C_e C}{\sqrt{C_T C}}\sqrt{T}} - \frac{R_a}{C_e C} = C_1\frac{U}{\sqrt{T}} - C_2 R_a \qquad (8-31)$$

其中

$$C_1 = \frac{\sqrt{C_T C}}{C_e C},\quad C_2 = \frac{1}{C_e C}$$

由式(8－31)可看出，串励电动机的机械特性曲线为双曲线，如图 8－26 所示。电磁转矩增大时，转速 n 迅速下降，机械特性属软特性。串励电动机空载或轻载时所要求的转矩很小，则电动机的转速很高，会使电枢因受到极大的离心力而损坏。因此，串励电动机不能在空载或轻载的情况下工作。

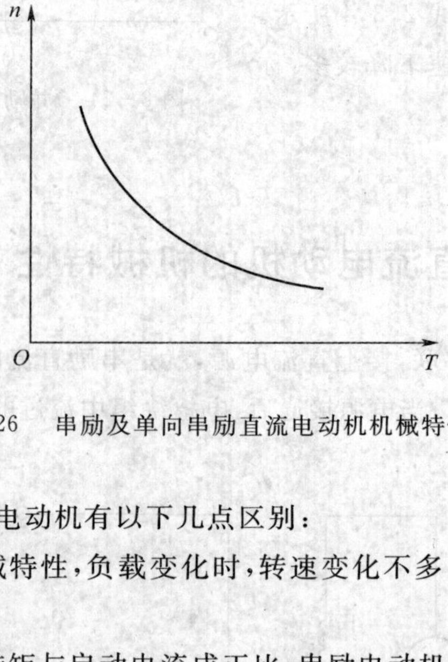

图 8－26　串励及单向串励直流电动机机械特性曲线

对比并励电动机与串励电动机有以下几点区别：

(1)并励电动机属硬机械特性，负载变化时，转速变化不多；串励电动机属软机械特性，负载变化时，转速变化较大。

(2)并励电动机的启动转矩与启动电流成正比；串励电动机的启动转矩与启动电流的二次方成正比，所以串励电动机的启动转矩大。

(3)串励电动机转矩增大时，转速自动下降，从 $P = T\omega$ 看，串励电动机能自动调整使功率稳定，而并励电动机无此特点。

项目九

直流电动机的启动

直流电动机从接入电网开始，转子由静止到稳定转速的整个过程称为启动。

对直流电动机启动的基本要求是：

(1)有足够大的启动转矩，以缩短启动时间和能在负载下启动。

(2)启动电流限制在一定的范围内，以免对电源及电机产生有害影响。

如果把直流电动机直接接入电源启动，则启动电流很大。从直流电动机的电动势平衡方程式可得

$$I_a=\frac{U-E_a}{R_a} \qquad (8-32)$$

在启动的瞬间，电动机的转速等于零，反电动势 $E_a=0$，则启动电流 $I_{st}=\frac{U}{R_a}$。又因为电枢绕组的电阻 R_a 很小，所以启动电流 I_{st}很大。

【例 8.3】 电动机的额定电压 $U_N=220$ V，电枢的额定电流 $I_{aN}=50$ A，电枢电阻 $R_a=0.4\Omega$，则直接启动时，启动电流为多少？

解：直接启动时的启动电流为

$$I_{st}=\frac{U}{R_a}=\frac{220}{0.4}=550\text{A}$$

$$\frac{I_{st}}{I_{aN}}=\frac{550}{50}=11$$

由此可见，直流电动机在直接启动时的电枢电流比其额定值大十几倍。这样大的电流会使换向器上产生强烈的火花，可能把换向器烧坏。另外，因启动电流大，将产生较大的启动转矩，可达额定值的 10～20 倍，会使电动机及其轴上所带的工作机械受到很大的冲击，对传动机构不利。

综上所述，除了小容量的电动机外，直流电动机启动时，必须在电枢电路中串接启动变阻器来减小启动电流。为了获得较大的启动转矩而又不至于使换向器受到损伤，通常把启动电流限制为电枢额定电流的 1.5～2.5 倍，启动线路如图8－27所示。

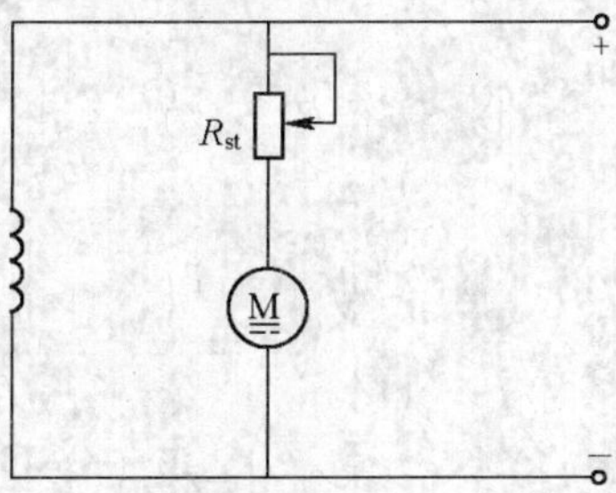

图 8－27 并励电动机的启动线路

所串入的启动电阻 R_{st}可通过下式确定，即

$$I_{st}=(1.5\sim2.5)I_{aN}=\frac{U}{R_a+R_{st}} \qquad (8-33)$$

电动机串入电阻启动时，R_{st}应在最大值处。随着电动机转速的上升，反电动势 E_a 逐渐增大，电枢电流逐渐减小，便可逐步减小启动电阻 R_{st} 的阻值，直到电动机达到额定转速，再把启动变阻器从线路中切除，电动机便在额定电压下工作。

项目十

直流电动机的调速

为了提高劳动生产率和保证产品质量,要求生产机械在不同的情况下有不同的工作速度,这种人为地改变机组转速的方法,称为调速。

必须注意,调速和电机负载变化引起的转速变化是两个不同的概念。负载变化引起的转速变化是自动进行的,电机工作点只在一条机械特性上变动。调速是根据生产需要人为地改变电气参数,使电机的运行点由一条机械特性转变到另一条机械特性上,从而在某一负载下得到不同的转速。因此调速方法就是改变电动机机械特性的方法。

以并励直流电动机拖动恒转矩负载为例,由式 $n=\frac{U}{C_e\Phi}-\frac{R_a+R'_a}{C_eC_T\Phi^2}T$ 可知,调速方法有以下 3 种。

1. 电枢回路串电阻 R'_a 调速

随 R'_a 增大,一定转矩下,电机转速降低。这种方法设备简单,操作方便,调速电阻可兼作启动电阻。缺点是 R'_a 上电流较大,能量损耗大,效率低。

2. 改变电枢端电压调速

若电压平滑变化,可得到平滑调速,调速范围宽,因而能耗小,缺点是需要专用电源,设备投资大。

3. 改变励磁电流调速

励磁回路电阻 R_f 增加,I_f 减小,Φ 减小,一定转矩下,转速增高。由于 I_f 小,因而能耗小,效率高,设备简单,控制方便。但在转矩 T_{em} 一定时,Φ 减小,I_a 增大,故不宜将 Φ 减小过多。但对恒功率负载而言,Φ 减小,n 增高,T_{em} 减小,I_a 变化不大,故此法适用于此类负载。

项目十一

直流电动机的反转与制动

活动一 直流电机的反转

要改变直流电动机的旋转方向，就需改变电动机的电磁转矩方向，而电磁转矩取决于主极磁通和电枢电流的相互作用，故改变电动机转向的方法有两种：一种是改变励磁电流的方向，另一种是改变电枢电流的方向。如果同时改变励磁电流和电枢电流的方向，则直流电动机的转向不变。

对并励电动机而言，由于励磁绕组匝数多、电感大，在进行反接时因电流突变，将会产生很大的自感电动势，危及电动机及电器的绝缘安全，因此一般采用电枢反接法。在将电枢绕组反接的同时必须连同换向极绕组一起反接，以达到改善换向的目的。

串励电动机的反转，改变电源端电压的方向是不行的。必须改变励磁电流的方向或电枢电流的方向，才能改变电磁转矩的方向，实现电动机的反转。

活动二 直流电机的制动

在生产过程中，经常需要采取一些措施使电动机尽快停转，或者下放位能性负载时，能限制在某一转速下稳定运转，这就是电动机的制动问题。实现制动既可以采用机械的方法，也可以采用电磁的方法。电磁方法制动就是使电机产生与其旋转方向相反的电磁转矩，以达到制动的目的。电磁制动的特点是产生的制动转矩大，操作控制方便。直流电动机电磁制动的方法有能耗制动、反接制动和回馈制动。

1. 能耗制动

能耗制动的接线如图 8－28 所示。直流电动机拖动反抗性恒转矩负载运行，当闸刀合向电源，电动机处于正向电动运行状态。制动时将闸刀合向下方，励磁回路仍接在电网上，励磁电流 I_f 不变，所以主磁通 Φ 不变，电枢回路从电源断开，与电阻 R 构成一个回路。此时电动机的转动部分由于惯性继续旋转，因此感应电动势 $E_a=C_e\Phi n$，方向不变。电动势 E_a 将在电枢和电阻 R 的回路中产生电流 I'_a，其方向与 E_a 一致，即与原来电动机运行时的电枢电流 I_a 方向相反，所以电磁转矩 $T_{em}=C_T\Phi I'_a$ 与转向相反，是一制动转矩，使得转速迅速下降。这时电机实际处于发电机运行状态，将转动部分的动能转换成电能消耗在电阻 R 和电枢回

路的电阻 R_a 上，所以称为能耗制动。

这种制动方法在转速较高时制动作用较大，随着转速下降，制动作用也随之减小，在低速时可配合使用机械制动装置，使系统迅速停转。

2.反接制动

电枢电压反接制动的线路图如图 8－29 所示，双向闸刀合向上方时为正向电动机运行，合向下方为电压反接制动。电压反接制动是将正在正向运行的直流电动机电枢回路的电压突然反接，电枢电流 I_a 也将反向，主磁通 Φ 不变，则电磁转矩 T_{em} 反向，产生制动转矩。

电压反接制动在整个制动过程中均具有较大的制动转矩，因此制动速度快，在可逆拖动系统中，常常采用这种方法。

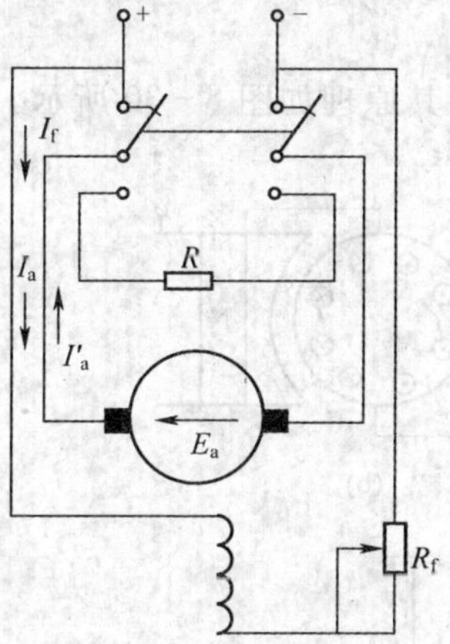

图 8－28 能耗制动接线图

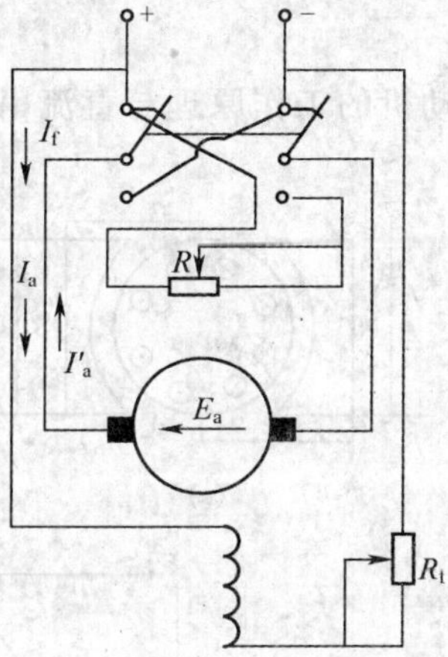

图 8－29 电压反接制动接线图

3.再生制动

当电动机车下坡或吊车重物下降时，可能会出现这样的情况，电动机的转速 n 超过了它的空载转速 n_0。由公式 $E_a=C_e\Phi n$ 可知，如果电动机的主极磁通 Φ 不变，则 $E_a>U$，此时电动机就处在发电机状态下运行，即 I_a 与 E_a 方向相同，这时电动机把机械能转换成电能，反送到电网中去，并产生制动转矩，从而限制了电动机转动的速度，这就是再生制动。

再生制动的优点是产生的电能可以反馈回电网中去，使电能获得利用，简单可靠而经济；缺点是再生制动只能发生在 $n>n_0$ 的场合，限制了它的应用范围。

项目十二

单相串励电动机

单相串励电动机是交直流两用电动机，所以又称交直流两用串励电动机。它具有转速高、启动转矩大、转速可调的优点，又可在交直流电源上使用，因而在电动工具中有广泛的应用。

1. 工作原理

单相串励电动机的工作原理与直流串励电动机相似，其原理如图 8-30 所示。

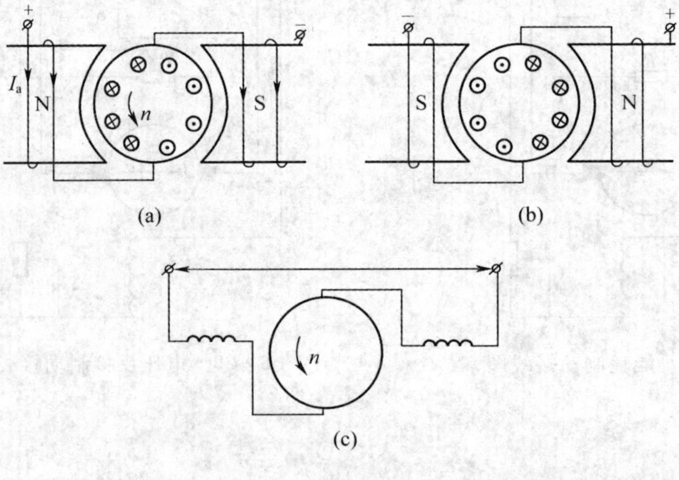

图 8-30　单相串励电动机工作原理

励磁绕组与电枢绕组串联，接到电源上，根据磁通 Φ 和电枢电流方向，用左手定则可判断出电枢的旋转方向。如图 8-30(a)所示的情况下，电枢受力沿逆时针方向旋转。

若把电源方向反过来，则励磁绕组产生的主磁通方向与原方向相反，而电枢绕组中电流方向与原来方向也相反，如图 8-30(b)所示。用左手定则可判断出，电枢的旋转方向与原来的方向相同。因此，当单相串励电动机接在交流电源上使用时，虽然电源极性在作周期性变化，但电动机总保持恒定不变的转动方向，如图 8-30(c)所示。

2. 机械特性

单相串励电动机的机械特性，与普通串励直流电动机相似，无论使用直流电源，还是交流电源，都为双曲线形的软机械特性，如图 8-26 所示。当电动机负载增加时，电枢电流 I_a 增大，励磁电流 I_f 也同样增大。在磁路未饱和时，转矩与电枢电流的二次方成正比，转矩 T

就极大地增加，与负载平衡，另外电动机的转速也下降较多。这种特性适合于电钻等电动工具的要求。钻直径较大的孔时（负载较大），要求转矩大、转速低；钻直径较小的孔时（负载小），则要求转矩小些，但转速高些。

由于单相串励电动机的空载转速非常高，所以电钻等使用串励电动机的电动工具，在修复后，一般不可拆下减速机构进行试车。

项目十三

直流电动机的逆运行——直流发电机

并励直流发电机是应用最广泛的直流发电机，因为它不需要其他直流励磁电源，而且在正常的负载范围内，电压相当稳定。本节以并励发电机为例加以分析讨论。

活动一　并励发电机的空载特性

图 8-31 是并励直流发电机的接线图。励磁绕组与电枢并联，电枢电流 I_a 是负载电流 I 与励磁电流 I_f 之和，即

$$I_a = I + I_f \tag{8-34}$$

发电机在空载情况下保持额定转速，空载电压随励磁电流的变化关系，称为发电机的空载特性。并励发电机的空载特性可用实验求出，实验线路如图 8-31 所示。发电机转速达额定值后保持不变。从零开始逐步调大励磁电流至额定值，每调节一次，记录励磁电流及与其对应的电压值。调节时，励磁电流不能忽而增加，忽而减小，而只能向一个方向调整，可得曲线如图 8-32 所示。

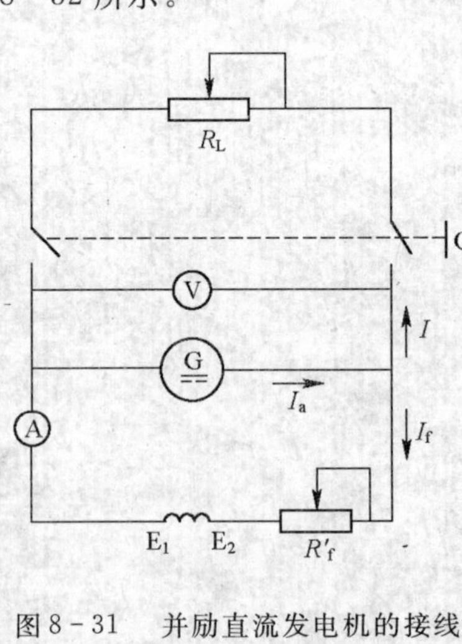

图 8-31　并励直流发电机的接线图

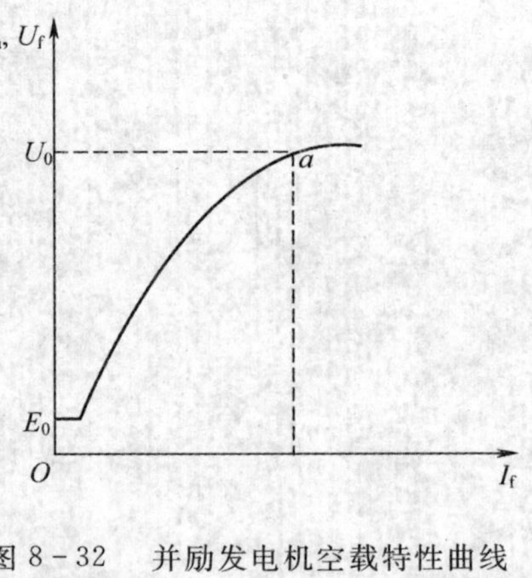

图 8-32　并励发电机空载特性曲线

从图 8-32 所示的空载特性曲线可以看出，当励磁电流 $I_f=0$ 时，有一较小的感应电动势 E_0 存在，这是主磁极的剩磁所产生的，叫剩磁电动势。整个曲线的形状和铁磁物质的磁化曲线相似，因起始部分励磁电流不大，磁路尚不饱和，磁通 Φ 接近正比于励磁电流 I_f。所

以，这一段曲线接近于直线，电枢电动势 E_a 随励磁电流的增大而近似于正比例增长。

并励发电机工作时，额定工作电压应位于曲线开始弯曲的部分。如果位于直线部分，则由于磁路未近饱和，当励磁电流稍有变化时，电枢电压的变动就很大，导致电压不稳定。如果位于曲线饱和部分，则因磁路比较饱和，要求有较大的励磁电流或者较多的励磁绕组匝数，因此铜损耗相应增大。故将额定工作电压选择在曲线刚开始弯曲的部分。

活动二 并励发电机电动势的建立

当并励发电机的电枢被原动机拖动，以额定转速 n_N 旋转时，由于主磁极有剩磁，电枢绕组切割此剩磁磁通，产生剩磁电动势 E_0。因为励磁绕组与电枢绕组并联，所以此电动势也加在励磁绕组两端，在励磁绕组中产生一较小的励磁电流，该励磁电流将产生磁通。如果磁通方向与剩磁通方向一致，则主磁场得到加强。于是电枢绕组便产生一个较大的电动势，使励磁回路中产生一较大的励磁电流，因而又产生较大的磁通，如此不断增长，互相促进，反复增加下去。由于磁饱和现象，最后稳定在工作点 a 处，如图 8－33 所示。

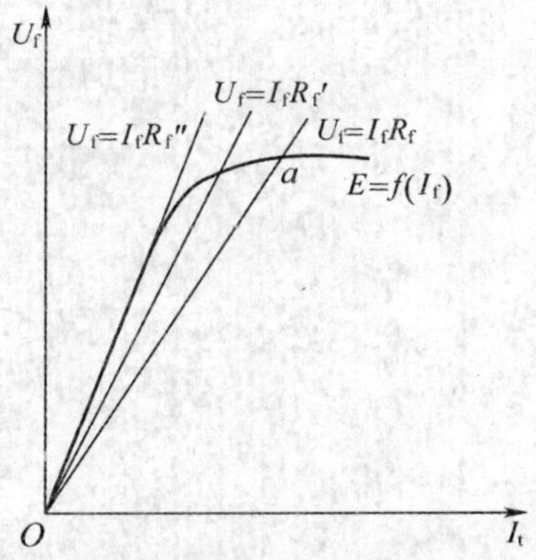

图 8－33 并励发电机电动势的建立

如果励磁绕组的接法不合适，励磁绕组中流过励磁电流所产生的磁通与剩磁通方向相反，剩磁通得不到加强，那么电动势也就建立不起来。并励发电机的稳定工作点是由图 8－33 中的两线的交点所确定的。由函数 $E=f(I_f)$ 得到 $E \sim I_f$ 的关系曲线是并励发电机的空载特性，而 $U_f \sim I_f$ 的关系直线 $U_f=I_fR_f$ 只是由励磁回路得出的，它符合欧姆定律。交点的位置与励磁回路的电阻 R_f 有关，R_f 增大时，直线的斜率增大，交点位置偏左下方，建立起来的电压要低一些。当 R_f 增大到 R''_f 时，直线与空载特性曲线相切，没有固定的交点，发电机在这种情况下的空载电压 U_0 是不稳定的，此时励磁回路的电阻 R''_f，叫临界电阻，因此，励磁回路的总电阻小于临界电阻，发电机才有可能建立稳定的电动势。

综上所述，并励发电机建立稳定的电动势的条件有以下 3 个：

(1)电机的主磁极要有剩磁,如果没有剩磁,可用其他直流电源先给主磁极充磁。

(2)励磁绕组与电枢绕组连接必须正确,使励磁电流所产生的磁通与剩磁通方向一致。

(3)励磁回路的总电阻必须小于临界电阻。

课题测试

1.说明直流电动机的工作原理。

2.直流电机的定子由哪几部分组成?各部分的作用是什么?

3.单叠绕组和单波绕组的主要区别有哪些?

4.什么叫直流电机的电枢反应?电枢反应对直流电动机带来哪些影响?

5.什么叫直流电机的换向?电机在换向时将产生什么现象?

模块九

特种电机

项目一　伺服电动机
项目二　测速发电机
项目三　步进电动机
项目四　交磁电机扩大机
项目五　直线电机
项目六　微型同步电动机
项目七　开关磁阻电动机

项目一

伺服电动机

伺服电动机又称为执行电动机，在控制系统中作为执行元件。它的作用是把输入的电信号转换成电动机轴上的角位移或角速度，并将其输出。通过改变控制电压，可以改变伺服电动机的旋转方向和转速的大小。其最大的特点是：有控制信号就旋转，无控制信号就停转。按其所使用电源的性质，伺服电动机可分为交流和直流两类。

活动一　交流伺服电动机

1. 工作原理

交流伺服电动机的工作原理如图 9-1 所示。定子绕组绕制成两相，两相绕组在空间相差 90°电角度，一个叫励磁绕组 W_f，另一个叫控制绕组 W_k。励磁绕组由定值交流电压 U_f 励磁。如果只有励磁绕组供电，这种情况就像一台没有启动绕组的单相感应电动机一样。单相绕组产生的是脉动磁场，不会产生启动转矩，因此转子处于静止状态，电动机不工作。但是，当将控制电压 U_k 施加于控制绕组后，便有电流 I_k 流过控制绕组。如果控制绕组中的电流 I_k 与励磁绕组中的电流 I_f 相位不同，则这两个绕组产生的便是旋转磁场。在这个旋转磁场的作用下，转子便转动起来，电动机开始投入工作。

2. 基本结构

交流伺服电动机的结构主要可分为两部分，即定子部分和转子部分。定子铁芯由硅钢片叠压而成。定子上绕有两个形式相同的绕组，这两相绕组在空间相差 90°电角度，一个叫励磁绕组，一个叫控制绕组，如图 9-2 所示。

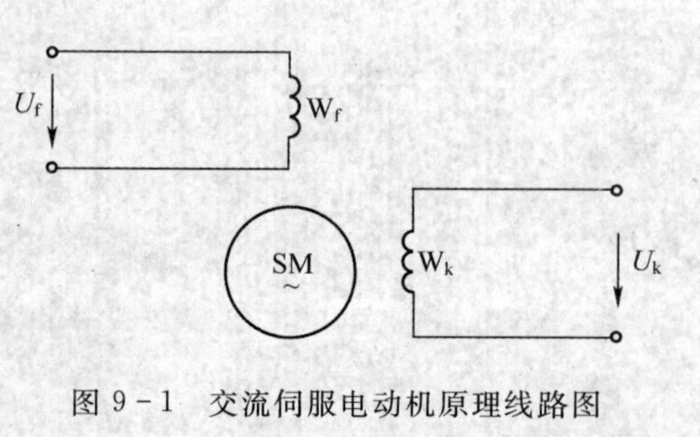

图 9-1　交流伺服电动机原理线路图

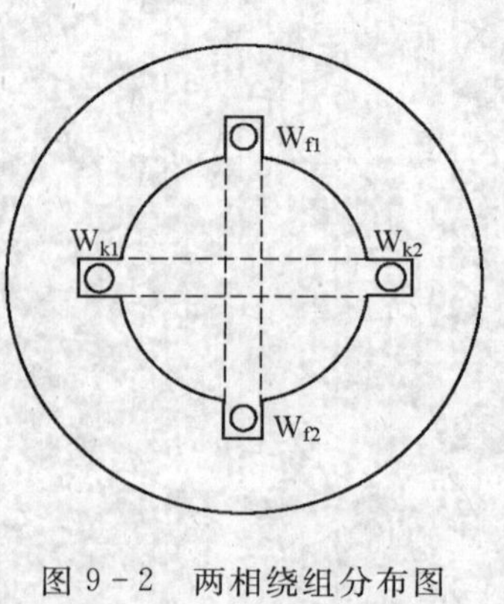

图 9-2　两相绕组分布图

(1)笼型转子。这种转子和普通单相异步电动机的转子相同,只是转子导体采用非磁性的青铜或铸铝制成。为了减少转动惯量,转子一般做得细而长。这种转子的电动机,功率稍大,为 80～100 W,且转子较重,转动惯量较大,不够灵活。

(2)空心杯形非磁性转子。这种转子用铝或铝合金做成口杯形,壁厚 0.2～0.8 mm。结构如图 9-3 所示。因为这种转子的转动惯量很小,所以它的灵敏度高,准确、可靠。其缺点是功率较小,只有几瓦到十几瓦。

(3)空心铁磁转子。这种转子用铁磁材料制成,像个圆筒,壁厚 0.5～3 mm。转子本身既是磁路又是绕组。它的转动惯量、灵敏度、功率等介于上述两种转子之间。

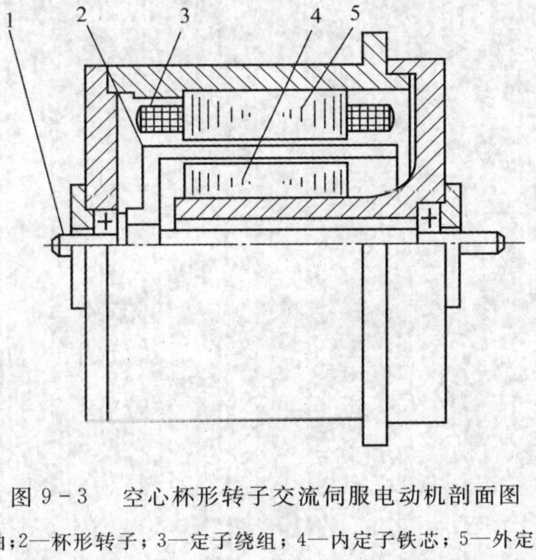

图 9-3　空心杯形转子交流伺服电动机剖面图

1—转轴;2—杯形转子;3—定子绕组;4—内定子铁芯;5—外定子铁芯

3. 控制方式

交流伺服电动机实际上是两相电动机的不对称运行,只要改变控制电压的大小或相位,就可以改变正、反向旋转磁场强度之间的比值,从而改变正、反向电磁转矩之间的比值,以达到最终控制电动机,使之启动、旋转、变速和停止。控制方式有 3 种。

(1)幅值控制:通过改变控制电压的振幅来控制。

(2)相位控制:通过改变控制电压的相位来控制。

(3)幅相控制:通过同时改变控制电压的振幅和相位来控制。

活动二 直流伺服电动机

直流伺服电动机实际上是一种体积和容积都很小的直流电动机。所不同的是,它的换向性能较好,不需加装换向极,转子做成细而长的圆柱形,容易启动和停止。直流伺服电动机可分为永磁式和电磁式两类，目前多采用电磁式。

直流伺服电动机的优点是：力学性能是线性的，调速范围宽广而且平滑，利用电枢控制方式可有直线性的调速特性，启动转矩大，无自转现象，反应也相当灵敏。与同容量的交流伺服电动机相比较，体积和质量可减小到1/4～1/2。它的缺点是：有换向器和电刷的滑动接触，常因接触不良而影响稳定性；转动惯量大，灵敏度差；电刷火花会对无线电波产生干扰。

项目二

测速发电机

在自动控制系统中，有时要把机械旋转量变为电信号，以便对系统进行控制。测速发电机就是测量转速的信号元件，它能把转速信号变为相应的电压信号。在实际应用中，要求它的输出电压必须精确地与其转速成正比。

测速发电机可分为两大类，一类是交流测速发电机，另一类是直流测速发电机。

活动一 交流测速发电机

交流测速发电机可分为同步和异步两种。在自动控制系统和计算装置中，因为杯形转子异步测速发电机的精度较高，所以其应用较广。杯形转子异步测速发电机的结构与杯形转子交流伺服电动机是一样的，如图 9－4 所示。它的定子上放置着彼此相差 90°电角度的两相绕组，一个是励磁绕组，一个是输出绕组。

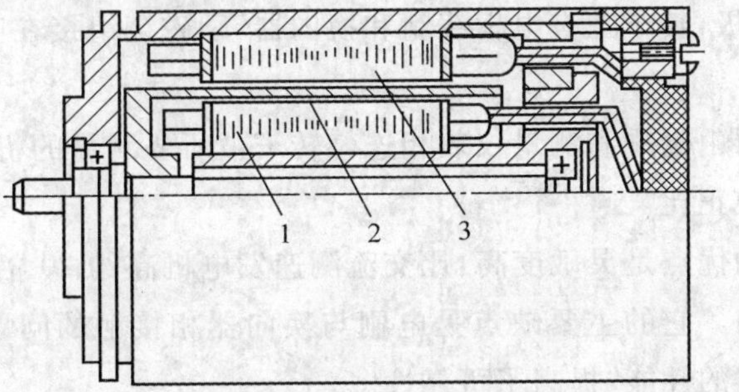

图 9－4　杯形转子异步测速发电机结构图

1—内定子；2—转子；3—外定子

转子是一个薄壁非磁性杯，一般壁厚为 0.2～0.3 mm，通常用高电阻率的硅锰青铜制成。杯的内外由内定子和外定子构成磁路。对于机座外壳直径小于 28mm 的测速发电机，两个绕组均放在内定子上。外定子是一个无槽的铁芯。对于机座外壳直径等于或大于 36mm 的测速发电机，常把励磁绕组放在外定子上，把输出绕组放在内定子上，在内定子上装有可转动的调节装置，通过调节内、外定子的相对位置，可以使剩余电压最小。

当测速发电机的转子静止时，获得单相交流电源的励磁绕组产生单相脉动磁通 Φ_1。由于输出绕组与磁通 Φ_1 的轴线互相垂直，因此无感应电动势，输出电压为零。转子旋转之后，杯形转子要切割磁通 Φ_1，从而产生电动势和电流。由于非磁性杯形转子电阻较大，使得转子电流所产生的磁通 Φ_2 比励磁绕组产生的磁通 Φ_1 要滞后 90°，而与输出绕组的轴线相重合，因此可以在输出绕组中产生感应电动势。输出电压的大小与转子转速成正比，转子反转时，输出电压的相位也相反。这就是异步测速发电机的基本工作原理，如图 9－5 所示。

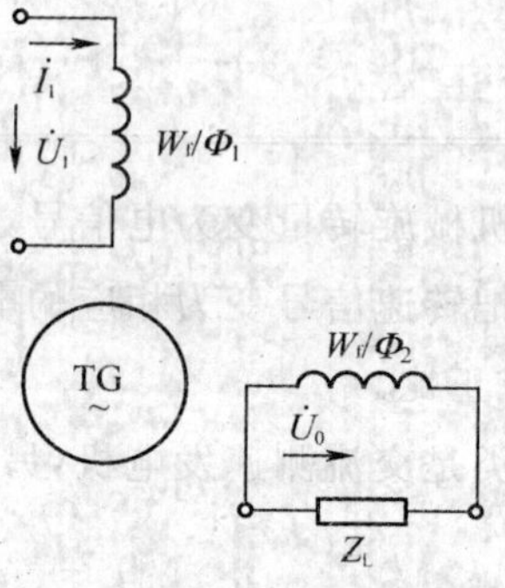

图 9－5　杯形转子异步测速发电机原理图

活动二　直流测速发电机

直流测速发电机也分为两种，一种是他励式，一种是永磁式。其结构和普通直流电机一样，也是定子上有主磁极，转子上有电枢绕组和换向器，励磁绕组接在直流电源上，电枢绕组作为输出绕组。

电枢绕组和换向器由电刷和测量仪表相连。转子被所要测量的机械拖动。电枢中产生电动势的大小与转速成正比。

直流测速发电机的优点是灵敏度高，比交流测速发电机高约 20 倍；没有相位误差，正负极能够反映出转动方向。它的主要缺点是电刷与换向器相接触的问题。近年来，无刷测速发电机的发展改善了它的性能，提高了可靠性。

项目三

步进电动机

步进电动机是一种将电脉冲信号转换成角位移或线位移的一种控制电动机。其运行特点是每输入一个电脉冲信号，电动机就转动一个角度或前进一步。如果连续输入脉冲信号，它就像走路一样，一步接一步，转过一个角度又一个角度。因此，步进电动机又称为脉冲电动机。随着数字计算技术的发展，步进电动机的应用日益广泛。例如，在数控机床、绘图机、自动记录仪表和数/模转换装置中，都使用了步进电动机。

步进电动机的种类很多，常见的有反应式、永磁式和感应式 3 种。但目前应用较多的是反应式步进电动机。

如图 9-6 所示是三相反应式步进电动机的原理图。其转子、定子是用硅钢片或其他软磁性材料制造的。定子上有 6 个磁极，每两个位置相对的磁极上面绕有一相绕组，故共有三相绕组，该三相绕组称为控制绕组，由专用的驱动电源来供电。转子上有 4 个齿，齿宽等于定子极靴宽。转子上没有绕组。

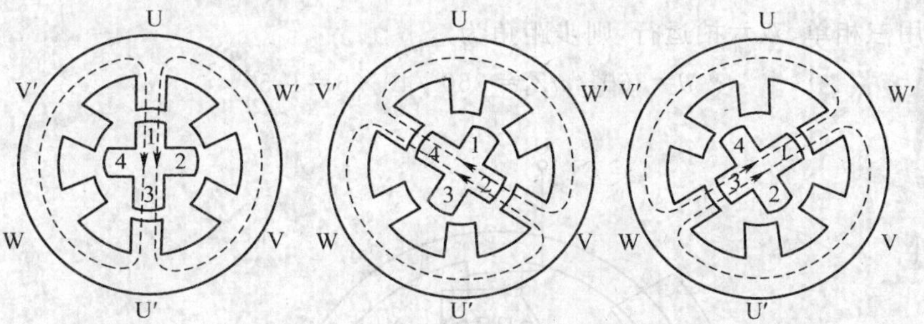

图 9-6 三相反应式步进电动机原理图

三相反应式步进电动机的运行方式有以下 3 种。

1. 三相单三拍运行方式

从一相通电换到另一相通电称为一拍。如图 9-6(a)所示，当 U 相绕组通电时，V 相、W 相都不通电，由于 U 相磁极产生磁场，对转子产生磁拉力，使转子齿 1 和 3 的轴线与定子 U 极轴线对齐。如图 9-6(b)所示，当 U 相断电、V 相通电、W 相不通电时，V 相产生磁场，磁拉力使转子齿 2 和 4 与 V 极轴线对齐。同理，如图 9-6(c)所示，当 U 相、V 相均断电，W 相通电时，W 相产生磁场，磁拉力使转子齿 1 和 3 与 W 极轴线对齐。转子转动 30°，这个角度叫步距角。

2. 三相双三拍运行方式

如果 U,V 两相同时通电,转子齿 1 和 4 的轴线与 U,V 两相之间的轴线相重合,则按 UV—VW—WU 顺序两相同时通电的运行方式,称为三相双三拍运行方式,转子也转 30°。

3. 三相单、双六拍运行方式

如果按 U—UV—V—VW—W—WU 的方式通电,则称为三相单、双六拍运行方式,其步距角为 15°。

步距角的公式为

$$\theta = 360^\circ / mZ_r \tag{9-1}$$

式中 θ——步距角;

m——运行的拍数,

Z_r——转子的齿数。

上述三相反应式步进电动机的步距角太大,不能满足精度的要求。现常采用一种多齿形结构的小步距角的三相反应式步进电动机,如图 9-7 所示。它的转子齿数为 40,沿转子圆周均匀分布,齿和槽的宽度相等,齿间夹角为 9°,定子上有 6 个磁极,每个磁极的极靴上各有 5 个齿,齿宽和槽宽与转子相同,齿间夹角也是 9°。如果采用三相单三拍或双三拍运行时,它的步距角为

$$\theta = 360^\circ / mZ_r = 360^\circ / 40 \times 3 = 3^\circ$$

如果采用三相单、双六拍运行,则步距角为

$$\theta = 360^\circ / mZ_r = 360^\circ / 40 \times 6 = 1.5^\circ$$

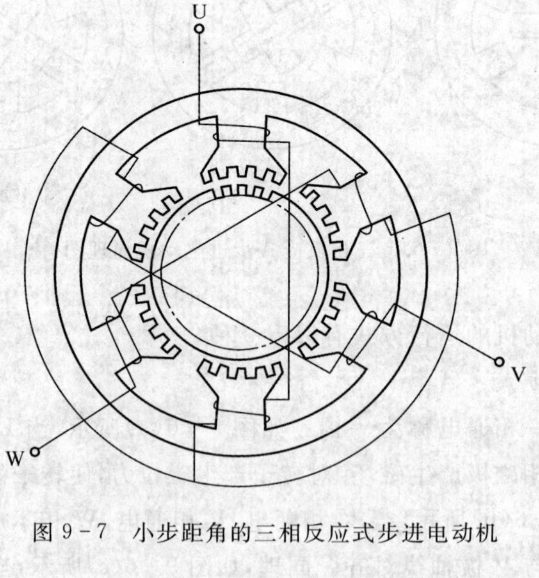

图 9-7　小步距角的三相反应式步进电动机

项目四

交磁电机扩大机

交磁电机扩大机是一种用于自动控制系统的旋转式放大元件。它能够将微弱的控制信号放大成较强的电功率输出，以便控制执行机构，调节机构动作，完成自动控制任务。

活动一 交磁电机扩大机的基本结构

交磁电机扩大机一般同笼型异步电动机一起组成交磁扩大机。图 9－8 所示是交磁电机扩大机的结构图。

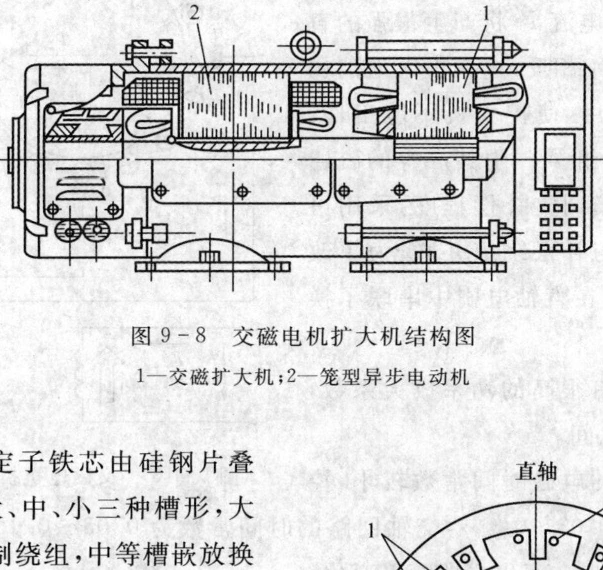

图 9－8 交磁电机扩大机结构图

1—交磁扩大机；2—笼型异步电动机

交磁扩大机的定子铁芯由硅钢片叠压而成。铁芯上有大、中、小三种槽形，大槽中嵌放 2～4 个控制绕组，中等槽嵌放换向绕组，小槽和大槽中分布着补偿绕组；并且在换向器上安放有互成 90°的两对电刷，一对位于定子磁极的直轴线上，称为直轴电刷；另一对位于定子磁极的交轴上，称为交轴电刷。如图 9－9 所示。

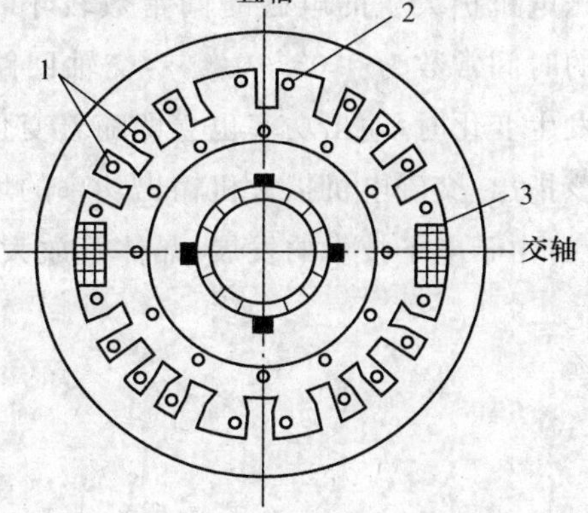

图 9－9 交磁电机扩大机的定子冲片及各绕组嵌放位置

1—补偿绕组；2—换向极绕组；3—控制绕组

活动二 交磁电机扩大机的工作原理

交磁电机扩大机实际上很像一台他励直流发电机，工作原理如图 9－10 所示。当在控制绕组 W_k 上加入直流电压 U_1 并产生电流 I_1 时，在定子直轴上产生磁通 Φ_1，扩大机由交流电动机拖动以恒定转速沿顺时针方向旋转，且在转子绕组的导体内产生感应电动势 E_2（称为交轴电动势，其方向标于表示转子导体的圆圈中），可由交轴电刷 q—q 中引出，与一般直流发电机的原理一样，在交磁电机扩大机中称为第一级放大，但这一级的功率放大作用较小。用导线将 q—q 电刷短路，就会得到很大的交轴电流 I_2，这一电流在交轴方向产生很强的磁通 Φ_2（称为交轴磁通）。转子绕组导体切割交轴磁通，产生更高的电动势 E_3，其方向标于转子导体的内侧，可从直轴电刷 d—d 中引出。这是经过二级放大而得到的直轴电动势，即交磁扩大机的输出电动势。此时，如在 d—d 电刷上接入负载，负载电流 I_3 将产生很强的直轴反应磁 Φ_3，方向与 Φ_1 相反，这就极大地削弱了控制绕组的励磁作用，使扩大机不能工作。因此，必须设置补偿绕组 W_b，用其产生的磁通 Φ_4 补偿 Φ_3。为了便于调整补偿程度，采用可调整的分流电阻 R_{BT} 与补偿绕组并联；为了改善直轴的换向条件，还在直轴电刷中串联了换向绕组。

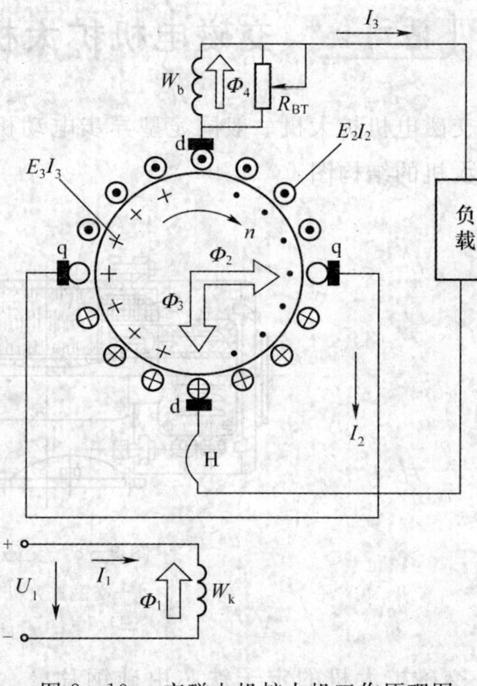

图 9－10　交磁电机扩大机工作原理图

交磁电机扩大机有很高的功率放大系数，一般在 500～10 000 之间。

交磁电机扩大机的电磁时间常数较小，控制绕组的时间常数为 0.03～0.06s，交轴回路的时间常数为 0.03～0.15s。也就是说，当输入功率发生变化时，输出功率也立即随着变化。

应该指出，交磁电机扩大机输出功率的增大，其能量完全是由拖动它的原动机供给的。

现在，由于电子技术的发展，晶体管放大电路完全可以代替交磁电机扩大机的功能。

项目五 直线电机

活动一 直线电机概述

直线电机主要是直线电动机，它是一种将电能直接转换成直线运动机械能，而不需任何中间转换机构的传动装置。

直线电机的结构可以根据需要制成扁平形、圆筒形或盘形等各种形式，它可以采用交流电源、直流电源或脉冲电源等各种电源进行工作。直线电机可以在几秒钟内把一架几千千克的直升机拉到每小时几百千米的速度，它在真空中运行时，其时速可达几千至上万。在军事上，人们利用它制成各种电磁炮，并试图将它用于导弹、火箭的发射；在交通运输业中，人们利用直线电机制成了时速达 500 km 以上的磁悬浮列车；在工业领域，直线电机被用于生产输送线，以及各种横向或垂直运动的一些机械设备中。直线电机除具有高速、大推力的特点以外，还具有低速、精细的另一特点，例如，步进直线电动机，它可以做到步距为 1μm 的精度，因此，直线电机又被应用到许多精密的仪器设备中，例如计算机的磁头驱动装置、照相机的快门、自动绘图仪、医疗仪器、航天航空仪器、各种自动化仪器设备等。除此之外，直线电机还被用于各种各样的民用装置中，如门、窗、桌、椅的移动，门锁、电动窗帘的开、闭等。

综上所述，直线电机可广泛地应用于工业、民用、军事及其他各种直线运动的场合，采用直线电机驱动的装置和其他非直线电机驱动的装置相比，它具有以下一些优点：

(1)采用直线电机驱动的传动装置，它不需要任何转换装置而直接产生推力，因此，它可以省去中间转换机构，简化了整个装置或系统，保证了运行的可靠性，传递效率提高，制造成本降低，易于维护。

(2)普通旋转电机由于受到离心力的作用，其圆周速度受到限制，而直线电机运行时，它的零部件和传动装置不像旋转电机那样会受到离心力的作用，因而它的直线速度可以不受限制。

(3)直线电机是通过电能直接产生直线电磁推力的，它在驱动装置当中，其运动时可以无机械接触，使传动零部件无磨损，从而大大减少了机械损耗，例如直线电机驱动的磁悬浮列车就是如此。

(4)旋转电机通过钢绳、齿条、传动带等转换机构转换成直线运动，这些转换机构在运行中，其噪声是不可避免的，而直线电机是靠电磁推力驱动装置运行的，故整个装置或系统噪声很小或无噪声，运行环境好。

(5)由于直线电机结构简单，且它的初级铁芯在嵌线后可以用环氧树脂等密封成整体，所以可以在一些特殊场合中应用，例如可在潮湿环境甚至水中使用；可在有腐蚀性气体或有毒、有害气体中应用；也可在几千度的高温下或零下几百度的低温下使用。

(6)由于直线电机结构简单，直线电机的散热效果也较好，特别是常用的扁平形短初级直线电机，初级的铁芯和绕组端部直接暴露在空气中，同时次级很长，具有很大的散热面，热量很容易散发掉，所以这一类直线电机的热负荷可以取得较高，并且不需要附加冷却装置。

当然，任何事物都是一分为二的，直线电机也不例外，它也存在着一些不足之处，主要表现在以下两个方面：

(1)与同容量旋转电机相比，直线电机(主要是感应式直线电机)的效率和功率因数较低，尤其在低速时比较明显。其原因主要是两个方面引起的，一是直线电机的初次级气隙一般都比旋转电机的气隙大，因此所需的磁化电流就较大，损耗增加；二是由于直线电机初级铁芯两端开断，产生了所谓的边端效应，从而引起波形畸变等问题，其结果也导致损耗增加。但从整个装置或系统来看，由于采用直线电机后可省去中间传动装置，因此系统的效率有时还是比采用旋转电机的高。

(2)直线电机特别是直线感应电机的启动推力受电源电压的影响较大，故需采取有效措施保证电源的稳定或改变电机的有关特性来减少或消除这种影响。

通过以上关于直线电机驱动直线运动装置所具有的优缺点的论述，可以说，在所有直线运动的装置或系统中，是否采用直线电机驱动，这需要进行综合考虑，在充分权衡了直线电机驱动与旋转电机驱动的利弊得失之后，才能作出是否采用直线电机的决定。换句话说，直线电机在一些合适的直线运动装置或系统中，是很有前途，也是能发挥很大作用的。

活动二 直线电机的基本结构与工作原理

1. 基本结构

如图 9-11(a)和图 9-11(b)分别表示了一台旋转电动机和一台扁平型直线电动机。

直线电机可以认为是旋转电机在结构方面的一种演变，它可看做是将一台旋转电机沿径向削开，然后将电机的圆周展成直线，如图 9-12 所示。图 9-12 为感应式直线电机的演变过程，这样就得到了由旋转电机演变而来的最原始的直线电机。由定子演变而来的一侧称为初级，由转子演变而来的一侧称为次级。

图 9-12 中演变而来的直线电机，其初级和次级长度是相等的，由于在运行时初级与次级之间要作相对运动，如果在运动开始时，初级与次级正巧对齐，那么在运动中，初级与次级之间互相耦合的部分越来越少，而不能正常运动。

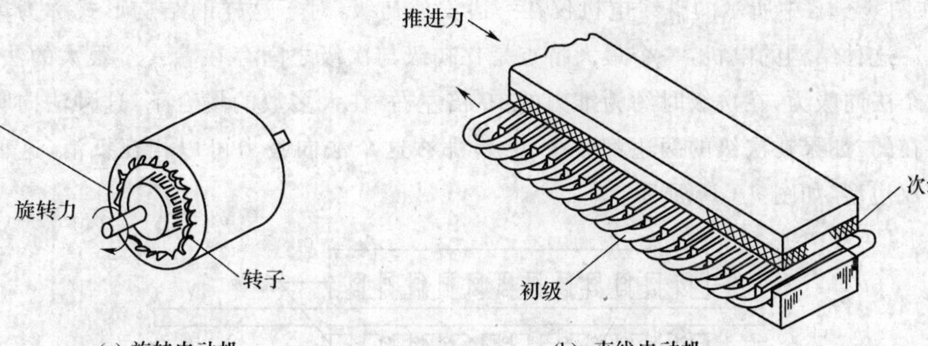

(a) 旋转电动机 (b) 直线电动机

图 9－11 旋转电动机和直线电动机示意图

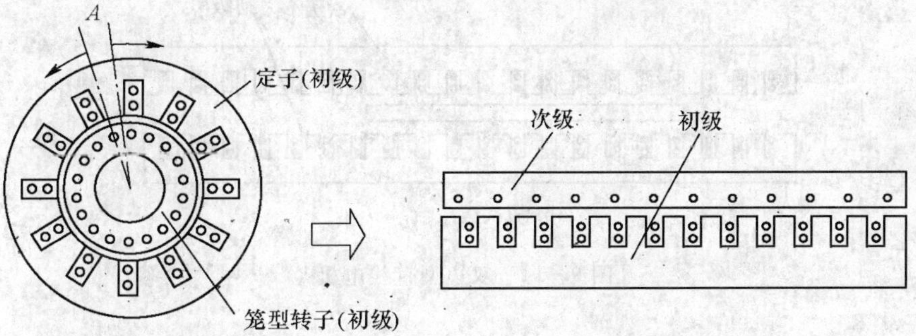

(a) 沿径向剖开 (b) 把圆周展成直线

图 9－12 由感应式旋转电机演变为直线电机的过程

为了保证在所需的行程范围内，初级与次级之间的耦合能保持不变，因此实际应用时，是将初级与次级制造成不同的长度。在直线电机制造时，既可以是初级短、次级长，也可以是初级长、次级短，前者称做短初级长次级，后者称为长初级短次级，如图 9－13 所示。但是由于短初级在制造成本上、运行的费用上均比短次级低得多，因此，目前除特殊场合外，一般均采用短初级。

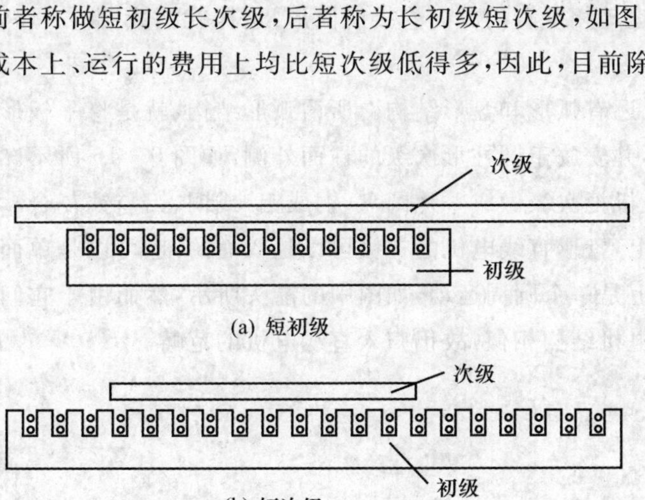

(a) 短初级 (b) 短次级

图 9－13 单边型直线电机

在图 9－13 中所示的直线电机仅在一边安放初级，对于这样的结构形式称为单边型直线电机。这种结构的电机，一个最大特点是在初级与次级之间存在着一个很大的法向吸力，一般这个法向吸力，在次级时约为推力的 10 倍左右，在大多数的场合下，这种法向吸力是不希望存在的，如果在次级的两边都装上初级，那么这个法向吸力可以相互抵消，这种结构形式称为双边型，如图 9－14 所示。

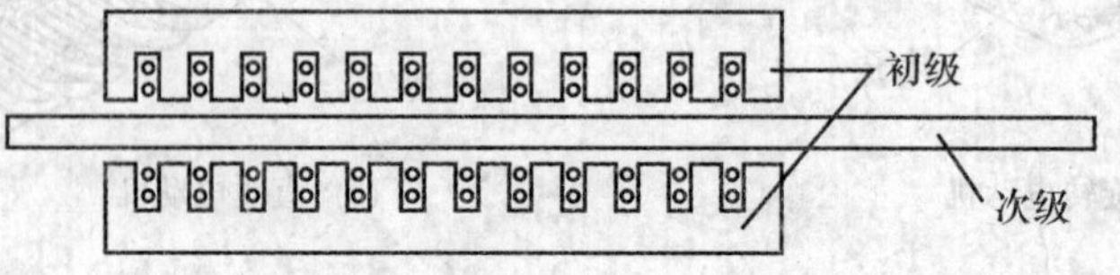

(a) 短初级

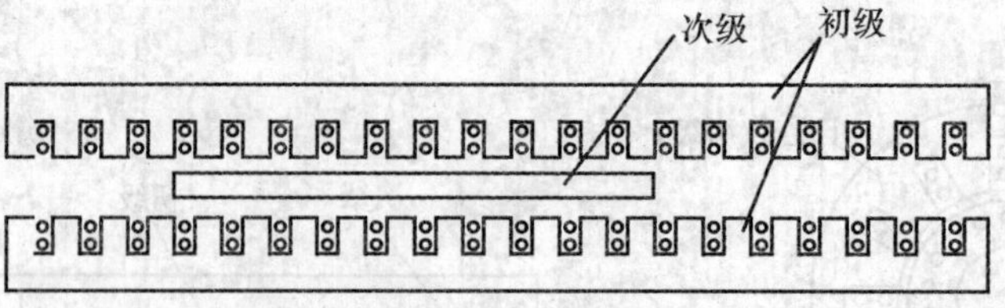

(b) 短次级

图 9－14　双边型直线电机

上述介绍的直线电机称为扁平形直线电机，是目前应用最广泛的。除了上述扁平形直线电机的结构形式外，直线电机还可以做成圆筒形（也称管形）结构，它也可以看做是由旋转电机演变过来的，其演变的过程如图 9－15 所示。

图 9－15(a)表示一台旋转式电机以及定子绕组所构成的磁场极性分布情况，图 9－15(b)表示转变为扁平形直线电机后，初级绕组所构成的磁场极性分布情况，然后将扁平形直线电机沿着和直线运动相垂直的方向卷接成筒形，这样就构成图 9－15(c)所示的圆筒形直线电机。

此外，直线电机还有弧形和盘形结构。所谓弧形结构，就是将平板形直线电机的初级沿运动方向改成弧形，并安放于圆柱形次级的柱面外侧，如图 9－16 所示。图 9－17 所示是圆盘形直线电机，该电机把次级做成一片圆盘（铜或铝，或铜、铝与铁复合），将初级放在次级圆盘靠近外缘的平面上，盘形直线电机的初级可以是双面的，也可以是单面的。弧形和盘形直线电机的运动实际上是一个圆周运动，如图中的箭头所示，然而由于它们的运行原理和设计方法与扁平形直线电机结构相似，故仍归入直线电机的范畴。

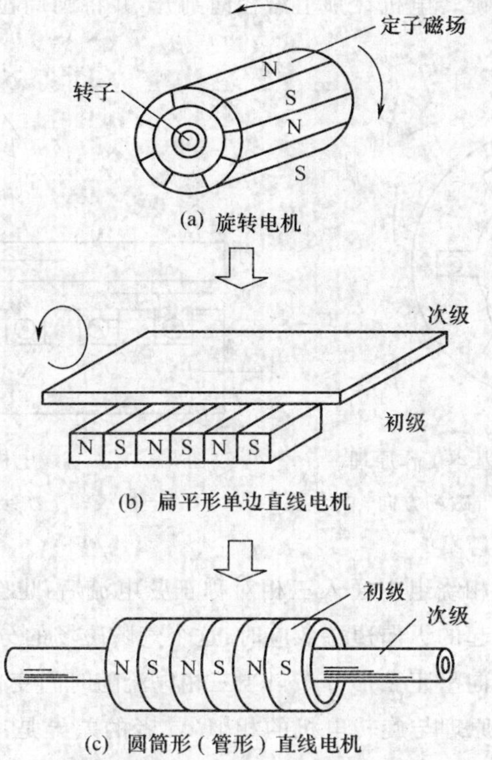

图 9－15　旋转电机演变为圆筒形直线电机的过程

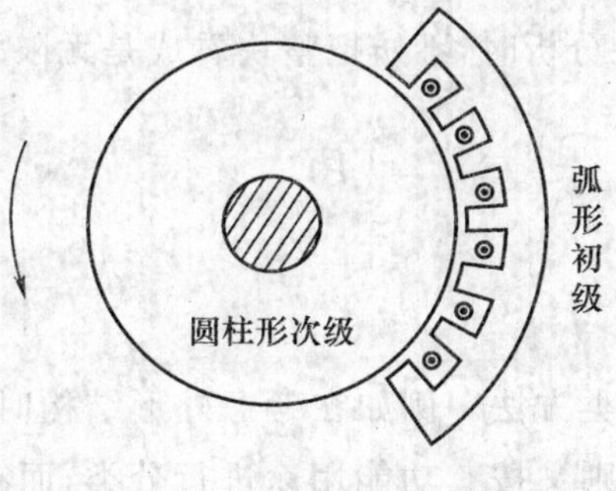

图 9－16　弧形直线电动机

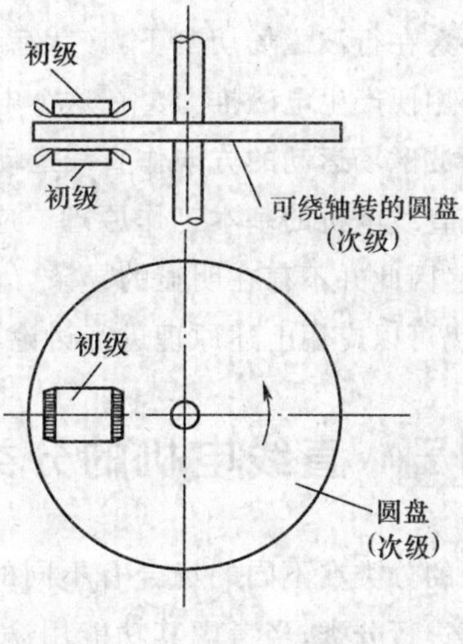

图 9－17　圆盘形直线电机

2. 工作原理

直线电机不仅在结构上相当于是从旋转电机演变而来的，而且其工作原理也与旋转电机相似。

将如图 9－18 所示的旋转电机在顶上沿径向剖开，并将圆周拉直，便成了图 9－19 所示的直线电机。

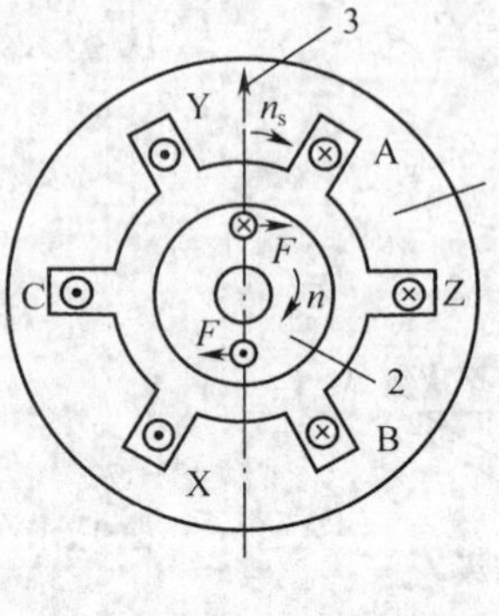

图 9－18　旋转电机的基本工作原理

1—定子；2—转子；3—磁场方向

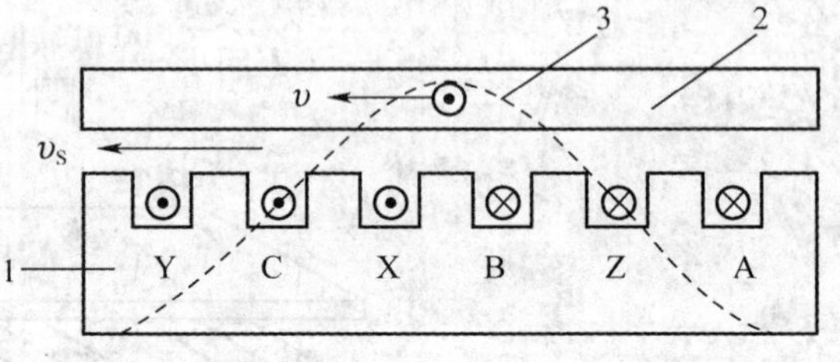

图 9－19　直线电机的基本工作原理

1—初级；2—次级；3—行波磁场

在这台直线电机的三相绕组中通入三相对称正弦电流后，也会产生气隙磁场。当不考虑由于铁芯两端开断而引起的纵向边端效应时，这个气隙磁场的分布情况与旋转电机相似，即可看成沿展开的直线方向呈正弦形分布。当三相电流随时间变化时，气隙磁场将按 A，B，C 相序沿直线移动。这个原理与旋转电机的相似，二者的差异是：这个磁场是平移的，而不是旋转的，因此称为行波磁场。显然，行波磁场的移动速度与旋转磁场在定子内圆表面上的线速度是一样的，称为同步速度，单位为 m/s。

再来看行波磁场对次级的作用。假定次级为栅形次级，图 9－19 中仅画出其中的一根导条。次级导条在行波磁场切割下，产生感应电动势并产生电流。而所有导条的电流和气隙磁场相互作用便产生电磁推力。在这个电磁推力的作用下，如果初级是固定不动的，那么次级就顺着行波磁场运动的方向作直线运动。

上述就是直线电机的基本工作原理。应该指出，直线电机的次级大多采用整块金属板或复合金属板，因此并不存在明显的导条。但在分析时，不妨把整块看成是无限多的导条并列安置，这样仍可以应用上述原理进行讨论。

活动三　直线电机的分类

直线电机的分类在不同的场合有不同的分类方法。例如在考虑外形结构时，往往从结构形式上将其进行分类；当考虑其功能用途时，则又按其功能用途进行分类；而在分析或阐述电机的性能或机理时，则是以其工作原理进行分类。

1. 按结构形式分类

直线电机按其结构形式主要可分为扁平形、圆筒形（或管形）、圆盘形和圆弧形四种，此外，还有一些特殊结构，这里不再介绍。

所谓扁平形直线电机，顾名思义，即为一种扁平的矩形结构的直线电机，如图 9-11(b)所示，它有单边型和双边型，分别如图 9-13、图 9-14 所示。每种形式下又分别有短初级、长次级或长初级、短次级。

所谓圆筒形直线电机，即为一种外形如旋转电机的圆柱形的直线电机，它的演变过程如图 9-15 所示。这种直线电机一般均为短初级、长次级形式。在需要的场合，我们还将这种电机做成既有旋转运动又有直线运动的旋转直线电机，至于旋转直线的运动体既可以是初级，也可以是次级。

所谓圆盘形直线电机，即该电机的次级是一个圆盘，不同形式的初级驱动圆盘次级做圆周运动，如图 9-17 所示。其初级可以是单边型，也可以是双边型。

(1)力矩与旋转速度可以通过多台初级组合的方式或通过初级在圆盘上的径向位置来调节。

(2)无须通过齿轮减速箱就能得到较低的转速，因而电机噪声和振动很小。

所谓圆弧形电机，如图 9-16 所示，它的运动形式是旋转运动，且与普通旋转电机非常接近，然而它与旋转电机相比也是具有如圆盘形直线电机那样的优点，圆弧形与圆盘形的主要区别，在于次级的形式和初级对次级的驱动点有所不同。

按以上结构形式分类的直线电机的相互关系可用如图 9-20 所示的形式表示。

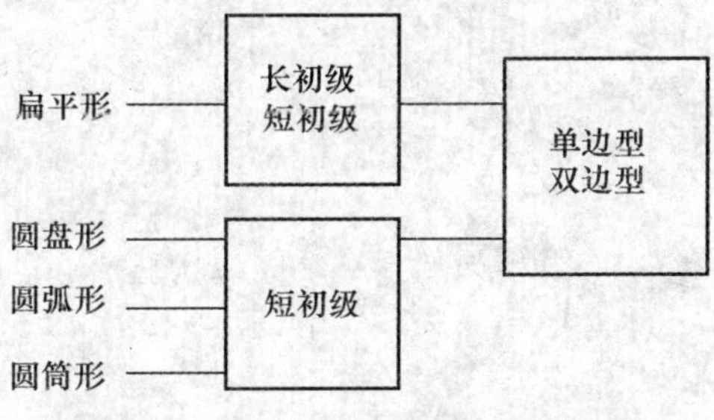

图 9-20　直线电机的结构类型

2. 按功能用途分类

直线电机，特别是直线感应电机，按其功能用途主要可分为力电机、功电机和能电机。

(1)力电机。力电机是指单位输入功率所能产生的推力，或单位体积所能产生的推力，主要用于在静止物体上或低速的设备上施加一定的推力的直线电机。它以短时运行、低速运行为主，例如阀门的开闭、门窗的移动、机械手的操作、推车等等。这种电机效率较低，甚至为零(如对静止物体上施加推力时，效率为零)，因此，对这类电机不能用效率这个指标去衡量它，而是用推力/功率的比来衡量，即在一定的电磁推力下，其输入的功率越小，则说明其性能越好。

(2)功电机。功电机主要作为长期连续运行的直线电机，它衡量性能的指标与旋转电机基本一样，即可用效率、功率因数等指标来衡量其电机性能的优劣，例如高速磁悬浮列车用直线电机，各种高速运行的输送线，等等。

(3)能电机。能电机是指运动构件在短时间内所能产生的极高能量的驱动电机，它主要是在短时间、短距离内提供巨大的直线运动能，例如导弹、鱼雷的发射，飞机的起飞以及冲击、碰撞等试验机的驱动，等等。这类直线电机的主要性能指标是能效率(能效率＝输出的动能/电源所提供的电能)。

3.按工作原理分类

从原理上讲，每种旋转电机都有与之相对应的直线电机，然而从使用角度来看，直线电动机得到了更广泛的应用。直线电机按其工作原理可分为两大类，即直线电动机和直线驱动器。直线电动机包括交流直线感应电动机(Linear Induction Motors，LIM)、交流直线同步电动机(Linear Synchronous Motors，LSM)、直线直流电动机(Linear DC Motors，LDM)和直线步进(脉冲)电动机(Linear Stepper(Pulse)Motors，LPM)、混合式直线电动机(Linear Hybrid Motors，LHM)等。直线驱动器包括直线振荡电机(Linear Oscillating Motors，LOM)、直线电磁螺线管(Linear Electric Solenoid，LES)、直线电磁泵(Linear Electromagnetic Pump，LEP)、直线超声波电动机(Linear Ultrasonic Motors，LUM)等。以上这些直线电机又可分成许多不同的种类。

项目六

微型同步电动机

微型同步电动机主要有 3 种类型，即永磁式同步电动机、反应式同步电动机和磁滞式同步电动机。这些电动机的定子结构都是相同的，或者是三相绕组通以三相交流电，或者是两相绕组通入两相电流(包括单相电源经过电容分相)，或者是单相罩极式，其主要作用都是为了产生一个旋转磁场。但是转子的结构形式和材料却有很大差别，因而其运行原理也就不同。由于这些电机的转子上都没有励磁绕组，也不需要电刷和滑环，因而具有结构简单、运行可靠、维护方便等优点。目前，功率从零点几瓦到数百瓦的各种微型同步电动机广泛应用于需要恒速运转的自动控制装置、遥控、无线电通信、有声电影、磁带录音及同步随动系统中。

活动一 永磁式同步电动机

永磁式同步电动机的转子是由永久磁钢制成。它可以是两极的，也可以是多极的。现以两极电动机为例说明其运行原理。

如图 9－21 所示是一个具有两个磁极的永磁转子。当同步电动机的定子通以三相交流电后，即产生一个旋转磁场，这个旋转磁场在图中用另一对旋转磁极表示。当定子旋转磁场以同步转速 n_1 朝着图示的方向旋转时，定子旋转磁极就要与转子磁极紧紧吸住，并带着转子一起旋转。由于转子是由旋转磁场带着转的，因而转子的转速也就与旋转磁场的同步转速 n_1 相等。当转子上的负载转矩增大时，定子磁极轴线与转子磁极轴线间的夹角 δ 就会相应增大，当负载转矩减小时，夹角又会自动减小，两对磁极间的磁感线如同弹性的橡皮筋一样。但只要负载不超过一定的限度，转子就始终跟着定子旋转磁场以同步转速转动。

由此可见，永磁式同步电动机的转速取决于电源频率和电机的极对数。而电磁转矩则与 $\sin\delta$ 成正比。即当 $\delta=0°$ 时电磁转矩 $T_{em}=0$，当 $\delta=90°$，$T_{em}=T_m$ 为最大值。因此，同步电动机的负载转矩不能大于这个最大同步转矩，否则同步电动机将因不同步而停转。

永磁式同步电动机与同步电动机一样，也存在启动困难这一问题。影响永磁式同步电动机不能自行启动的因素主要有以下两个方面：

(1)转子本身存在惯性。

(2)定、转子磁场之间转速相差过大。

除了转子本身惯性很小、极数较多的低速永磁式同步电动机外，一般的永磁同步电动机都需附加启动装置。转子上附加笼型绕组的永磁同步电动机称为异步启动永磁同步电动机。转子上附加磁滞材料环帮助启动的称为磁滞启动永磁同步电动机，具有磁滞材料环的永磁同步电动机的结构如图 9-22 所示。

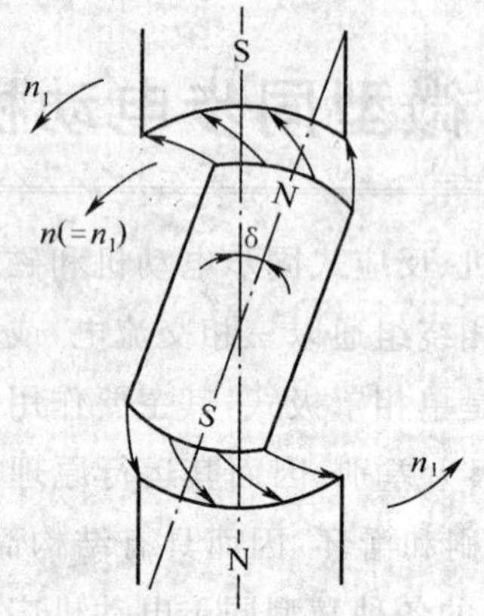

图 9-21　永磁式同步电动机的工作原理

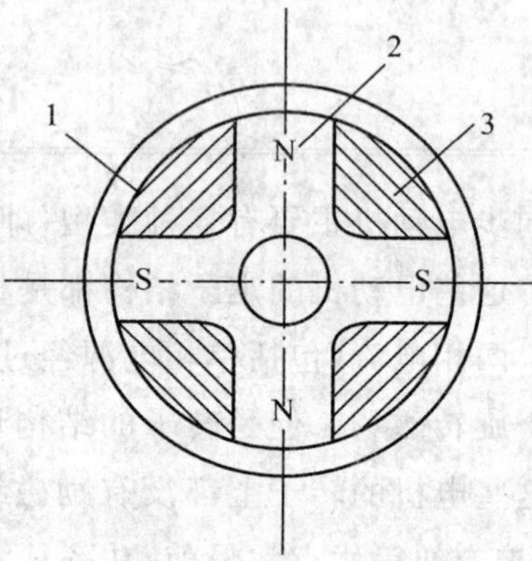

图 9-22　具有磁滞材料环的永磁同步电动机转子

1—磁滞环；2—永磁铁；3—极间填充材料

如图 9-23 所示为永磁钢径向结构形式的永磁转子。其笼型绕组与异步电动机的转子相同。当永磁同步电动机启动时，依靠这个笼型启动绕组就可以使电机产生异步启动转矩，等到转子速度上升到接近同步转速时，定子旋转磁场就与转子永磁钢相互吸引把转子拉入同步，与旋转磁场一起以同步转速旋转。

永磁同步电动机具有功率因数和效率均较高、有效材料利用率高、输出功率大等特点。但是永磁同步电动机除多极、小转动惯量转子的电机外，无自启动能力，且不能在异步状态下运行，这些都不及磁滞同步电动机。与反应式同步电动机相比，其结构较复杂，成本也较高。

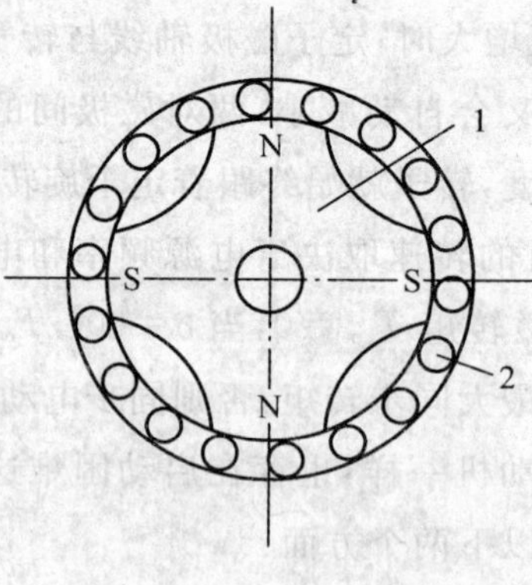

图 9-23　永磁钢径向结构形式的永磁同步电动机转子

1—永磁钢；2—启动笼

活动二 反应式同步电动机

反应式同步电动机就是没有直流励磁的凸极式同步电动机。由于没有励磁，即主极磁通为零，由主磁通在定子绕组中所产生的感应电动势 E_0 为零，则这台凸极同步电动机的电磁功率中就不存在基本电磁功率而只存在由于直轴和交轴磁路磁阻不等而引起的附加电磁功率和相应的电磁转矩。

这种只依靠转子自身直轴和交轴两个方向磁阻不同而产生的转矩又称磁阻转矩，也称为反应转矩，所以反应式同步电动机又称为磁阻电动机。

反应式同步电动机的工作原理可以用如图 9-24 所示的简单模型来说明，图中定子旋转磁场用一对旋转磁极来表示。

如图 9-24(a)所示是一个圆柱形隐极转子，由于转子本身是没有磁性的，无论其直轴和旋转磁场的轴线相差多大角度，磁通都不发生扭斜，所以也就不能产生切向电磁力和电磁转矩。如图 9-24(b)所示是凸极的反应式同步电动机的空转情况，由于电动机的空载损耗很小可略去不计，故电动机产生的电磁转矩 $T_{em}\approx 0$，于是定子旋转磁场轴线与转子磁极轴线相重合，此时磁感线也不发生扭斜。当电动机转轴上加机械负载时，则由于转矩不平衡，转子将发生瞬时减速。于是转子的直轴将落后旋转磁场的磁极轴线一个 δ 角度，如图 9-24(c)所示 $\delta=45°$，由于磁感线仍然力求沿磁阻最小的路径，即沿转子直轴方向通过转子，因而被迫变弯，引起磁场发生扭斜。由于磁感线所经路径被拉长，磁阻增大，被拉长了的磁感线力图缩短所经路径减小磁阻，由此产生与电枢磁场转向相同方向的磁阻转矩与负载转矩相平衡，因而转子直轴与旋转磁场轴线保持这一角度，以定子旋转磁场相同的同步转速同向运转。如果再加大负载，则 δ 角继续增大，则由于部分磁通开始直接沿转子交轴方向通过，使磁场的畸变反而开始减小。当转子偏转角 $\delta=90°$ 时，全部磁感线都沿转子交轴通过转子，磁感线却未被扭斜，如图 9-24(d)所示，故电磁转矩又变为零。当 $\delta>90°$ 时，转矩将改变方向，如图 9-24(e)所示。$\delta=180°$ 时，转矩又等于零。

反应式同步电动机的最大同步转矩发生在 $\delta=45°$ 时，如负载转矩大于最大同步转矩，亦即当 $\delta>45°$ 时，电动机因失步而进入异步运行状态。

由于磁阻转矩是一种同步转矩，只能用于牵入，不能用来启动，因此磁阻式同步电动机需有启动措施，通常也采用在转子上设供异步启动用的笼型绕组作为启动绕组。笼型绕组同时作为阻尼绕组，可起到抑制同步电动机振荡的作用。

反应式同步电动机具有结构简单、成本低廉、运行可靠的优点，缺点是功率因数较低，不能自行启动。

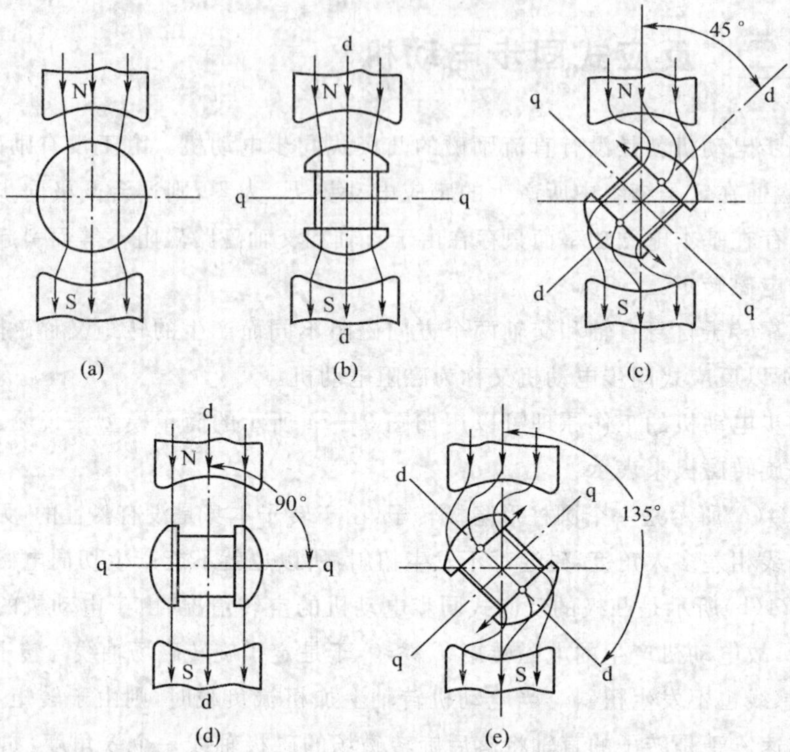

图 9-24 反应式同步电动机的运行模型

活动三 磁滞式同步电动机

磁滞式同步电动机结构上的主要特点在于它的转子铁芯不是用一般的软磁材料，而是用硬磁材料制成，结构形式为隐极式。这种硬磁材料具有比较宽的磁滞回环，剩磁与矫顽力比软磁材料大，反映出硬磁材料磁化时，阻碍磁分子运动的相互间摩擦力较大，单位场强的磁滞损耗比较大。铁磁材料在交变磁化时，磁滞现象表现为磁感应强度 B 滞后于磁场强度 H 一个时间角。磁滞式同步电动机转子是处于旋转磁化状态，磁滞现象表现为铁磁材料的磁动势滞后于外磁动势一个空间角，如图 9-25 所示。

图 9-25(a)中的电机转子是一个硬磁材料的实心转子处在一对用 N，S 磁极所表示的旋转磁场中。转子被磁化后所产生的磁场的轴线将与定子磁场的轴线相重合。这时电机中定、转子磁场的相互作用力是径向的，所以不会产生转矩。当旋转磁场相对转子转动以后，转子磁分子也要跟随旋转磁场方向转动。可是由于硬磁材料中的磁分子之间具有很大的摩擦力，因此磁分子在转动时便不能立即随着旋转磁场方向转过同样的角度，而始终落后于一个角度 δ。这样由所有磁分子产生的合成磁通，即转子磁通就要落后定子旋转磁场一个 δ 角，这个角称为磁滞角，如图 9-25(b)所示。它们之间的相互作用将产生切向分力 F_t 并引起磁滞转矩。由于磁滞转矩的作用，使电机转子朝着定子旋转磁场的方向转动起来。显然，

磁滞角的大小与定子旋转磁场相对于转子的速度无关，它取决于转子所用的硬磁材料的性质。

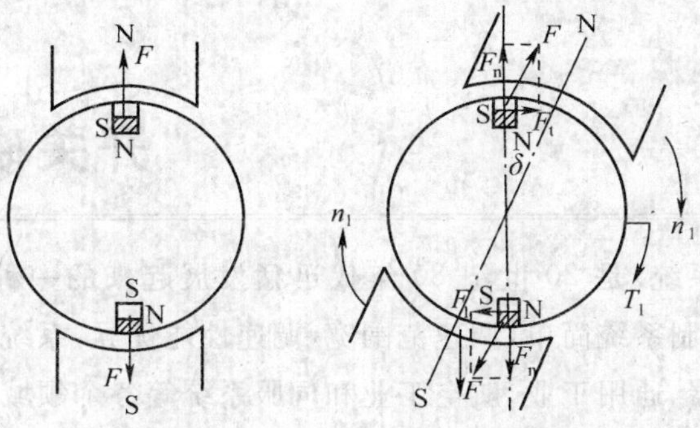

(a) 不产生转矩　　(b) 产生磁滞转矩

图 9－25　磁滞同步电动机的工作原理

为了增大磁滞转矩，应尽量利用磁滞回环宽的硬磁材料制造转子，目前应用较多的是铁钴钒、铁钴钼等合金材料。转子结构如图 9－26 所示。图中外圈为有效层，由整块硬磁材料制成，或者由硬磁材料冲片叠压而成；内圈为套筒，可用磁性或非磁性材料制成。由硬磁材料冲片叠压而成的转子，其涡流转矩极小，电机启动及运行主要依靠磁滞转矩。用整块硬磁材料制成的转子，除了磁滞转矩外，还有涡流转矩，可以增大启动转矩。

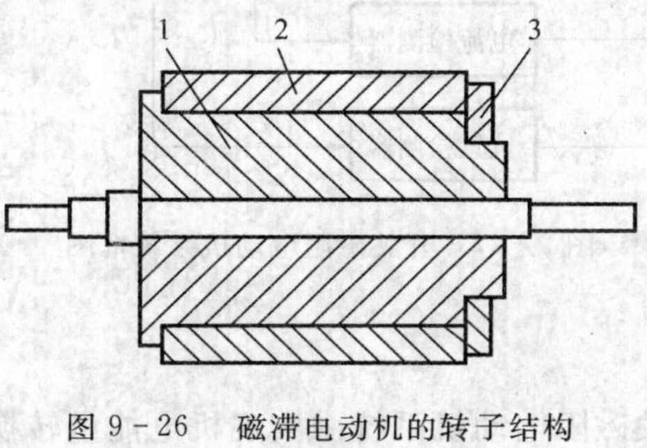

图 9－26　磁滞电动机的转子结构

1—套筒；2—硬磁材料有效环；3—挡环

磁滞电动机还可以与其他类型的同步电动机组合，形成组合式电机。这样它既可以保持磁滞电动机的良好启动性能，又可以使电机在同步运行时性能指标有较大提高。目前已有磁滞—反应式同步电动机、磁滞—永磁式同步电动机和磁滞—励磁式同步电动机等。

项目七

开关磁阻电动机

开关磁阻电动机(系统)是20世纪80年代迅猛发展起来的一种新型调速电机驱动系统。由于它的结构和控制系统简单,调速范围宽,调速性能优异,系统可靠性高,因此被应用于电动车驱动、家用电器、通用工业、航空工业和伺服系统等各个领域。

活动一 开关磁阻电动机的系统组成

开关磁阻电动机系统主要由开关磁阻电动机(简称SRM)、功率变换器、控制器和位置检测器4部分组成,如图9-27所示。

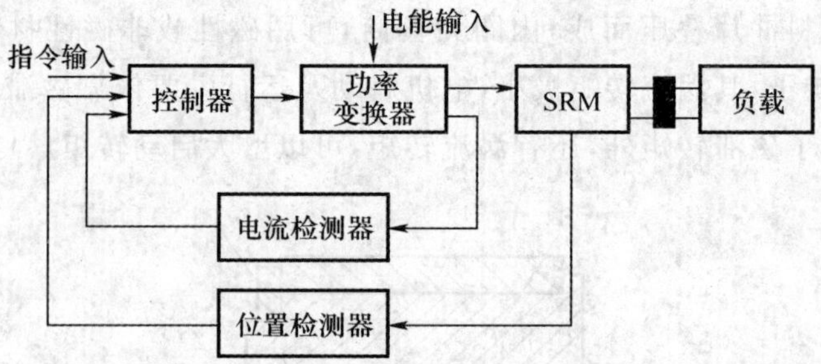

图9-27 开关磁阻电动机系统框图

1. 开关磁阻电动机

开关磁阻电动机是开关磁阻电动机系统中实现机电能量转换的部件,它的结构和原理与反应式步进电机基本相同,都是遵循磁通总要沿着磁阻最小的路径闭合的原理,因磁场扭曲而产生磁拉力形成转矩。因此,它的结构宜采用双凸极式(定子、转子均为凸极式),并且定子、转子的极数不相等,如图9-28所示。定子上装有集中绕组,直径方向相对的两个绕组串联为一相,转子由叠片构成。

2. 功率变换器

功率变换器是开关磁阻电动机运行时所需能量的供给者,是连接电源和电动机绕组的功率部件。功率变换器主电路有多种形式,应用最普遍的有不对称半桥电路、双绕组电路和裂相式电路3种,具体选用哪一种,应根据具体性能、使用场所等方面综合考虑。

3. 控制器

控制器是SRM系统的指挥中枢。它综合位置检测器、电流检测器提供的电动机转子位置、速度和电流等反馈信息及外部输入的指令，实现对 SRM 运行状态的控制。

4. 位置检测器

位置检测器向控制器提供转子位置及速度等信号，使控制器能正确地决定绕组的导通和关断时刻。通常采用光电器件、霍尔元件或电磁线圈法进行位置检测，采用无位置传感器的位置检测方法是 SRM 系统的发展方向。

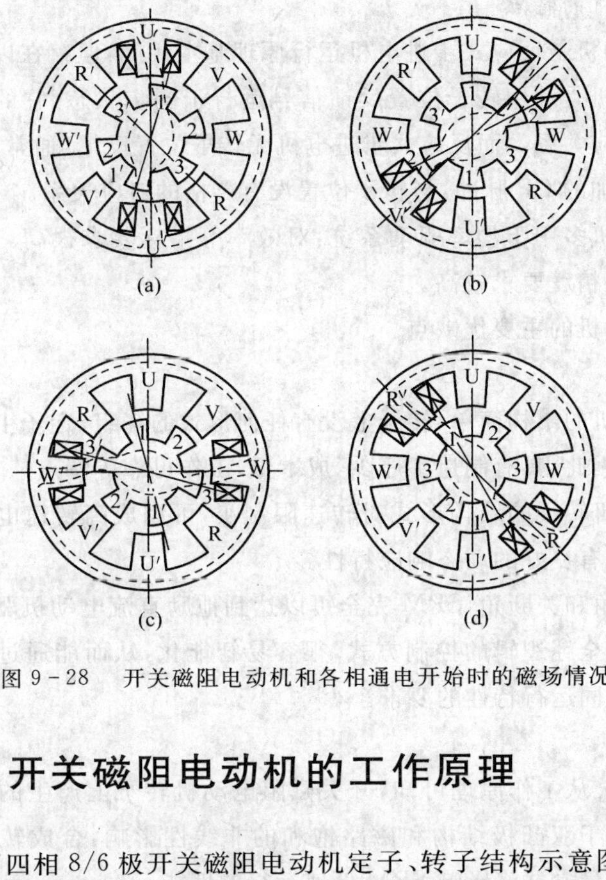

图 9－28　开关磁阻电动机和各相通电开始时的磁场情况

活动二　开关磁阻电动机的工作原理

图 9－28 给出了四相 8/6 极开关磁阻电动机定子、转子结构示意图，定子上均匀分布 8 个磁极，转子上沿圆周均匀分布 6 个磁极，定子、转子均为凸极式结构，定子、转子间有很小的气隙。当控制器接收到位置检测器提供的电动机内定子、转子磁极相对的位置信息，如图 9－28(a)所示位置，控制器向功率变换器发出指令，使 U 相绕组通电，而 V，W 和 R 三相绕组都不通电。电动机建立起一个以 UU′为轴线的磁场，磁通经过定子轭、定子磁极、气隙、转子磁极和转子铁芯等处闭合，通过气隙的磁感线是弯曲的，此时，磁路的磁阻大于定子磁极轴线 UU′和转子磁极轴线 11′重合时的磁阻，转子受到气隙中弯曲磁感线的拉力所产生的转矩作用，使转子逆时针转动，使转子磁极轴线 11′向定子磁极轴线 UU′趋近。当轴线 UU′与 11′重合时，转子达到稳定平衡位置，切向电磁力消失，转子不再转动。如图 9－28(b)所示，此时 VV′与 22′的相对位置关系与图 9－28(a)中 UU′与 11′的相对位置相同。控制器根据位置检测器的位置信息，命令断开 U 相，合上 V 相，建立起以 VV′为轴线的磁场。同理使

VV′与22′轴线对齐。以此类推，定子绕组按U—V—W—R—U的顺序通电时，转子将沿逆时针方向转动。

活动三 开关磁阻电动机系统的特点及应用

1. 开关磁阻电动机的特点

(1)开关磁阻电动机与反应式步进电机运行原理基本相同，但存在以下主要差别：

1)开关磁阻电动机是利用转子位置反馈信号运行于同步状态，它的励磁换向时刻与转子位置有着严格的对应关系。而反应式步进电机无转子位置反馈，通常运行于开环状态，绕组换向时刻取决于外加的CP脉冲，与转子位置没有严格的对应关系。

2)开关磁阻电动机多用于功率驱动系统，对效率等指标要求很高。而步进电机多用于伺服控制系统，对步距精度要求较高。

(2)开关磁阻电动机的主要优缺点。

1)优点。

①开关磁阻电动机的结构简单，转子上没有任何形式的绕组；定子上只有简单的集中绕组，没有相间跨接线，因此，具有制造工序少、成本低、工作可靠等特点。

②开关磁阻电动机转子的结构形式对转速限制小，可制成高转速电动机。而且转子转动惯量小，因而系统具有良好的动态响应特性。

③通过调整开通角和关断角，SRM完全可以达到他励直流电动机驱动系统良好的控制特性，而且这是一种完全纯逻辑的控制方式，很容易智能化，从而能通过重新编程或替换电路元件，方便地满足不同运行特性的要求。

2)缺点。

①转矩脉动较大。从工作原理可知，开关磁阻电动机转子上产生的转矩是一系列脉冲转矩叠加而成的，且由于双凸极结构和磁路饱和的非线性影响，合成转矩不是一个恒定转矩，而有较大的谐波分量。这将影响SRM低速运行的性能。

②SRM系统的噪声和振动比一般电动机大。

2. 开关磁阻电动机的应用

开关磁阻电动机由于具有结构简单、制造成本低、效率高和可靠性高等一系列优点，并且随着电力电子技术和微电子技术的迅猛发展，SRM的发展已取得了明显的进步，目前已成功应用于电动车驱动、航空工业、家用电器、纺织机械等各个领域，功率范围从10 W到5 MW，最大转速高达100 000 r/min，开关磁阻电动机系统具有较广泛的应用前景。

课题测试

1. 交、直流伺服电动机的作用是什么？简述交流、直流伺服电动机的基本结构和工作原理。

2. 直流伺服电动机有哪些优点?

3. 测速发电机的作用是什么? 简述杯形转子异步测速发电机和直流测速发电机的基本结构和工作原理。

4. 说明交磁电机扩大机的基本结构和工作原理。

5. 简述三相单三拍步进电动机的工作原理和基本结构。

6. 各种微型同步电动机转速与负载大小有关吗?

7. 试比较永磁式同步电动机、反应式同步电动机和磁滞式同步电动机各自的特点。

8. 反应式微型同步电动机的反应转矩是怎样产生的? 一般异步电动机有无反应转矩? 为什么?

9. 磁滞式同步电动机的主要优点是什么?

10. 为什么磁滞同步电动机的磁滞转矩大小与转速无关,它是怎样产生的?

11. 简述开关磁阻电动机的工作原理。

模块十

变压器的日常运行与维护

项目一　变压器的运行标准

项目二　变压器运行中的检查

项目三　输出电压的调整

项目四　常见故障及处理

项目一

变压器的运行标准

活动一 允许温度和温升

1. 允许温度

变压器在运行中,电能在铁芯和绕组中的损耗变为热能,引起各部位发热,使变压器温度升高。当热量向周围辐射传导、发热和散热达到平衡状态时,各部分的温度趋于稳定。

变压器运行时,各部分的温度是不相同的,绕组温度最高,其次是铁芯,绝缘油的温度最低。油浸式电力变压器运行中的允许温度应按上层油温来检查。上层油温的允许值应遵守制造厂的规定,但最高不得超过95℃。为防止变压器油质劣化过速,上层油温不宜经常超过85℃。

2. 温升

变压器温度与周围空气温度的差值叫变压器的温升。国家标准规定,当周围空气的温度为+35℃时,一般温升不得超过65℃。对于采用A级绝缘的变压器,当周围空气温度为40℃时,上层油的允许温升为55℃。

活动二 允许负载

变压器负载运行时,一般不应超过变压器的额定容量。变压器可以在正常过负荷和事故过负荷的情况下运行,正常过负荷可以经常使用,其允许值根据变压器的负荷曲线、冷却介质的温度及过负荷前变压器所带的负荷等确定。自然冷却或吹风冷却的油浸式电力变压器的过负荷允许时间见表10-1。

在系统发生故障时,为了保证重要用户的不间断供电,允许变压器短时间过负荷。事故过负荷的时间应根据制造厂的规定执行,或按表10-2所示执行。

表 10-1 自然冷却或吹风冷却油浸式电力变压器的过负荷允许时间

负载系数	过负荷前上层油的温升(℃)为以下数值时,允许过负荷持续时间/min						
	18	24	30	36	42	48	54
1.00	连续运行						
1.05	350	325	290	240	180	90	
1.10	230	205	170	130	85	10	
1.15	170	145	90	80	35		
1.20	125	110	75	45			
1.25	95	75	50	25			
1.30	70	50	30				
1.35	55	35	15				
1.40	40	25					
1.45	25	10					
1.50	15						

表 10-2 事故过负荷允许持续的时间

负载系数	1.30	1.45	1.60	1.75	2.00
允许持续时间/min	120	80	45	20	10

活动三 允许电压变动

升压和降压变压器初级所加的电压可以高于额定电压,但一般不得超过额定值的105%。不论变压器的分接开关在哪个位置,所加电压不超过额定值的105%时,次级可以通过额定电流。

在个别情况下,可根据变压器的构造特点,经过试验或经制造厂认可,初级的电压允许增高到额定电压的110%。此时,电流值应遵照制造厂规定或由试验确定。

活动四 绝缘电阻

绕组的绝缘电阻，用兆欧表(摇表)测量。测量时，应根据绕组的电压等级选择兆欧表：绕组电压在 400 V 及以下时，应选用 500 V 或 1 000 V 的兆欧表；绕组电压在 1 000 V 以上时，应选用 2 500 V 的兆欧表。测量次序为：高压绕组对地，低压绕组对地，高、低压绕组之间。测量前，变压器的绕组应对地充分放电。

变压器绕组的绝缘电阻随温度变化而变，温度增高 10℃，其值可降低到原来的二分之一。因此测量时，应记录油面温度。刚停止运行的变压器，其绕组的温度高于油温，立即测量其数值是不准确的，因此要等其绕组温度与油温相等时再进行测量。测得的绝缘电阻值，在相应温度下与前一次测得的相比较，若不低于前次数值的 70%，可认为合格，但应不低于表 10－3 所列的允许值。

表 10－3 电力变压器绝缘电阻 1min 测量值

测量温度/℃		10	20	30	40	50	60	70	80	90
绕组电压为 3～10 kV	要求值/MΩ	900	450	225	120	64	36	19	12	8
	最低允许值/MΩ	600	300	150	80	45	24	13	8	5
绕组电压为 20～35 kV	要求值/MΩ	1 200	600	300	155	83	50	27	15	9
	最低允许值/MΩ	800	400	200	105	55	33	18	10	6

项目二

变压器运行中的检查

变压器在运行中，值班人员应定期进行检查，以便了解和掌握变压器的运行情况，如发现问题应及时解决，力争把故障消除在萌芽状态。对变压器的检查，可分为监视仪表检查和变压器外部检查两类。

活动一 监视仪表检查

监视仪表检查是通过变压器控制屏上的电流表、电压表和功率表的读数，以及保护装置和各种指示信号来了解变压器运行情况及负荷大小。经常监视这些仪表的读数并定期抄表，是了解变压器运行状况的简便和可靠的方法。

在过负荷运行时，应半小时抄表一次；检测仪表不在控制室时，每班至少记录两次。配电变压器负荷较大时，应测量其三相负荷，如果发现三相负荷不平衡，应重新分配送电。

电压经常超过允许范围时，应设法调整电压或改换电压分接头的位置。

应对变压器温度进行监视。有条件的，可通过摇测温度计定期记录变压器的上层油温。如温度计安装在变压器上，应在巡视变压器时记录其数值；如温度计安装在配电盘上，应在记录电流数值的同时记录温度。

活动二 变压器的外部检查

电力变压器应定期进行外部检查。有固定值班人员的，每天至少检查一次，每星期进行一次夜间检查；无固定值班人员的，至少每两个月检查一次。在有特殊情况或气温急变时，要增加检查次数或进行即时检查。外部检查的内容有以下几点。

1. 变压器上层油温

变压器上层油温一般在85℃以下，对强迫油循环水冷却的变压器应在75℃以下。

2. 变压器的油位及油色

首先，检查油枕上的油位表，油面应位于油位表刻度的1/4～3/4处(气温高时，在上限侧；气温低时，在下限侧)。油面过高，当温度升高时，油将膨胀而溢出箱外。其次，检查变压器油的油色是否有变质迹象，套管有无损坏漏油现象。对油质的检查，通过观察油的颜色来进行：新油为浅黄色；运行一段时间后的油为红色；发生老化、氧化较严重的油为暗红色；经短路、绝缘击穿和电弧高温作用的油中含有碳质，油色发黑。发现油色异常，应取油样进行试验。

3. 运行中变压器的响声

变压器正常运行时的响声是均匀而轻微的“嗡嗡”声，这是在50 Hz的交变磁通作用下，铁芯和线圈振动造成的。若变压器内有各种缺陷或故障，会引起以下异常响声：① 声音增大并比正常时沉重；② 声音中夹杂有尖锐声，音调变高；③ 声音增大并有明显杂音；④ 出现爆裂声。变压器以外的其他电路故障，如高压跌落式熔断器触点接触不好、无励磁调压开关接头未对正或接触不良等，均会引起变压器响声变化，故应定期检查。

4. 高、低压套管

当套管表面积有尘埃，遇到阴雨天或雾天，尘埃便会沾上水分，形成泄漏电流的通路。因此，对套管上的尘埃应定期检查并予以清除。套管由于碰撞或放电等原因产生裂纹、伤痕，也会使其绝缘强度下降，造成放电。因此，发现套管有裂纹或碰伤时应及时更换；没有条件更换的，应及时报告有关部门处理。

5. 防爆管、除湿器和导线的连接

首先，检查防爆管隔膜是否完好，有无喷油痕迹，如防爆管隔膜破裂，应检查破裂的原因：若是意外碰撞所致，更换新的膜片即可；若有喷油痕迹，说明发生了严重的内部故障，应停运检修。其次，查看除湿器中的硅胶是否已达到饱和状态，如硅胶呈红色，说明它已吸湿饱和失效，需更换。最后检查各接线端子的连接是否牢固，引线和导电杆螺栓是否变色，有无过热现象，对贴有示温蜡片的应检查蜡片是否融化。若接点导线和螺栓变色使接头松动，接触电阻就会增大造成发热的结果，应停电后重新加以紧固。

6. 变压器外接的高、低压熔丝

发现熔丝熔断，应首先判明并排除故障，然后再更换熔丝。更换熔丝时，应遵照安全规程进行，以免发生触电事故。

7. 冷却系统的运转情况

检查冷却装置运行情况是否正常。对于强迫油循环水冷或风冷的变压器，应检查泵和电动机轴承是否良好，还应检查油、水、温度、压力等是否符合规定。冷却器中，油压比水压高101～152 kPa(1～1.5个大气压)。冷却器排出的水中不应含有油，水冷却器应无漏水现象。

8. 变压器接地装置

变压器运行时，其外壳接地、中性点接地、防雷接地的接地线应完好无损，连接可靠。巡视中若发现锈蚀严重，甚至断股、断线，应作相应处理。

9. 恶劣天气下的特殊巡视内容

(1) 气温异常的天气：巡视负荷、油温、油位的变化情况；

（2）大风天：注意引线是否有剧烈摆动，导线上是否有异物搭挂；

（3）雷雨天：观察避雷器是否处于正常状态，检查熔丝是否完好；

（4）雨雾天：注意套管等部位有无放电和闪络；

（5）冰雪天：注意变压器上是否有积雪和冰冻；

（6）夜间：每月应进行一次夜间巡视，检查套管有无放电，引线与导电杆连接处是否发红。

项目三

输出电压的调整

活动一 调压方式

变压器运行规程规定的调压方式和调压范围，如表 10－4 所示。

表 10－4 电力变压器调压方式和范围

调压方式	额定电压	调压范围	分接间隔	级数	常用调压方法	使用开关名称
无载调压	35 kV（容量在 8 000 kVA 以下）	±5%	5%	3	中性点调压	中性点调压开关
	35 kV（容量为 8 000 kVA 及以上）	±2×2.5%	2.5%	5	中部调压	中部调压开关
	35 kV 及以下	±3×2.5%或 ±4×2.5%	2.5%	7	中性点线性调压	复合开关
	110 kV	±8×1.25%	1.25%	17	中性点线性或正、反或粗、细调压	复合开关
	220 kV	±8×1.25%	1.25%	17	同上	组合开关

活动二 调压操作规定

无载调压的变压器，禁止在带负荷的情况下调整电压。在变换分接头以前，应断开变压器高、低压两侧的所有负荷开关和隔离开关，把变压器从电力网中完全断开。变换分接头时，必须注意分接头位置是否正确。变换分接头后，必须用欧姆表或用电桥检查回路的完整性和三相电阻的均一性。

有载调压的变压器，可以在带负荷的情况下调整电压，并且可以随时进行。但应根据制造厂的资料编制专门的规程，严格按操作程序进行。

项目四

常见故障及处理

活动一 事故处理

1. 需加强监视的异常现象

在变压器运行中,如发现下列异常现象,应立即报告领导,并准备投入备用变压器,对故障变压器加强监视:

(1) 噪声比平常大,响声音调异常。

(2) 上层油温超过 95℃。

(3) 外壳漏油,油面变化,油位下降。

(4) 垫圈、垫片向外凸出。

(5) 套管发生裂纹以及有放电现象。

2. 应停电处理的情况

(1) 变压器内部响声很大,有放电声。

(2) 变压器温度剧烈上升。

(3) 漏油严重,油面下降很快。

3. 应立即停电处理的事故

(1) 变压器防爆管喷油、喷火、变压器本身起火。

(2) 变压器套管炸裂。

(3) 变压器本体铁壳破裂,大量向外喷油。

4. 变压器着火

变压器着火时,应首先打开放油阀,将变压器油放入油坑,同时用二氧化碳或四氯化碳或 1211 灭火器进行灭火;变压器及周围电源全部切断后,可以用泡沫灭火器灭火,禁止用水灭火。

5. 气体继电器动作

当故障较轻,气体继电器发出信号时,若是由于油位降低、油枕无油,应加油;若是气体继电器内有气体,则应观察气体的颜色并做点火试验。

(1) 无色、无臭或有轻微的油味,不能燃烧,是变压器内部有空气。

(2) 灰白色,有强烈臭味,可燃烧,是绝缘纸板损伤。

(3) 黄色,不易燃烧,是木质绝缘材料损伤。

(4) 灰黑色,易燃烧,是油分解。

若为可燃气体或变压器声音不正常,内部有放电声、爆竹声等,变压器应停电修理。

若变压器内多次产生气体不能查明原因,应采油样测试闪点。闪点低于过去记录5℃以上时,变压器应解体检查。

气体继电器动作切断电源,说明变压器内部出现了严重故障,必须对变压器作详细检查。查明是气体继电器装置不良引起误动作时,可停用气体继电器;查明变压器内部没有故障,要测量变压器的绝缘电阻合格后,才能重新投入运行。

活动二 常见故障及处理

1. 异常声音

变压器在接通电源后,由于励磁电流及磁力线的变化,铁芯、绕组会振动而发出连续均匀的"嗡嗡"声,俗称交流声。但若有异常声响,应按发生情况分析产生的原因,进行检查与处理。

(1) 当大容量的动力设备启动时,负荷变化较大,使变压器声音增大。如变压器带有电弧炉、晶闸管整流器等负荷,由于有谐波分量,变压器声音也会变大。

(2) 过负荷时,变压器发出很高而且沉重的"嗡嗡"声。

(3) 个别零件松动,如铁芯硅钢片松动时,变压器发出强烈而不均匀的"噪声"。

(4) 内部接触不良或绝缘有击穿时,变压器发出放电的"噼啪"声。

(5) 系统短路或接地,通过很大的短路电流时,变压器有很大的噪声。

(6) 套管太脏、有裂纹,表面有闪络或变压器内部有故障时,变压器发出"吱吱"声。

(7) 有击穿现象,如绕组的绝缘损坏导致短路,变压器声响特大,而且很不均匀,或有爆裂声,应立即停电修理。

2. 油面不正常

油面上升,主要是温度上升而引起的,这时要考虑停电修理。油面下降,若为天气变冷收缩所致,则应添油;若是由于容器渗透漏油所致,则应补漏。

电力变压器箱盖瓷套管处、箱沿耐油密封胶条处、吊环根部、油管端部、箱盖和箱壁与油枕焊缝等处的螺纹连接密封部位和焊接焊缝部位,常有渗油、漏油现象发生。螺纹连接密封渗漏油,多由密封垫或耐油胶条安装不当或老化所致。其解决方法是重新调整和更换密封垫或耐油胶条,密封垫的材料选用丁腈橡胶。

焊缝渗漏,则需要补焊。

3. 油温过高

油温过高时,应首先检查校对温度表指示是否正确,并检查变压器冷却系统的运转情况是否正常。

若负载及冷却系统均正常，而温度过高，则先检查负荷情况。若因负荷过大，应降低负荷；若因三相负荷不平衡，则应调整三相负荷的分配。不是负载问题，则要考虑是否由于变压器内部故障，如绕组短路、油路堵塞等，这时应立即停电修理。

4. 防爆隔膜破裂

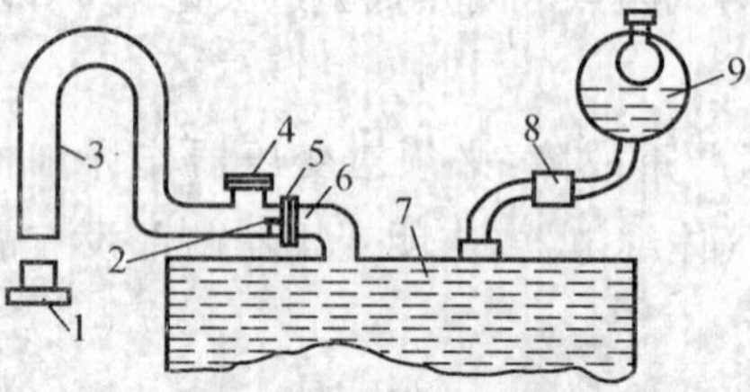

图 10－1　密封式防爆管

1—防护网；2—放油塞；3—导油管；4—视察孔；5—膜片；6—放油塞；7—油箱；8—气体；9—储油柜

防爆管的主体是一个长的钢质圆管，管的顶端有一个玻璃膜片(防爆隔膜)，如图 10－1 所示。当变压器油箱里的压力升高，油和产生的气体冲破膜片向外喷出，而减少变压器内部压力。因此只有在油箱内发生过压而引起膜片(玻璃片)破裂时，油才直接喷出并经导油管流向指定的地点。

正常运行时，可通过观察孔检查膜片的完整情况，也有在膜片外侧装设一对水银接点，当膜片破裂喷油时，由于油的冲击，使水银接点闭合而发出信号。放油塞用来放出导油管内凝结的水分。

防爆隔膜破裂时，应检查破裂原因。若是意外碰撞所致，更换新膜片即可；若有喷油痕迹，说明变压器内部发生了严重问题，应进行检修。

课题测试

1. 简述变压器的运行标准。
2. 对变压器的日常检查应包括哪些内容？
3. 变压器接通电源后发出异常声音，是由什么原因造成的？应做哪些处理？
4. 变压器运行时油面上升、下降或油面过高，是由什么原因造成的？应做哪些处理？

综合测试

本习题为全书内容的综合练习。

一、填空题

1. 变压器是利用__________原理制成的电气设备。它能将某一频率的交流电压转换成同__________的所需电压值的交流电。

2. 变压器除改变电压之外，还可以改变__________和__________。

3. 变压器的种类很多，按相数可分为__________、__________和__________变压器，按冷却方式可分为__________、__________和__________变压器。

4. 电力变压器的主要部分是__________和__________，它有__________等主要附件。

5. 我们通常把变压器接电源的绕组称为__________，接负载的绕组称为__________；按绕组所接电压高低的不同，可将绕组分为__________和__________。

6. 变压器铁芯的作用是__________。铁芯是用__________叠装而成的，这样做是为了减小__________和__________损耗。

7. 变压器绕组的作用是__________。按绕制的方式不同，绕组可分为__________和__________两类。

8. 油箱里的变压器油能保护铁箱和绕组__________，又有__________和__________的作用。

9. 变压器的分接开关是用来调节__________。它一般装在__________，通过改变一次绕组线圈的__________来调节__________。分接开关的调节范围为__________的±5%。

10. 安全气道又称为__________，用于避免油箱爆炸引起的更大危害。在全密封变压器中，广泛采用__________作保护。

11. 变压器的气体继电器的作用是__________。

12. 已知电源频率(f)、变压器绕组匝数(N)和通过铁芯的主磁通幅值__________，则感应电动势有效值E的表达式应为__________。

13. __________叫变压器的变压比。降压变压器的变压比__________于1，升压变压器的变压比__________于1。

14. 有一台变压器一次绕组接在50 Hz，380 V的电源上时，二次绕组的输出电压是36 V。若把它的初级接在100 Hz，380 V的电源上，则次级输出的电压是__________V，输出电压的频率是__________Hz。

15. 一次绕组为660匝的单相变压器，当一次绕组电压为220 V时，要求二次绕组电压为110 V，则变压器二次绕组的匝数应为__________匝。

16. 一台变压器的变压比为1.15，当它的一次绕组接到220 V的交流电源上时，二次绕组输出的电压是________V。

17. 实际变压器存在________损耗、________损耗和________损耗。对于已制造好的变压器，其________损耗由电源电压及频率决定，而与负载无关；________损耗随负载电流的增加而很快地增加。

18. 变压器空载电流的________分量很大，而________分量很小，因此变压器空载运行时的功率因数________，而且是________性的。

19. 变压器空载运行时，由于________损耗很小，近似为0，所以变压器的空载损耗近似等于________损耗。

20. 单相变压器，变压比$K=45$ V/450 V，二次绕组电压$U_2=220$ V，负载电阻$R_{fz}=100\ \Omega$，则二次绕组电流$I_2=$________A；如果忽略变压器内部的阻抗压降，则一次绕组电压$U_1=$________V，一次绕组电流$I_1=$________A。

21. 一功放电路的输出阻抗为Z，经变压比为K的变压器阻抗变换后，变压器的输出阻抗为________。

22. 变压器的外特性是指变压器的一次绕组输入额定电压和二次绕组的负载________时，次级________与________的关系。

23. 当负载是电感性时，变压器的外特性是________，说明电感性电流有________，它使U_2________。

24. 变压器空载试验的目的是测定________、________、________、________等参数。

25. 短路试验是为了测出变压器的________、________和________。

26. U_D和Z_D越小，电压调整率就越________，电压就越________。

27. 在铁芯材料和频率一定的情况下，变压器的铁耗与________成正比。

28. 变压器的负荷系数为β，则它的铜损耗的关系式为________。所以铜耗是随________的变化而变化的，也叫________。

29. 当变压器的负载功率因数$\cos\varphi_2$一定时，变压器的效率只与________有关，当________时，变压器的效率最高。

二、判断题（正确的在括号内打"√"，错误的打"×"）

1. 变压器不仅能改变电压、电流、阻抗，还可以改变频率和相位。（ ）
2. 变压器既能改变交流电压，也能改变直流电压。（ ）
3. 变压器的铁芯采用相互绝缘的薄硅钢片叠装，是为了减小铁芯损耗。（ ）
4. 变压器高压绕组的匝数少，导线粗；低压绕组的匝数多，导线细。（ ）
5. 调节变压器的分接开关，使一次绕组匝数增加，二次绕组的输出电压也增加。（ ）

6. 理想变压器不考虑绕组的电阻和铁芯的损耗，因而磁通与电流相位不同。（　　）

7. 升压变压器的变压比大于1，降压变压器的变压比小于1。（　　）

8. 变压器的空载电流，其有功分量很小。（　　）

9. 若变压器的输入电压为额定值，而频率低于额定值，那么在此情况下，变压器的空载电流也会减少。（　　）

10. 变压器空载运行时，由于二次绕组中电流的去磁作用，因而空载电流很小。（　　）

11. 在变压器绕组匝数、电源电压及频率一定的情况下，将变压器的铁芯截面积 S 减小，根据公式 $\Phi=BS$，变压器铁芯中的主磁通将要减小。（　　）

12. 当变压器的工作电流增加时，由于二次绕组磁动势的去磁作用，变压器铁芯中的主磁通将要减小。（　　）

13. 变压比为 K 的变压器，二次绕组的负载阻抗折算到一次绕组时，为其实际值的 K 倍。（　　）

14. 当变压器的输出电压和负载的功率因数不变时，输出电压与负载功率的关系，称为变压器的外特性。（　　）

15. 当变压器的负载电流 I_2 上升时，变压器的输出电压 U_2 一定会下降。（　　）

16. 额定电压为 380 V/220 V 的单相变压器若作升压变压器使用，在低压绕组（即 220 V侧）接 380 V 电源，高压绕组的输出电压为 656 V。（　　）

17. 变压器的负载变化时，一、二次绕组中电流也要变化，变压器的铁损耗也随之变化。（　　）

18. 变压器的铜损耗是通过空载试验测得的，可以看成是不变损耗。（　　）

19. 变压器的铁损耗是通过短路试验测得的。（　　）

20. 变压器的效率等于其输出视在功率与输入视在功率的比值。（　　）

三、选择题

1. 变压器铁芯采用相互绝缘的薄硅钢片制作，主要目的是为了降低（　　）。

A. 杂散损耗　　B. 铜损耗　　C. 铁损耗　　D. 功率损耗

2. 变压器运行时，在电源电压一定的情况下，当负载阻抗增加时，主磁通将（　　）。

A. 增加　　B. 基本不变　　C. 减少　　D. 不一定

3. 有一台 380 V/36 V 的变压器，在使用时不慎将二次绕组接到 380 V 电源上，将发生的现象是（　　）。

A. 一次绕组有 380 V 的电压输出

B. 一次绕组没有电压输出，二次绕组严重过热

C. 一次绕组有高压输出，二次绕组严重过热

D. 一次绕组有高压输出，一、二次绕组均无过热现象

4. 如果将额定电压为 220 V/36 V 的变压器一次绕组接在 220 V 的直流电源上，将会

发生的现象是（　　）。

A. 输出 36 V 的直流电压　　B. 输出电压低于 36 V

C. 输出 36 V 电压，一次绕组过热　　D. 没有电压输出，一次绕组严重过热而烧坏

5. 实际变压器的空载电流 I_0 与电源电压 U_1 的相位关系是（　　）。

A. I_0 与 U_1 同相　　B. I_0 滞后 $U_1 90°$

C. I_0 滞后 U_1 接近 90°，但小于 90°　　D. I_0 滞后于 U_1 略大于 90°

6. 若变压器带感性负载，从轻载到重载其输出电压将会（　　）。

A. 升高　　B. 降低　　C. 不变　　D. 无规律

7. 变压器空载试验不能测量的是（　　）。

A. 变压器的铁损耗　　B. 变压器的铜损耗

C. 变压器的空载电流　　D. 变压器的变压比

8. 变压器在（　　）时，效率最高。

A. 空载　　B. 额定负载

C. 铜损耗与铁损耗相等　　D. 超载

9. 单相变压器一、二次绕组额定电流是在温升不超过额定值的条件下，一、二次绕组允许通过的（　　）。

A. 最大的电流有效值　　B. 最大的电流平均值

C. 最大的电流幅值　　D. 最大的电流瞬时值

10. 变压器二次绕组采用三角形接法时，如果一相接反，将会产生的后果是（　　）。

A. 没有电压输出　　B. 输出电压升高

C. 输出电压不对称　　D. 绕组烧坏

11. 将连接组别为 Yy8 的三相变压器二次绕组每相的首、尾端标志互相调换，重新连接成星形，则其连接组别为（　　）。

A. Yy10　　B. Yy2　　C. Yy6　　D. Yy4

12. Yd 连接组的变压器，若一、二次绕组的额定电压为 220 kV/110 kV，该变压器一、二次绕组的匝数比为（　　）。

A. 2∶1　　B. $\sqrt{3}$∶1　　C. 1∶$\sqrt{3}$　　D. 1∶2

13. 两台连接组别相同的变压器并联运行，空载时二次绕组中有一定大小的电流，其原因是（　　）。

A. 短路电压不相等　　B. 变压比不相等

C. 连接组别不同　　D. 并联运行的条件全部不满足

14. 容量相同，短路电压不同的变压器并联运行时，最容易过载的是（　　）。

A. 短路电压小的变压器　　B. 短路电压高的变压器

C. 输出电流小的变压器　　D. 与短路电压没有关系

15. 若发现变压器的油温较平时相同负载和相同冷却条件下高出（　　），应考虑变压

器内部已发生故障。

A. 5℃　B. 10℃　C. 15℃　D. 20℃

16. 运行中变压器各部分温度是不同的，规定以(　　)来确定变压器允许的温度。

A. 绕组温度　B. 铁芯温度　C. 上层油温

17. 决定电流互感器初级电流大小的因素是(　　)。

A. 次级电流　B. 次级所接负载

C. 变流比　D. 被测电路的负载

18. 电流互感器次级开路运行的后果是(　　)。

A. 次级电压为"0"

B. 次级产生危险高压，铁芯过热

C. 次级电流为"0"，促使初级电流近似为"0"

D. 次级产生危险高压，变换到初级，使初级电压更高

四、简答题

1. 简单叙述变压器的工作原理。

2. 变压器没有铁芯行不行？为什么？

3. 实际变压器空载运行时，为什么会发热？

4. 变压器的负载变化时，一、二次绕组中的电流怎样变化？铁芯中的磁通怎样变化？

5. 变压器有哪些作用？它能改变功率和频率吗？为什么？

6. 变压器中有哪些损耗？这些损耗与哪些因素有关？有什么关系？

7. 变压器的空载试验可以测定哪些参数？怎样测定这些参数？

8. 变压器的短路试验可以测定哪些参数？怎样测定这些参数？

9. 变压器的效率随负载系数 β 变化有什么规律？在什么情况下，变压器的效率最高？

10. 什么是同名端？判别绕组的同名端有哪些方法？

11. 变压器为什么要并联运行？并联运行的条件是什么？

12. 两台容量不同的变压器并联运行时，容量大的变压器阻抗电压应该大一点还是小一点？为什么？

五、计算题

1. 变压器一次绕组为 2 000 匝，变压比 $K=30$。当一次绕组接入 $f=50$ Hz 的电源时，铁芯中的磁通最大值 $\Phi_m=0.015$ Wb，试计算一、二次绕组的感应电动势各为多少。

2. 单相变压器的一次绕组电压 $U_1=380$ V，二次绕组电流 $I_2=21$ A，变压比 $K=10.5$，试求一次绕组电流 I_1 和二次绕组电压 U_2。

3. 单相变压器的额定容量 $S_N=100$ kVA，额定电压为 6 000 V/230 V，满载下负载的等效电阻 $R_{fz}=0.25\ \Omega$，等效感抗 $X_{fz}=0.44\ \Omega$，试求负载的端电压及变压器的电压调整率。

4. 某变压器额定电压为100 kV/0.4 kV,额定电流为5 A/125 A;空载时,高压绕组接10kV电源,消耗功率为405 W,电流为0.4 A。试求变压器的变压比、空载时一次绕组的功率因数、空载电流与额定电流的百分比。

5. 收音机的输出阻抗为450 Ω,现有8 Ω的扬声器与其连接,用输出变压器使其获得最大输出功率,求输出变压器的变压比。

6. 一台HDJ—175/10型单相变压器,额定容量 $S_N = 175$ kVA,额定电压为10 000 V/100 V,$P_0 = 910$ W,$P_D = 4\ 600$ W;当 $I_2 = I_{2N}$ 时,$\cos\varphi_2 = 1$,$U_2 = 98$ V。试求:

(1) 效率 η;

(2) 最大效率 η_{max}。

7. 一台三相变压器一次绕组的每相匝数 $N_1 = 2\ 080$ 匝,二次绕组每相匝数 $N_2 = 1\ 280$ 匝,如果将一次绕组接在10 kV的三相电源上,试分别求当变压器作Y,y0及Y,d1两种接法时二次绕组的线电压。

8. 一台三相变压器,额定容量 $S_N = 400$ kVA,一、二次绕组的额定电压 $U_{1N}/N_{2N} = 10$ kV/0.4 kV,一次绕组用星形接法,二次绕组用三角形接法。试求:

(1) 一、二次绕组的额定电流;

(2) 在额定工作情况下,一、二次绕组实际通过的电流;

(3) 已知每相一次绕组的匝数是50匝,每相二次绕组的匝数应为多少匝?

9. 有一块功率表,将电压比为10 kV/0.1 kV的电压互感器和变流比为100 A/5 A的电流互感器接入电路,功率表指示为800 W,则被测功率是多少?

10. 配电板用电表一般都按被测电流或电压标度,配用相应的电流、电压互感器,就可以直接读出被测电流或电压的数值。现有一只10 kV的电压表和一只100 A的电流表,应配用何种电压互感器和电流互感器?若电流表的读数为62 A,电压表的读数为9.8 kV,电流表和电压表实际的电流和电压各是多少?

11. 一台单相自耦变压器数据如下:一次绕组电压 $U_1 = 220$ V,二次绕组电压 $U_2 = 200$ V,二次绕组负载的功率因数 $\cos\varphi = 1$,负载电流 $I_2 = 40$ A。求:

(1) 自耦变压器各部分绕组的电流;

(2) 通过电磁感应传递的功率和直接传递的功率。

12. 一台自耦变压器,一次绕组电压 $U_1 = 220$ V,匝数为660匝。如果要求输出电压为380 V,求绕组的总匝数;如果二次绕组接有76 Ω的负载,求一、二次绕组和绕组公共部分中的电流。

参 考 文 献

[1]张志远.维修电工技能培训与鉴定考试用书(中级).济南:山东科学技术出版社,2006.

[2]王生.电机与变压器.北京:高等教育出版社,1999.

[3]潘如政.电机与变压器检修.北京:化学工业出版社,2005.

[4]孙克军,杨春稳.常用电机与变压器技术问答.北京:机械工业出版社,2007.

[5]刘景峰.电机与拖动基础.北京:中国电力出版社,2006.

[6]张家生.电机原理与拖动基础.北京:北京邮电大学出版社,2006.

[7]赵承荻,周玲.电机与变压器.北京:机械工业出版社,2010.